含能材料译丛

装备科技译著出版基金

高能材料中的化学(第4版)

Chemistry of High-Energy Materials(4th Edition)

[德国]托马斯·M. 克拉波特克(Thomas M. Klapötke) 著

李 辉 杨燕京 赵凤起 李 娜 译

国防工业出版社

·北京·

著作权合同登记　　图字:01-2023-0735 号

Klapötke, Thomas M.: Chemistry of High-Energy Materials (4th Edition) © Walter de Gruyter GmbH Berlin Boston. All rights reserved. This work may not be translated or copied in whole or in part without the written permission of the publisher (Walter De Gruyter GmbH, Genthiner Straße 13, 10785 Berlin, Germany).

本书简体中文版由 Walter de Gruyter GmbH 授权国防工业出版社独家出版发行。
版权所有,侵权必究。

图书在版编目(CIP)数据

高能材料中的化学:第 4 版/(德)托马斯·M.克拉波特克著；李辉等译.—北京:国防工业出版社,2023.4
　　书名原文:Chemistry of High-Energy Materials (4th Edition)
　　ISBN 978-7-118-12953-3

　Ⅰ.①高… Ⅱ.①托… ②李… Ⅲ.①高能-功能材料-应用化学 Ⅳ.①TB3

中国国家版本馆 CIP 数据核字(2023)第 063837 号

※

国防工业出版社出版发行
(北京市海淀区紫竹院南路 23 号　邮政编码 100048)
三河市腾飞印务有限公司印刷
新华书店经销
﹡
开本 710×1000　1/16　插页 1　印张 19　字数 320 千字
2023 年 4 月第 1 版第 1 次印刷　印数 1—2000 册　定价 130.00 元

(本书如有印装错误,我社负责调换)

国防书店:(010)88540777　　　书店传真:(010)88540776
发行业务:(010)88540717　　　发行传真:(010)88540762

译 者 序

本书原著是国际著名的含能材料学家 Thomas M. Klapötke 教授结合自己多年的研究经验以及自己对含能材料的诸多认识与理解撰写而成。自 2009 年德文版面世，尤其是 2011 年英文第一版出版以来，一直受到该领域内学者、专家的一致好评与追捧。该书介绍了含能材料研究所涉及的热动力学、燃烧和爆轰等内容。此外，书中以含能材料分子为主线，涵盖了历史中出现但又未能得到大量应用的含能材料、正在大量应用的含能材料以及学术界近年来所开发的新型含能材料，可以让读者从历史演变的角度对含能材料分子的发展获得更为深刻的认识。该书在对含能化合物结构以及合成过程施以浓重笔墨的同时，还着力对含能化合物从其应用背景、用途上进行分类介绍（如起爆药、高能炸药、烟火药、耐热炸药等）。让读者对含能化合物的印象不仅仅停留在几个化合物分子的阶段，而是从含能化合物出发对整个含能材料以及含能材料在武器系统中能量释放过程有了一个非常具体、系统的认知。这点是此书最为难能可贵之处。

本书既可以作为高等院校相关专业研究生的专业教材，也可以为含能材料工作者提供参考以及有益的帮助。本书极大地便利了含能材料工作者对典型含能化合物的认知与应用，对新型含能材料的设计与合成也具有重要的指导借鉴意义。

第 1 章由赵凤起研究员翻译，第 2、5、9 章由李辉博士翻译，第 7、8、13 章由杨燕京博士翻译，第 10、11、12 章由李娜研究员翻译，第 3、6 章由张建侃博士翻译，第 4 章由蒋周峰博士翻译。研究生王为民、陈永参与了了本书的录入工作，在此一并表示感谢。全书由李辉博士统稿，限于译者水平有限，难免有不妥之处，恳请广大读者批评指正。

本书的出版得到装备科技译著出版基金的资助。

译者
2021 年 10 月于西安

英文版第 4 版前言

在英文版第 4 版中作者更新了含能材料相关领域研究的一些最新进展：

(1) 对英文版第 3 版中出现的错误进行了更正，对一些相关的参考文献进行了相应的调整；

(2) 对聚能装药、可见烟火药、含氮化磷的烟幕弹、MTX-1 起爆药、复合以及双基推进剂和格尼能等相关章节信息做了更新；

(3) 在英文版第 3 版的基础上增加了 4 个小节内容，其中包括电雷管(5.4 节)、激光诱导空气冲击波预估爆速 (9.7 节)、耐热炸药(9.8 节)以及爆炸焊接 (13.5 节)。

除了在德文版以及前 3 个英文版中所感谢的合作者之外，在这里我要特别感谢 Mohammad H. Keshavarz 教授、Tomasz Witkowski 博士、Ahmed Elbeih 博士、Mohamed Abd-Elghany 和 Andreea Voicu 所给予的帮助以及启发。

Thomas M. Klapötke
2017 年 7 月于慕尼黑

英文版第3版前言

所有在德文版第1版以及英文版第1版、第2版前言中所陈述的依然成立，不需要补充以及更正。英文版第3版对含能材料领域的最近相关进展进行了如下更新：

(1) 对英文版第1版、第2版中存在的错误进行了更正，相关的文献也对应地进行了更新；

(2) 有关临界直径、延迟药剂、可见光烟火药、聚合物黏结炸药、六硝基芪、热动力学计算、DNAN以及高氮化合物的部分进行了更新；

(3) 增加了有关点燃和起爆(5.2节和5.3节)、平板凹痕试验(7.4节)、水下爆炸(7.5节)以及特劳茨尔试验(6.6节)的章节。

除了在德文版第1版以及英文版第1版、第2版中所感谢的人外，作者特别感谢慕尼黑大学的Vladimir Golubev博士和Tomasz Witkowski博士在hydrocode计算方面所给予的启发，以及Manuel Joas博士(德国特罗斯多夫)在5.2节和5.3节内容方面提供的帮助。

Thomas M. Klapötke
2015年10月于慕尼黑

英文版第 2 版前言

所有在德文版第 1 版以及英文版第 1 版前言中所陈述的依然成立,不需要补充以及更正。英文版第 2 版对含能材料领域的最近相关进展进行了如下更新:

(1) 对英文版第 1 版中存在的错误进行了更正,相关的文献也对应地进行了更新;

(2) 对有关含能离子液体、起爆药、可见光烟火药、烟幕药剂以及高氮化合物的章节进行了更新;

(3) 增加了关于含能共晶(9.5 节)和未来的高能材料(9.6 节)的两个小节。

除了在德文版第 1 版以及英文版第 1 版中所感谢的人外,作者特别要感谢 Jesse Sabatini 博士和 Karl Oyler 博士(陆军装备开发技术研究中心),给予了许多有关烟火药的启发。

Thomas M. Klapötke
2012 年 5 月于慕尼黑

英文版第1版前言

所有在德文版第1版中所述的依然成立,不需要补充以及更正。将本书从德文版翻译为英文出版,是出于以下几个原因:

(1) 由于越来越多的国际学生的加入以及让德国学生熟悉英语技术术语的考虑,慕尼黑大学硕士研究生课程中的系列讲座现在均以英语授课;

(2) 使本书在世界范围内拥有更多的读者;

(3) 为作者在马里兰大学的系列讲座提供内容。

我们尝试纠正在德文版中无法避免的错误与遗漏,也在合适的地方对相关文献进行了更新。此外,增加了有关燃烧(1.4节)、近红外照明剂(2.5.5节)、格尼模型(7.3节)、二硝基脲衍生物(9.4节)和纳米铝热剂(13.3节)的章节,并完善了燃烧性能计算的章节(4.2.3节)。

除了在德文版所感谢的人外,作者特别要感谢 Ernst-Christian Koch 博士(北约弹药安全信息中心)指出德文版中的错误与矛盾之处。特别感谢 Joe Backofen(BRIGS 公司)给予了关于格尼模型的启发。感谢 Anthony Bellamy 博士、Michael Cartwright 博士(克兰菲尔德大学)、Neha Mehta、Reddy Damavarapu 博士、Gary Chen(陆军装备开发技术研究中心)以及 Jörg Stierstorfer 博士(慕尼黑大学)给予了关于起爆药和猛炸药启发。

作者还要感谢理学学士 Davin Piercey 撰写和完善纳米铝热剂相关的章节,感谢 Christiane Rotter 博士帮助准备英文图片,感谢 Xaver Steemann 博士对爆炸理论章节和新的燃烧章节撰写工作给予的帮助。同时感谢 De Gruyter 出版社的工作人员在本书出版过程中的辛勤工作。

Thomas M. Klapötke
2011年1月于慕尼黑

德文版第1版前言

本书是基于作者在慕尼黑大学十余年来面向硕士研究生的课堂讲义整理并发展而来,目的是向读者介绍高能材料中的化学知识。本书同时也反映出了作者的研究兴趣。将这本书取名为"高能材料中的化学"而不是"炸药化学"是因为我们希望不仅仅只介绍炸药,而是将烟火药以及推进剂也涵盖进本书。我们有目的地避免从历史发展的角度对含能材料进行回顾,也极力回避复杂的数学推导。相反,我们更希望聚焦于含能材料的基本内涵以及希望对近年来含能材料领域的最新进展进行概述。本书既关注于高能材料在民用领域的应用(如卫星发射以及推进系统用固体推进剂),也同时关注其军事用途。在含能材料的军事用途领域,近年来含能材料科学家们面临着极大的挑战:与传统的毁伤目标不同,在全球化对抗恐怖组织的战争中,新的作战目标如隧道、洞穴以及偏远的沙漠、山区成为作战的重点区域。对移动作战目标的有效、快速反应在有效防御策略中变得越发重要。尤为重要的是为了尽量降低附带性破坏,打击必须做到最大程度的精确(英国防御科学与技术实验室的 Adam Cumming 曾说过"我们要命中目标,而不是错失目标")。在作战环境中,武器与目标的有效相互耦合是非常重要的。这是因为一些恐怖组织经常有目的性地将军事目标建在市中心区域,例如医院和居民区附近。对于不敏感武器弹药的需求依然是新型含能材料研究中最大也是最为重要的挑战之一。提升武器系统的生存能力(例如发展无烟推进剂以及低特征信号火箭发动机)是现代含能材料合成领域另一巨大挑战。最后,人们对环保问题愈发重视,例如正在进行的研究试图寻找适合的无铅起爆药剂以取代起爆药配方中有毒的叠氮化铅以及三硝基间苯二酚铅。此外,黑索今(RDX)也表现出了显著的对环境以及人类的危害,相关研究试图寻找这类高能炸药的替代物。最后,在推进剂以及烟火药配方中作为氧化剂使用的高氯酸铵的替代物也是目前所急需的。含能材料的感度和能量性能通常是影响其应用的关键问题,这也导致了对以合成为导向的化学家而言这一领域的研究极具挑战。

本书最为重要的内容以及在慕尼黑大学所使用的相关授课讲义是为了改善现在发生在高能材料合成以及安全操作中经验和知识的不足。学界对安全可靠的推进剂、烟火药以及民用和军用炸药的需求不会中断。没有人比具有良好教育背景的合成化学家更适合去提供这类经验与专业知识。最后,感谢那些帮助我完成本书的合作者以及朋友。他们给予了非常多的富有启发的建议,感谢 Betsy M. Rice 博士、Brad Forch 博士、Ed Byrd 博士(美国陆军实验室)、Manfred Held 教授、Ernst-Christian Koch 博士、Miloslav Krupka 博士、Muhamed Sucesca 博士、Konstantin Karaghiosoff 教授、Pr. Jürgen Evers 教授。感谢我在慕尼黑大学众多的过去以及现在的同事们,没有他们的帮助我不可能完成本书的出版。我同时要感谢慕尼黑大学的 Dipl.-Chem. Norbert Mayr 所给予的软件以及硬件方面的支持,CarmenNowak 和 Irene S. Scheckenbach 在文中图片制作方面所给予的帮助。我还要特别感谢 De Gruyter 出版社的 Stephanie Dawson,与他的合作非常高效。

Thomas M. Klapötke
2009 年 7 月于慕尼黑

目 录

第1章 概述 ... 1
1.1 历史概览 ... 1
1.2 最新进展 ... 10
1.2.1 聚合物黏结炸药 ... 10
1.2.2 新型高能(猛)炸药 ... 14
1.2.3 新型起爆药 ... 23
1.2.4 固体火箭发动机用新型氧化剂 ... 31
1.2.5 新型含能材料的初步表征 ... 36
1.3 相关定义 ... 37
1.4 燃烧、火焰、爆燃和爆轰 ... 42
1.4.1 燃烧与火焰 ... 42
1.4.2 爆燃与爆轰 ... 43

第2章 含能材料的分类 ... 45
2.1 起爆药 ... 45
2.2 猛炸药 ... 48
2.3 发射药 ... 54
2.4 火箭推进剂 ... 56
2.5 烟火药 ... 70
2.5.1 雷管、起爆器、延迟成分和发热烟火 ... 70
2.5.2 发光烟火 ... 73
2.5.3 诱饵弹 ... 80
2.5.4 烟幕弹 ... 84
2.5.5 近红外照明剂 ... 91

第3章 爆轰、爆速和爆压 ... 94

第4章 热力学 ... 101
4.1 理论基础 ... 101
4.2 计算方法 ... 106

  4.2.1 热力学 …………………………………………………… 106
  4.2.2 爆轰参数 ………………………………………………… 110
  4.2.3 燃烧参数 ………………………………………………… 113
  4.2.4 新型固体火箭推进剂的理论评价 ……………………… 119
  4.2.5 利用 EXPLO5 计算单基、双基和三基推进剂的
     发射药性质 ……………………………………………… 125
  4.2.6 半经验计算(EMDB) …………………………………… 126

第 5 章 含能材料的起爆 ……………………………………………… 129
 5.1 简介 ……………………………………………………………… 129
 5.2 含能材料的点燃和起爆 ………………………………………… 131
 5.3 含能材料的激光起爆 …………………………………………… 132
 5.4 电雷管 …………………………………………………………… 137

第 6 章 炸药的试验表征 …………………………………………………… 140
 6.1 感度 ……………………………………………………………… 140
 6.2 长期稳定性 ……………………………………………………… 145
 6.3 钝感弹药 ………………………………………………………… 147
 6.4 隔板试验 ………………………………………………………… 148
 6.5 分类 ……………………………………………………………… 149
 6.6 特劳茨尔试验 …………………………………………………… 150

第 7 章 炸药的特殊性质 …………………………………………………… 154
 7.1 聚能装药 ………………………………………………………… 154
 7.2 爆速 ……………………………………………………………… 161
 7.3 格尼模型 ………………………………………………………… 166
 7.4 平板凹痕试验与破片速度 ……………………………………… 171
 7.5 水下爆炸 ………………………………………………………… 177

第 8 章 静电势与撞击感度间的关系 …………………………………… 182
 8.1 静电势 …………………………………………………………… 182
 8.2 基于体积的感度 ………………………………………………… 184

第 9 章 新型含能材料的设计 …………………………………………… 186
 9.1 分类 ……………………………………………………………… 186
 9.2 全氮化合物 ……………………………………………………… 188
 9.3 高氮化合物 ……………………………………………………… 192
  9.3.1 四唑以及二硝酰胺化学 ……………………………… 193
  9.3.2 四唑、四嗪以及三硝基乙基化学 …………………… 199

9.3.3　离子液体 ········· 203
9.4　二硝基胍衍生物 ········· 207
9.5　共晶 ········· 208
9.6　未来的含能材料 ········· 209
9.7　激光诱导空气冲击波预估爆速 ········· 218
9.8　耐热炸药 ········· 222

第10章　含能材料的合成 ········· 229
10.1　分子构建单元 ········· 229
10.2　硝化反应 ········· 230
10.3　火炸药配方制造工艺过程 ········· 234

第11章　实验室中含能材料的安全操作 ········· 236
11.1　概述 ········· 236
11.2　防护设施 ········· 236
11.3　实验室设施 ········· 239

第12章　未来含能材料 ········· 240

第13章　其他相关内容 ········· 246
13.1　温压武器 ········· 246
13.2　反生化武器 ········· 248
13.3　纳米铝热剂 ········· 249
　　13.3.1　Fe_2O_3/Al 铝热剂 ········· 255
　　13.3.2　CuO/Al 铝热剂 ········· 256
　　13.3.3　MnO_3/Al 铝热剂 ········· 257
13.4　自制炸药 ········· 258
13.5　爆炸焊接 ········· 258

习题 ········· 260

参考文献 ········· 263

附录 ········· 272

第1章 概　　述

1.1　历史概览

在本章中我们不想泛泛而谈,而是集中于炸药化学最重要的里程碑化合物(表1.1),含能材料的发展源自大约公元前220年黑火药在中国的偶然发现。这个重要发现一直占据主导地位,直到13—14世纪,英国修道士Roger Bacon(1249年)和德国修道士Berthold Schwarz(1320年)才开始研究黑火药的性能。在13世纪末,黑火药被引入世界军工领域。直到1425年,Corning公司很好地改进了黑火药的制造方法,并把黑火药(或枪药)做成火药装药用于小口径武器和后来的大口径火炮中。直至今天,每年有约100000磅(1磅≈0.45 kg)的黑火药应用在美国的部队中。

黑火药的主要应用方向之一是延时导爆索。该导爆索早在1831年被发明,药芯部分装填有黑火药(图1.1),其燃速约为$135\ \mathrm{m\cdot s^{-1}}$,由于它们对无线电射频(RF)是安全的,故在部队里非常受欢迎。

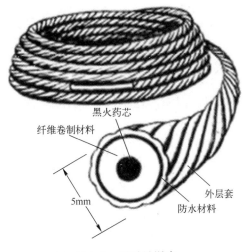

图1.1　延时导爆索

意大利化学家 Ascanio Sobrero 于 1846 年首次小批量合成出硝化甘油(NG),这又是一个里程碑式的研究发现。1863 年,Imanuel Nobel 和他的儿子在靠近斯德哥尔摩(Stockholm)的一个小工厂中将 NG 进行了商业化生产(表 1.1)。NG 的生产过程是将高度浓缩、几乎无水、化学纯度极高的甘油加入高浓度的硝硫混酸(HNO_3/H_2SO_4)中,一边冷却一边高效率地搅拌混合物。在反应结束之后,把 NG 和酸的混合物转移至分离器中,接着通过重力作用将 NG 分离出来,最后用水和碱性苏打溶液洗涤移除残余酸。

表 1.1 一些重要的单质炸药的历史概览

物 质	代号	开发时间	应用时间、领域	密度/($g \cdot cm^{-3}$)	炸药威力[①]
黑火药	BP	1250—1320 年	1424—1900 年	约 1.0	—
硝化甘油	NG	1863 年	火药装药	1.60	170
代那买特	Dy	1867 年	民用或商用	变化的	变化的
苦味酸	PA	1885—1888 年	第一次世界大战	1.77	100
硝基胍	NQ	1877 年	—	1.71	90
三硝基甲苯	TNT	1880 年	第一次世界大战	1.64	116
季戊四醇四硝酸酯	PETN	1894 年	第二次世界大战	1.77	167
黑索今	RDX	1920—1940 年	第二次世界大战	1.81	169
奥克托今	HMX	1943 年	第二次世界大战	1.91(β 晶型)	169
六硝基芪	HNS	1913 年	1966 年	1.74	—
三氨基三硝基苯	TATB	1888 年	1978 年	1.93	—
六硝基六氮杂异伍兹烷	CL-20	1987 年	在评估	2.1(ε 晶型)	—

① 相对于苦味酸。

起初 NG 非常难以处理,因为它有极高的撞击感度,此外黑火药的起爆可靠性也不够高。在众多事故中,1946 年发生的一次爆炸彻底毁灭了 Nobel 的工厂,Alfred 的弟弟 Emil 也丧失生命。在同一年,Alferd Nobel 发明了起爆雷管,并且用雷汞($Hg(CNO)_2$)取代了黑火药。尽管瑞典的德籍科学家 Johann Kunkel von Lowenstern 早在 17 世纪后半叶就报道了 $Hg(CNO)_2$,但在 Alferd Nobel 将其用于雷管之前,$Hg(CNO)_2$ 没有任何实际应用。有趣的是 $Hg(CNO)_2$ 的分子结构直到 2007 年才由 LMU 研究团队(图 1.2)[1]给出清晰的答案。文献也报道了 $Hg(CNO)_2$ 热转化过程,依照以下方程,转化为一个含汞的新型炸药,该炸药在 120℃ 之前是稳定的。

$$3\text{Hg}(\text{CNO})_2 \longrightarrow \text{Hg}_3(\text{C}_2\text{N}_2\text{O}_2)_3$$

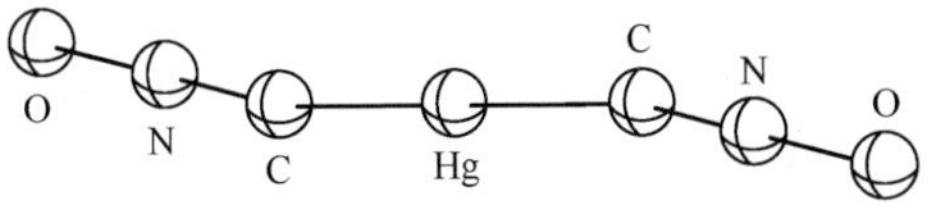

图 1.2　雷汞 $\text{Hg}(\text{CNO})_2$ 的分子结构

另一场灾难性的爆炸发生在 1866 年,该爆炸完全毁灭了 NG 工厂,之后 Alfred Nobel 把精力完全集中于 NG 炸药的安全处理上。为了降低感度,Nobel 将 NG(75%)和一种称为"硅藻土"(25%)的吸附性黏土进行混合。它被称作"硅藻土代那买特",这种混合物在 1867 年获得专利授权。代那买特在民用部门取得了极大成功,但在军事部门,一直没有找到该配方的重要应用。

NG(图 1.3)和黑火药(75%KNO_3、10% S_8、15%C)相比,其最大的优点之一是在同一个分子中既含有燃料,又含有氧化剂,这保证了两个成分之间最紧密的接触,而在黑火药中,氧化剂(KNO_3)和燃料(S_8、炭)是物理混合到一起的。

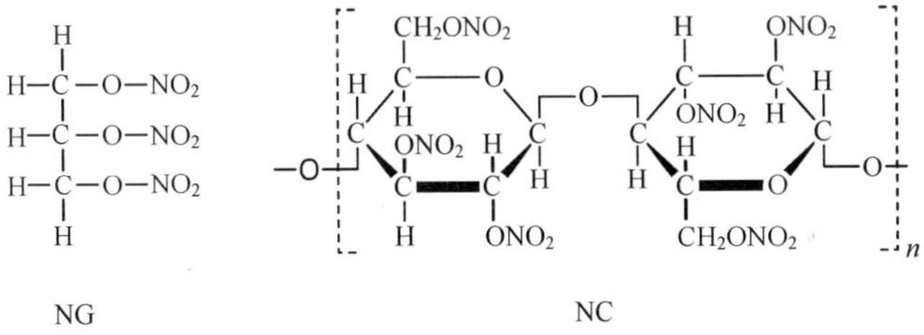

图 1.3　NG 和 NC 的分子结构

在 NG 被研究并不断形成配方的同时,几个其他的研究团队(Schönbein、Basel、Bottger 和 Frankfurt-am-Main)致力于纤维素的硝化,制得了硝化纤维素(NC)。在 1875 年,Alferd Nobel 发现,当 NC 和 NG 按一定配方混合时,它们形成了凝胶。这种凝胶进一步加工就产生了爆破胶、胶质代那买特以及 1888 年发明的第一个无烟火药配方(49%NC、49%NG、2%苯和樟脑),该配方与 1889 年英国研发的柯达型火药具有非常类似的组成。在 1867 年,研究证明 NG 或代那买特与硝酸铵(AN)的混合物能够提升性能。这样的混合物也被用于民用方面。在 1950 年,开始研发耐水炸药,并且仅含有不太危险的 AN。其中最有名的配方是 ANFO(硝酸铵燃料油),该配方被广泛应用于民用商业领域(采矿、采石等)。自从 20 世纪 70 年代以来,Al 粉和甲胺被加到该配方中,获得了更加容易起爆的凝胶炸药。近期得到快速发展的包括乳化炸药,该炸药含有 AN 与油溶液形成的悬浮液滴。这样的乳化炸药是防水的,还可以稳定爆轰,其原因在于 AN 和油是直接接触的。一般来说,乳化炸药要比代那买特更加安全,并且可简单廉价生产。

苦味酸(PA)最初于 1742 年由 Glauber 报道,直到了 19 世纪后期(1885—1888 年),它才被用作炸药,此时它取代了黑火药,在世界范围内用于军事活动(图 1.4)。将苯酚溶解在硫酸中,形成 2,4-二磺酸基苯酚并和硝酸反应,继续硝化便制得 PA。苯酚和硝酸直接硝化是不可行的,因为氧化性的 HNO_3 极易使得苯酚分子分解。由于磺化反应是可逆反应,故—SO_3H 基团能够在浓硝酸中的可逆反应被—NO_2 基团取代。在这一反应步骤中,第三个硝基基团易于引入。尽管纯 PA 能够被安全处理,但是 PA 在弹药装药中因与弹壳体壁面直接接触,易形成撞击感度极高的金属盐(苦味酸盐起爆药),导致其应用受到限制。

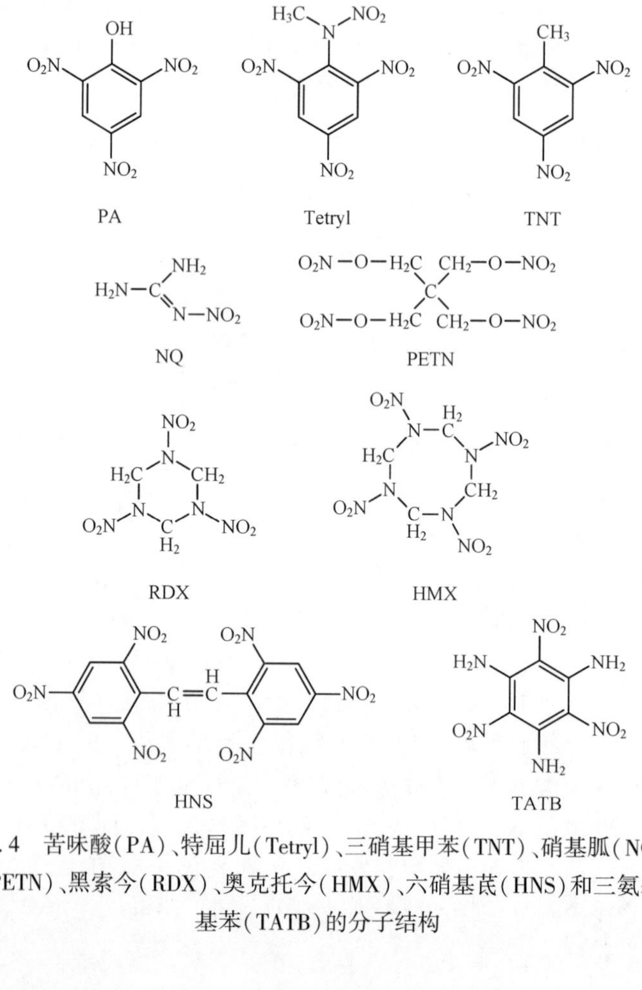

图 1.4 苦味酸(PA)、特屈儿(Tetryl)、三硝基甲苯(TNT)、硝基胍(NQ)、太安(PETN)、黑索今(RDX)、奥克托今(HMX)、六硝基芪(HNS)和三氨基三硝基苯(TATB)的分子结构

特屈儿于19世纪末被研制成功(图1.4),是第一个硝胺型炸药。其制备方法为甲基苯胺与硫酸成盐,然后倒入硝酸中进行硝化,冷却后制得特屈儿。

三硝基甲苯(TNT)的发现并应用,克服了PA在装药中的缺点。纯TNT样品是由Hepp第一个制备出来的(图1.4),而它的结构是由Claus和Becker在1883年确定的。在20世纪初期,TNT几乎完全取代了PA,并且在第一次世界大战期间变成了标准炸药。TNT由甲苯通过硝硫混酸硝化制得。对军事上应用而言,TNT的纯度必须有所保证,不能含有任何其他的异构体。这可由粗品在有机溶液或62%硝酸中重结晶得到。今天,TNT仍是爆炸装药中最重要的炸药之一。装药可通过浇注和压装而制得。TNT浇注装药常常表现出感度高的问题,不能满足不敏感弹药(IM)的要求。TNT的潜在替代物是NTO和2,4-二硝基茴香醚(DNAN)的混合物。

硝基胍(NQ)最早由Jousselin在1887年成功制备(图1.4)。在第一次和第二次世界大战期间,硝基胍应用不多,例如,仅和AN在迫击炮的榴弹中形成了相应的配方。近几年,NQ与NC和NG一起用作三基发射药的主要组分,其优点之一是相比双基发射药,三基发射药使得炮口火焰大大降低。加入5%NQ于发射药中也导致燃烧温度的降低,同时降低了烧蚀性,增加了炮管的寿命。NQ可由二氰二胺和硝酸铵反应,再用硫酸对硝酸胍进行脱水处理而制得。

$$\underset{H_2N}{\overset{H_2N}{>}}C-C\equiv N \xrightarrow[-H_2N-CN]{NH_4NO_3} C(NH_2)_2^{\oplus}NO_3^{\ominus} \xrightarrow[-H_2O]{H_2SO_4} H_2N-\underset{N-NO_2}{\overset{NH_2}{C}}$$

在第二次世界大战中,较TNT应用更为广泛的炸药是黑索今(RDX)和季戊四醇四硝酸酯(PETN,又称为太安)(图1.4)。由于PETN比RDX更加敏感,化学安定性也比RDX差,故RDX成为最常用的高能炸药。PETN是一个高威力炸药,并且有极强的爆炸性能(猛度),故而它被用于榴弹、爆破雷管、导爆索和助推火箭中。PETN不能单独应用,因为它太敏感了。50%TNT和50%PETN组成的配方被称为"彭托利特"。与增塑的硝化棉结合,PETN被用于制备聚合物黏结炸药(PBX)。PETN的军事应用已经大大地被RDX替代了。PETN的制备过程如下:向浓硝酸中加入季戊四醇,加入过程中对反应液进行充分冷却和搅拌。大部分PETN以结晶的形式从酸性反应液中析出。为了使反应液中溶解的PETN析出,需要加水将反应液稀释到硝酸浓度约为70%。洗涤得到的粗品需要经丙酮重结晶进行纯化。

RDX于1899年出于医用目的被Henning制备出来(NG和PETN也被用作药物以治疗心绞痛,这些硝酸酯的主要作用是疏通血管)。在身体中硝酸酯通过线粒体乙醛脱氢酶转化成氧化氮(NO),而NO是一种天然的血管疏通剂。在

1920年,Herz第一次由六亚甲基四胺(乌洛托品)直接硝化而制得RDX。之后,新泽西州皮克汀尼兵工厂的Hale研发了一种RDX产率高达68%的制备工艺。在第二次世界大战中,两个广泛应用的制备工艺过程为:

(1) 贝克曼制造过程(KA工艺),该过程中六亚甲基四胺二硝酸盐与硝酸铵和少量的硝酸在醋酐作为介质的情况下进行反应,得到RDX(B型RDX)。该过程得率很高,但有8%~12%的副产物HMX生成。

(2) 伯莱克曼制造过程,完全制得的是纯RDX(A型RDX)。

第二次世界大战后,奥克托今(HMX)得到应用。直到今天,大多数军用高能炸药配方基于TNT、RDX和HMX(表1.2)。

表1.2 一些高能炸药配方的组成

名 称	组 成
A炸药	88.3%RDX,11.7%非含能增塑剂
B炸药	60%RDX,39%TNT,1%胶黏剂(蜡)
C4炸药	90%RDX,10%聚异丁烯
奥克托尔(Octol)	75%HMX,25%RDX
托佩克斯炸药①	42%RDX,40%TNT,18%铝粉
PBXN-109	64% RDX,20%Al粉,16%胶黏剂
OKFOL	96.5%HMX,3.5%蜡

① 一个澳大利亚人在H6炸药的基础上改进研发含铝炸药,也含有RDX、TNT和铝粉。H6作为高能炸药被用于炸弹之母中,MOAB(大型空爆弹)。MOAB(也称为GBU-43/B)装填有大约9500 kg高能炸药,其配方30%TNT、45%RDX、20%Al和5%蜡,是已用的传统弹药中最大的。

自1966年以来,六硝基芪被商业化生产,同样1978年以来,三氨基三硝基苯(TATB)也被商业化制造(图1.4)。两种炸药表现出极好的热安定性,并且使海军产生了极大的兴趣,也可应用于耐热深油井的钻探中。尤其是HNS被称为耐热和耐辐射炸药,在油田工业被用作耐热炸药。HNS的猛度低于RDX,但熔点达到320℃,远高于RDX。六硝基芪能够在甲醇/四氢呋喃溶液中由三硝基甲苯通过次氯酸钠氧化直接制备:

$$2C_6H_2(NO_2)_3CH_3+2NaOCl \longrightarrow C_6H_2(NO_2)_3-CH=CH-C_6H_2(NO_2)_3+2H_2O+2NaCl$$

由于靠近地面的油层越来越稀少,而更深的石油储藏有待开发,但是,开采深度石油需面对极高的地下温度。因此,对炸药来讲,有一个迫在眉睫的课题,那就是研究出比HNS更加耐热的炸药(分解温度大于320℃),但同时又表现出非常好的性能(表1.3)。高的热安定性常导致化合物具有较低的感度,这样处理起来则更加安全。

表 1.3 HNS 替代物的性能要求

热稳定性	在 260℃,100 h 后无任何变化
爆速	>7500 m/s
比能①	>750 kJ/kg
撞击感度	>7.4 J
摩擦感度	>235 N
总价格	<500 欧元/kg
临界直径	≥HNS

① 比能 $F=p_e \cdot V=n \cdot R \cdot T$。

按照 J. P. Agrawal 的观点,提高含能化合物的热稳定性可以从以下几个方面入手:

(1) 生成盐;
(2) 引入氨基;
(3) 引入共轭体系;
(4) 与三唑环偶联。

当前正在研究的 HNS 的可能替代物是 PYX 和 PATO。

Coburn 和 Jackson 完成了一系列由苦基、苦氨基与 1,2,4-三唑或氨基-1,2,4-三唑反应生成的耐热炸药。其中,PATO(3-苦氨基-1,2,4-三唑)是一个尽人皆知的耐热炸药,它由苦基氯和 3-氨基-1,2,4-三唑缩合而得(图 1.5)。另一个有应用前景的耐热炸药是 PYX(图 1.5),其合成路线如图 1.6 所示。

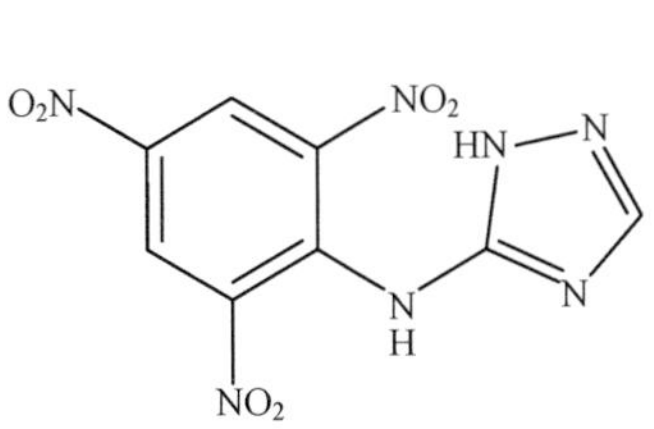

3-苦氨基-1,2,4-三唑(PATO)
熔点 310℃

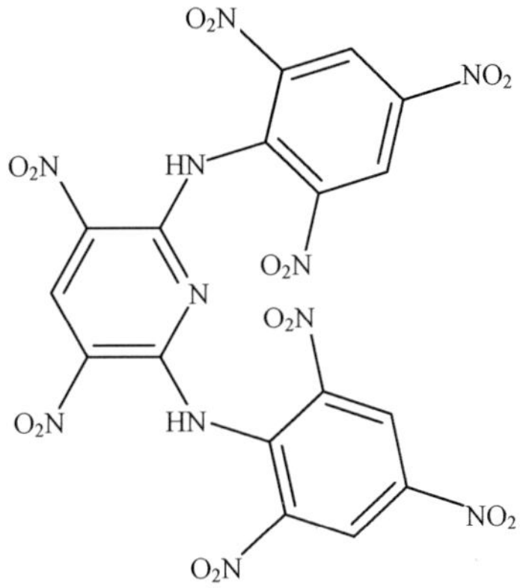

2,6-双(苦氨基)-3,5-二硝基吡啶(PYX)
熔点 360℃

图 1.5 PATO 和 PYX 的分子结构

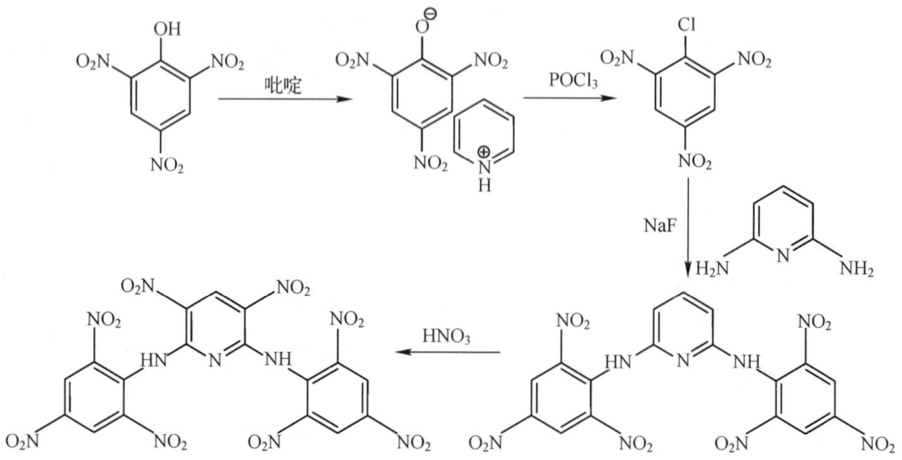

图 1.6　PYX 的合成路线

Agrawal 等报道了 BTDAONAB 的合成(图 1.7),该化合物在 550℃以下不熔化,并且被认为是比 TATB 还好的耐热炸药,但是没有更多的文献支撑。据作者介绍,这个炸药有非常低的撞击感度(21 J),对摩擦几乎不敏感(大于 360 N),且耐热温度达到 550℃。报道的这些性能使 BTDAONAB 明显优于所有已讨论过的硝基芳香族化合物。BTDAONAB 爆速为 8300 m·s^{-1},而 TATB 爆速约为 8000 m·s^{-1}[2-3]。

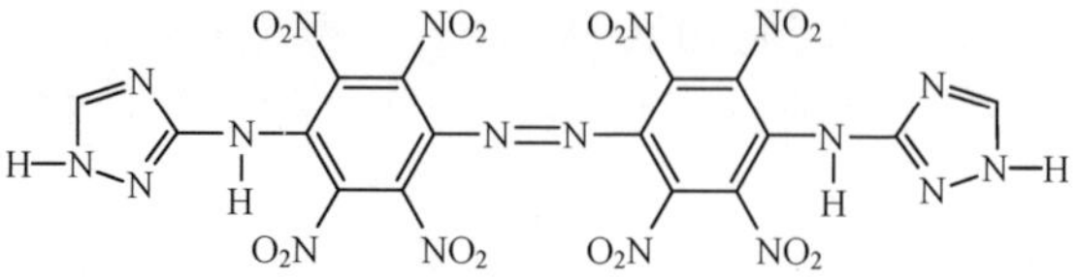

图 1.7　BTDAONAB 的分子结构

近几年,另一个类似于 Agrawal 所报道的 BTDAONAB 的硝基芳香族化合物(BeTDAONAB)由 Keshavaraz 等所合成,这个化合物也是非常不敏感的(图 1.8)[4-5]。在这个化合物中,两端的三唑已被两个氮含量更多的四唑所取代。表 1.4 列出了TATB、HNS、BTDAONAB 和 BeTDAONAB 的热性能与爆炸性能的数据比较。

表 1.4　TATB、HNS、BTDAONAB 和 BeTDAONAB 热性能与爆炸性能的数据比较

性 能 参 数	TATB	HNS	BTDAONAB	BeTDAONAB
密度/(g·cm^{-3})	1.94	1.74	1.97	1.98
耐热温度/℃	360	318	350	260

续表

性能参数	TATB	HNS	BTDAONAB	BeTDAONAB
DTA(exo)/℃	360	353	550	275
DSC(exo)/℃	371	350	—	268
Ω_{CO}/%	-18.6	-17.8	-6.8	-5.9
IS/J	50	5	21	21
FS/N	>353	240	353	362
VOD/(m·s^{-1})	7900	7600	8600	8700
p_{C-J}/GPa	27.3	24.4	34.1	35.4

TATB 的制备过程如下：三氯苯先硝化生成三氯三硝基苯，然后它在苯或二甲苯溶液中和氨气反应，制得 TATB。

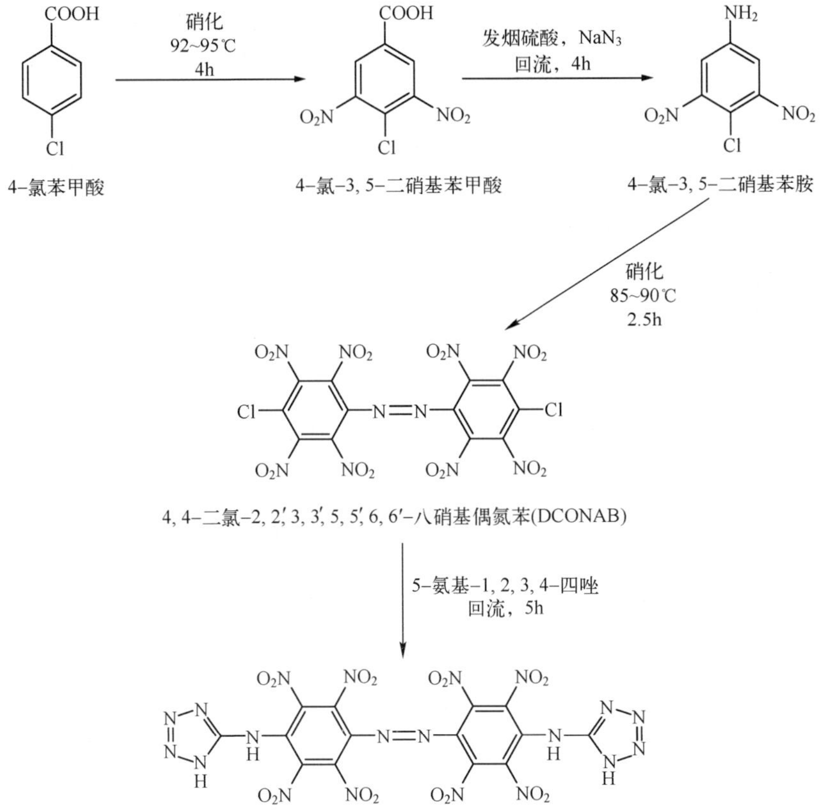

图 1.8　BeTDAONAB 的合成路线

如上所述,第二次世界大战后用于高能炸药配方中的高能化合物其数量还是相当小的(表 1.1 和表 1.2)。从表 1.1 和表 1.2 中,也可看出,综合性能最好的炸药(RDX 和 HMX)具有相当高的密度,并且在同一个分子中既含有氧化剂(硝基)又含有燃料(C—H 骨架)。当前威力最高的新型高能炸药是 CL-20,该化合物于 1987 年最先由位于中国湖的海军航空弹药中心合成出来(表 1.1)。CL-20 是一种含有张力环的笼型化合物,它含有硝胺基团作氧化剂,并且具有约 2 g·cm^{-3} 的密度,这也说明了和 RDX 或 HMX 相比,CL-20 具有更好能量性能。然而,由于 ε-型 CL-20 具有相当高的感度,以及可能的转晶问题和高的生产成本(CL-20 约 2200 美元/kg,RDX 约 20 美元/kg,GAP 约 500 美元/kg),所以目前 CL-20 还没有获得广泛应用。

1.2 最新进展

1.2.1 聚合物黏结炸药

聚合物黏结炸药(或塑料黏结炸药)(PBX)大约 1950 年被研制成功,其目的在于降低炸药感度,使加工过程安全并且易于操作。PBX 也表现出改善的可加工性和力学性能。在这样的材料中,晶型炸药被填充到类似橡胶态的聚合物基体中。PBX 最著名的是 Semtex 炸药,该炸药于 1966 年由 Stanislav Brebera 发明,他是在塞姆汀 VCHZ 合成公司工作的一个化学师,塞姆汀位于捷克共和国帕尔杜比采市的郊区。Semtex 塑胶炸药由不同比例的 PETN 和 RDX 组成。通常,聚异丁烯被用作聚合物基体,邻苯二甲酸二正辛酯作为增塑剂。已被研究的其他聚合物基体有聚氨酯、聚乙烯醇、PTFE(特氟龙)、Viton、Kel-F、HTPB、聚酯以及 PBAN(聚丁二烯丙烯腈)。

当把极性的炸药(RDX)和非极性的聚合物胶黏剂(如聚丁二烯或聚丙烯)结合到一起的时候,难以混合的问题出现了。为了克服这种问题,某些添加剂的使用特别有利于混合和分子间的相互作用。这种添加剂的典型代表是 1,3-二羟乙基-5,5-二甲基海因(DHE)(图 1.9)

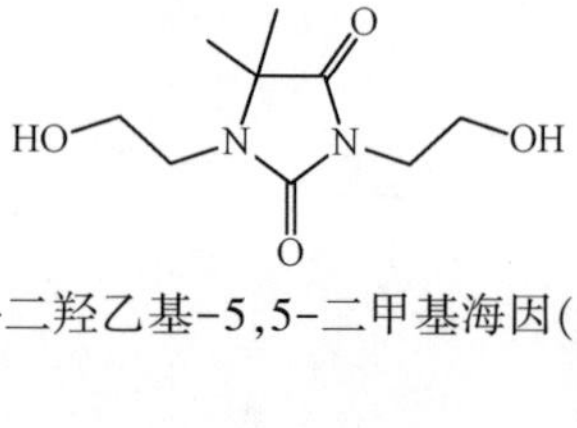

图 1.9 1,3-二羟乙基-5,5-二甲基海因(DHE)的结构

第一代聚合物黏结炸药的一个缺点是胶黏剂(聚合物)不含能,且增塑剂往往降低了炸药性能,为了克服这一问题,研究人员开发了含能胶黏剂和增塑剂。含能胶黏剂主要有以下几种(图1.10(a)):

—Poly-GLYN(聚缩水甘油硝酸酯)

—Poly-NIMMO(聚3-羟甲基-3-甲基氧杂环丁烷)

—GAP(叠氮缩水甘油醚聚合物)

—Poly-AMMO(聚3-叠氮甲基-3-甲基氧丁环)

—Poly-PMMO(聚3,3-二叠氮甲基氧丁环)

含能增塑剂主要有以下几种(图1.10(b)):

—NENA(硝酰氧乙基硝胺)

—MTN(三羟甲基乙烷三硝酸酯)

—BTTN(1,2,4-丁三醇三硝酸酯)

—EGDN(乙二醇二硝酸酯)

ANTTO 的合成如图1.10(c)所示。

如图1.11所示,不同的含能聚合物常用的合成途径都应用了开环聚合反应(ROP)。对胶黏剂以及增塑剂而言,玻璃化转变温度十分重要。玻璃化转变温度应尽可能低,至少低于 -50°C 。如果温度降低至聚合物的 T_g 以下,则它表

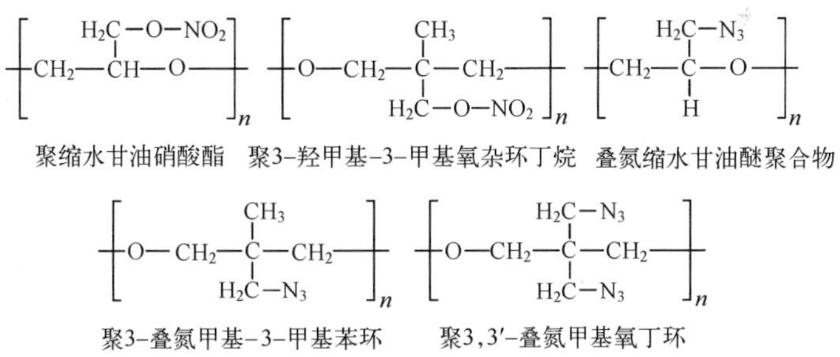

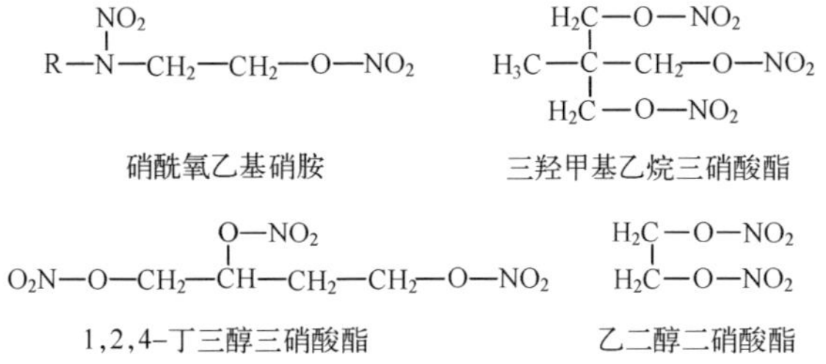

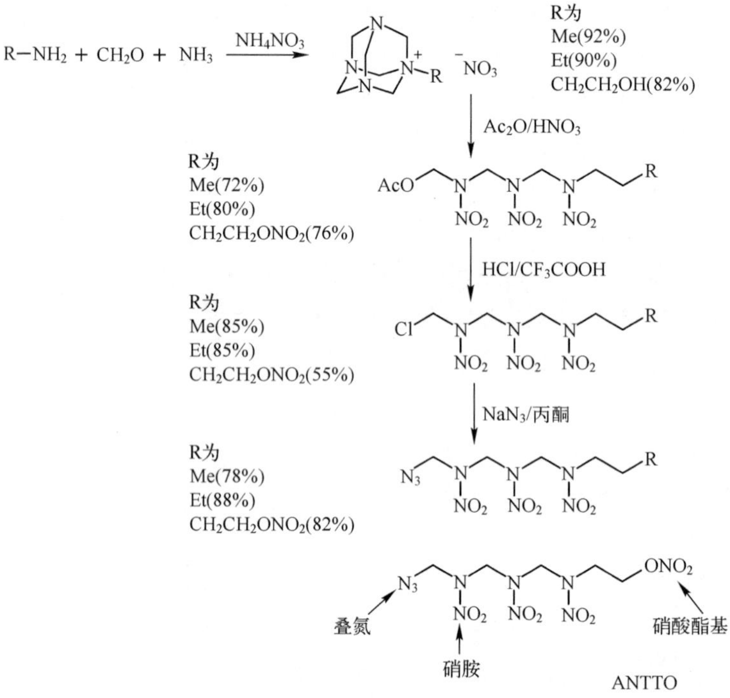

图 1.10　含能胶黏剂、含能增塑剂和 ANTTO（叠氮基硝酸酯基三硝基三氮杂辛烷）的合成

(a) 含能胶黏剂；(b) 含能增塑剂；(c) ANTTO。

现为脆性逐渐增加，若温度升至 T_g 以上时，则聚合物变得更像橡胶。因此，T_g 对于选择不同用途的材料时尤为重要。可以采用定量的方法表征液体的玻璃转化现象和 T_g，应该注意从液态冷却无定形材料，其体积不会发生突变，这点与晶体材料不同，晶体材料冷却至凝固点时会发生体积的突变。与之相对应的是，在玻璃化转变温度处，比容-温度曲线的斜率会发生变化，玻璃态的斜率值小而橡胶态的斜率值较大。图 1.12 为晶体材料与无定形材料的玻璃化转变过程比容随温度的变化曲线，值得强调的是曲线 2 中两个直线延伸线段的交叉点即定义为 T_g 的量值（图 1.12）。

差示扫描量热仪（DSC）能够用于试验确定玻璃化转变温度。典型的玻璃态聚合物其玻璃化转变过程如图 1.13 所示，该图所示玻璃态聚合物没有任何晶态。在曲线中点，向下引一条垂线得 T_g，供给试样的能量增加是为了和参考样品相比保持相同的温度。当样品的温度不断增加且通过 T_g 时，样

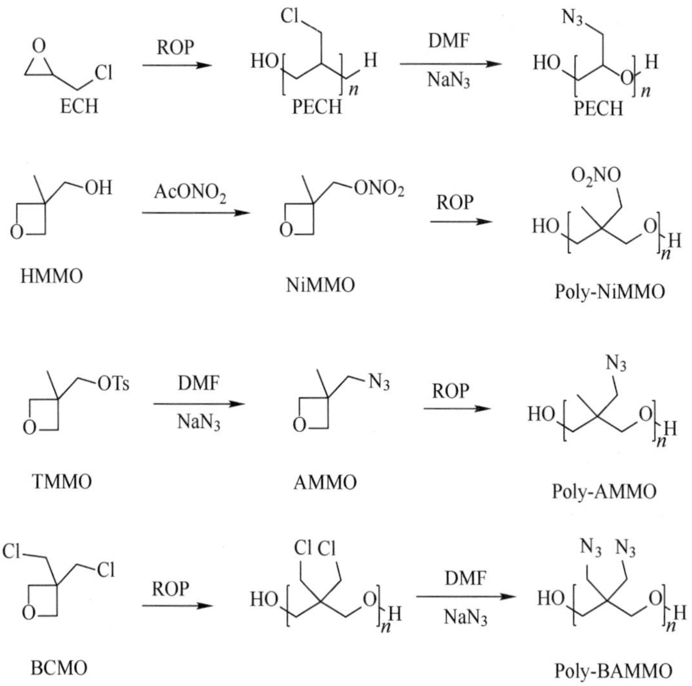

图 1.11　含能聚合物合成的开环聚合反应

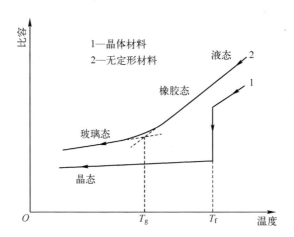

图 1.12　晶体材料与无定形材料的玻璃化转变过程比容随温度的变化曲线

品的热容快速增大,这是十分必要的。热能的加入对应曲线向吸热的方向移动。

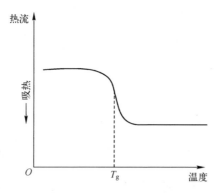

图 1.13　玻璃态聚合物的玻璃化转变过程的 DSC 曲线(从 T_g 以下缓慢地加热)

1.2.2　新型高能(猛)炸药

当前正在开发或试验的新型高能炸药主要包括5-硝基-1,2,4-三唑-3-酮(NTO)、1,3,3-三硝基氮杂环丁烷(TNAZ)、六硝基六氮杂异伍兹烷(HNIW,CL-20)和八硝基立方烷(DNC)(图 1.15)。NTO 作为一个极不敏感的化合物已经找到其应用领域,即在汽车安全气囊中作气体发生剂,或应用于某些聚合物黏结炸药配方中。(注意:起初 NaN_3 被用于安全气囊系统,如今,硝酸胍与 AN 等氧化剂一起共同用于不含叠氮物的汽车安全气囊中。)NTO 用于强化低火焰温度下的燃烧,在安全气囊中,为了减少 NO_x 气体的生成,低火焰温度是十分必要的。NTO 通常由两步反应过程制备,即由氨基脲盐酸盐与甲酸反应合成 1,2,4-三唑-5-酮,再用 70%硝酸硝化后者则可得到 NTO,见下面的反应方程式:

另一种引起人们兴趣的新型高能炸药是 BiNTO,它可从商业得到的 NTO 经过一步反应而合成出来,见下面的反应方程式:

TNAZ 于 1983 年被合成出来,它由一个有张力的四元环骨架构成,四元环上既连接有 C—NO_2 官能团,也连接有硝胺官能团(N—NO_2)。制备 TNAZ 的方法有多种,但每种都需多步反应。TNAZ 一种可行的合成路线如图 1.14 所示。

它从环氧氯丙烷和叔丁胺出发进行合成,到目前为止 TNAZ 并没有得到广泛应用。

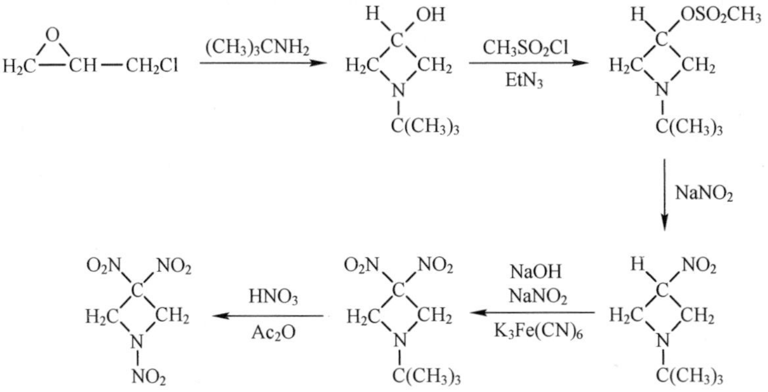

图 1.14 1,3,3-三硝基氮杂环丁烷(TNAZ)的合成路线

CL-20(1987,Nielsen)和 ONC(1997,Eaton)毫无疑问是近年来最著名的炸药分子,其分子结构中具有相当大的环张力键能,见图 1.15。CL-20 已经获得每批 100 kg 的生产能力(如 SNPE,法国或美国的 Thiokol,价格为 1000 美元/lb (lb≈0.453 kg)),而 ONC 仅能以毫克或克级得到,这是因为 ONC 非常难以合成。尽管 CL-20 在 20 年前被发现后人们对其抱有极大的希望,但不得不说时至今日大多数应用的高能炸药配方仍基于 RDX(表 1.2)。CL-20 虽然有很好的性能,但是它没有成功被应用的原因有以下几点:

(1) CL-20 与廉价的 RDX 相比价格非常高;
(2) CL-20 有一些感度问题;

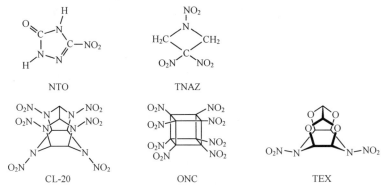

图 1.15 5-硝基-1,2,4-三唑-5-酮(NTO)、1,3,3-三硝基氮杂环丁烷(TNAZ)、六硝基六氮杂异伍兹烷(CL-20)、八硝基立方烷(ONC)和 4,10-二硝基-2,6,8,12-四氧四环-4,10-二氮杂异伍兹烷(TEX)的分子结构

(3) CL-20 存在几个晶型,而所需要的 ε-型(由于其密度和爆速均高)热力学上不是最稳定的。

CL-20 ε-晶型与其他晶型可相互转换,可变成更为稳定的晶型,但是这也是更加敏感的晶型,其结果导致性能的降低和感度的增加。

乙二醛和苄胺在酸催化的条件下缩合极易形成六苄基六氮杂异伍兹烷(图 1.16)。之后,苄基在还原条件(Pd-C 催化剂)下被乙酰基所取代,最后经过硝化反应生成 CL-20。

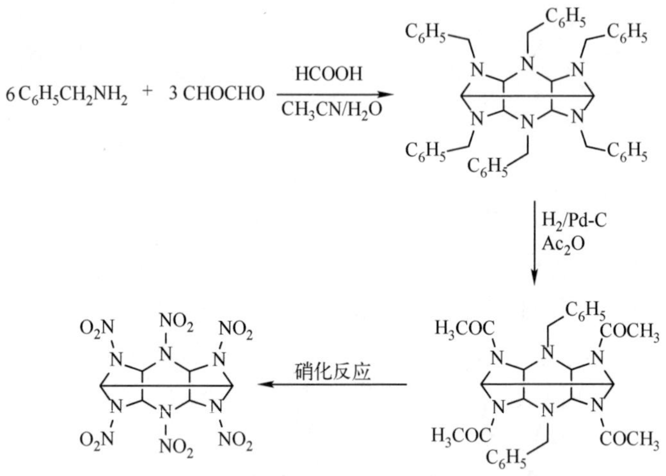

图 1.16 六硝基六氮杂异伍兹烷(CL-20)的合成

另一个非常不敏感的高能炸药是 4,10-二硝基-2,6,8,12-四氧四环-4,10,-二氮杂异伍兹烷(TEX,见图 1.15),其结构与 CL-20 密切相关。该化合物在 1990 年由 Ramakrishnan 和他的合作者首次报道,它在所有硝胺化合物中是具有最高密度的化合物($2.008 \text{ g} \cdot \text{cm}^{-3}$)[6]。

瑞典防务机构 FOI 的化学家 N. Latypov 合成了两种新型含能材料。这两种化合物即是 FOX-7 和 FOX-12(图 1.17(a))。FOX-7 是一个共价型分子 1,1-二氨基-2,2-二硝基乙烯。FOX-7 的合成包括多个反应步骤。两个可供选择的制备 FOX-7 的方法如图 1.17(b)所示。FOX-12 或 GUDN 是胍基脲的二硝酰胺盐。

令人感兴趣的是,FOX-7 和 RDX、HMX 有同样的 C/H/N/O 比。尽管 FOX-7 和 FOX-12 在能量性能上(爆速和爆压)都比不上 RDX,但两种化合物比 RDX 有更低的感度。表 1.5 列出了 FOX-7 和 FOX-12 与 RDX 相比的主要能量性能和感度数据。

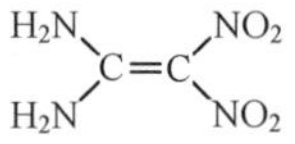

FOX-7

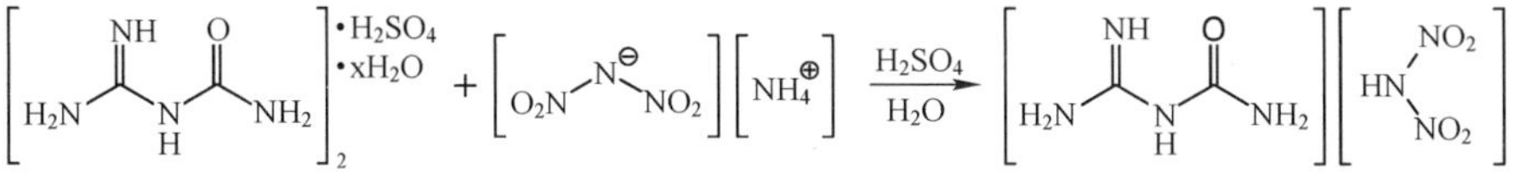

FOX-12

(a)

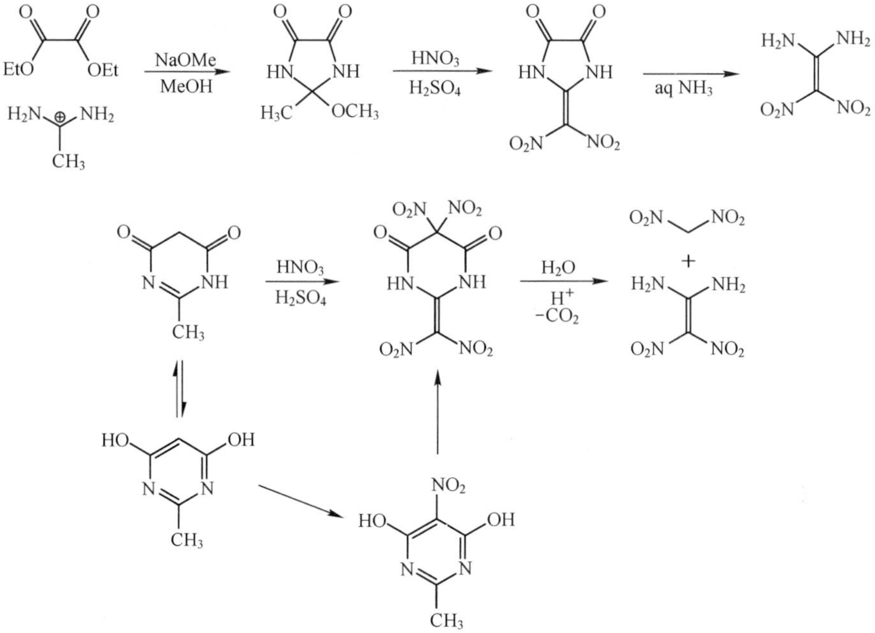

(b)

图 1.17　FOX-7 和 FOX-12 的分子结构以及两个可供选择的 FOX-7 合成路线

表 1.5　FOX-7 和 FOX-12 与 RDX 相比的主要能量性能和感度数据

性　能	FOX-7	FOX-12	RDX
p_{C-J}/GPa	34	26	34.7
$D/(m \cdot s^{-1})$	8870	7900	8750
IS/J	25	>90	7.5
FS/N	>350	>352	120
ESD/J	4.5	>3	0.2

FOX-7 至少存在三种不同的晶型(α、β 和 γ)。α 晶型在 389 K 可逆地转换成 β 型(图 1.18)[7-8]。在 435 K,β 晶型转换成 γ 晶型,且这种相互转换是不可

逆的。γ晶型在200 K能够消失。当加热时，γ晶型在504 K分解。从结构上看，三个晶型是紧密相关的，且极为类似，FOX-7每层的平面度从α到β再到γ晶型逐渐提高(即γ晶型中分子堆积具有最好的平面结构)(图1.19)。

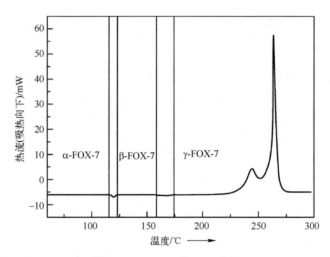

图1.18 FOX-7的DSC曲线

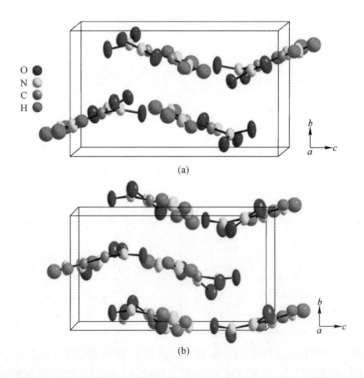

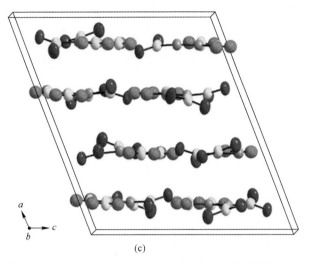

图 1.19 α-FOX-7、β-FOX-7 和 γ-FOX-7 晶型堆积
(a) α-FOX-7;(b) β-FOX-7;(c) γ-FOX-7。

硝胺炸药家族中另一个成员是二硝基甘脲(DINGU),它于 1888 年首次被报道。乙二醛和脲之间的缩合反应产生甘脲,然后用 100% 硝酸硝化制得 DINGU。与 HNO_3/N_2O_5 的混合物进一步硝化得到相应的四硝基化合物(四硝基甘脲)。因为其高的密度($2.01\,g\cdot cm^{-3}$)和爆速($9150\,m\cdot s^{-1}$)(图 1.20)而引起了人们的兴趣。

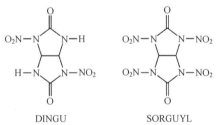

图 1.20 二硝基甘脲(DINGU)和相应的四胺(SORGUYL)的分子结构

DINGU 属于环形二硝基脲类化合物,这些化合物一般表现出极强的水解活性,因此可作为"自修复"含能材料。一种新的硝胺基高能炸药在 1951 年被首次报道[9],并且近期被 Damavarapu(ARDEC)建议作为 RDX 的替代物用于 C4 炸药中,它就是双硝胺基三嗪酮(DNAM)。该化合物熔点为 228℃,密度高达 $1.998\,g\cdot cm^{-3}$。由于 DNAM 密度高且生成焓为较小的负值($\Delta H_f^0 = -111\,kJ\cdot mol^{-1}$),故其爆速为 $9200\,m\cdot s^{-1}$,且有令人希望的低感度(IS = 82.5 cm, FS = 216 N, ESD = 0.25 J)。用原位生成的 $AcONO_2$ 作为有效的硝化剂(图 1.21)硝化三聚

氰胺，DNAM 合成的得率可达 50%~60%。值得关注的是 DNAM 在 80℃快速水解，释放出一氧化二氮，在室温以及酸催化下水解需要一到两天。

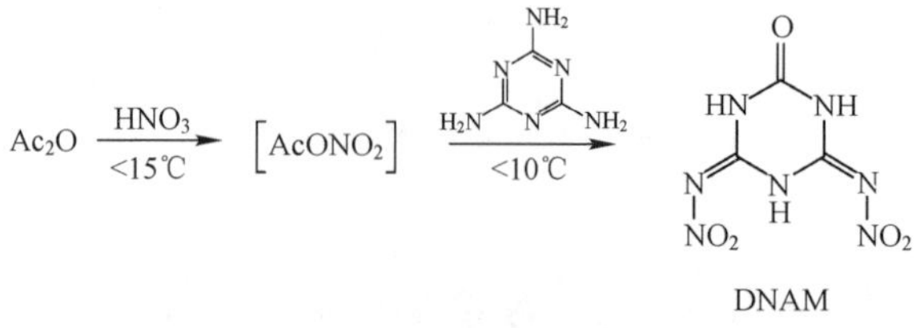

图 1.21　DNAM 的合成

DNAM 和 $NaHCO_3$、CsOH 和 $Sr(OH)_2 \cdot 8H_2O$ 反应，分别得到去单一质子化的盐 NaDNAM、CsDNAM 和 $Sr(DNAM)_2$。

吡嗪衍生物是六元杂环化合物，在六元环中含有两个氮原子。作为高氮含量的六元环化合物，它们是含能材料理想的结构单元。它们中的一些化合物有高的生成焓、极佳的热稳定性和好的安全特性。在吡嗪衍生物系列中，最著名的化合物是 2,6-二氨基-3,5-二硝基吡嗪-1-氧化物（也称为 LLM-105，图 1.22）。LLM-105 密度高达 $1.92\,g \cdot cm^{-3}$，爆速为 $8730\,m \cdot s^{-1}$，爆压为 35.9 GPa，与 RDX 性能相当（RDX 密度为 $1.80\,g \cdot cm^{-3}$，爆速为 $8750\,m \cdot s^{-1}$，爆压为 34.7 GPa）。LLM-105 比 RDX 有更低的撞击感度，且对静电火花和摩擦也不敏感[10]。制备 LLM-105 有不同的方法，大多数方法是主要从商业上可得到的 2,6-二氯吡嗪作为原材料（图 1.22），在最后一步氧化二氨基二硝基吡嗪获得其氧化物（LLM-105）。4-氨基-3,5-二硝基吡唑（LLM-116）的合成路线如图 1.23 所示。

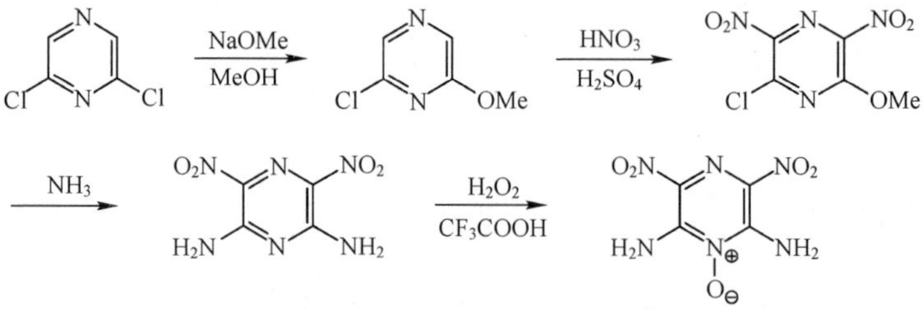

图 1.22　LLM-105 的合成路线

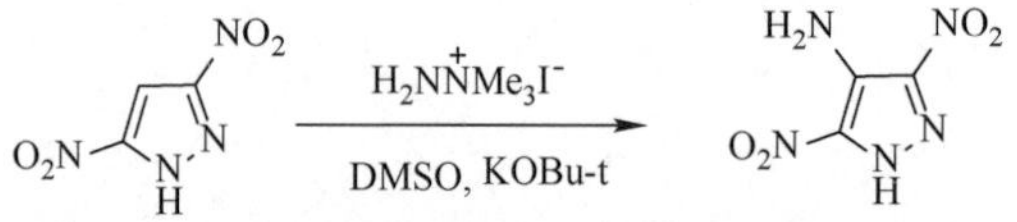

图 1.23　LLM-116 的合成路线

Chavez 等(LANL)合成了可作为不敏感高能炸药的 3,3-二氨基氧化偶氮基呋咱(DAAF)。尽管 DAAF 的爆速和爆压相对较低($7930\,\text{m}\cdot\text{s}^{-1}$,$30.6\,\text{GPa}$,在密度为 $1.685\,\text{g}\cdot\text{cm}^{-3}$ 时),但是其感度低(IS>320 cm,FS>360 N),且临界直径小于 3 mm,这些使得它仍具有应用前景。DAAF 的合成路线如图 1.24 所示[11]。

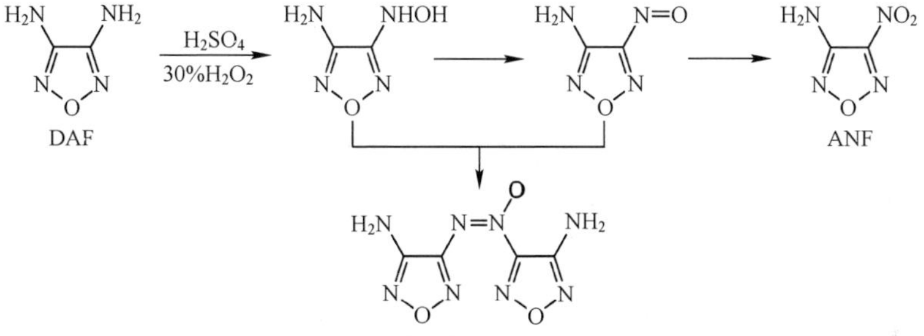

图 1.24　DAAF 的合成路线

有机过氧化物是近期被广泛研究的另一类炸药。该类炸药包括如下化合物:

— H_2O_2
— 过酸化合物,R—C(O)—OOH
— 过酸酯化合物,R—C(O)—OOR′
— 过氧醚化合物,R—O—O—R′
— 过氧化乙缩醛,R'_2C—(OOR)$_2$
— 过氧化二硫醚,R—C(O)—O—O—C(O)—R

三过氧化三丙酮(TATP,图 1.25)由丙酮在硫酸溶液中与 45%(或更低浓度)的过氧化氢相互反应而制得(酸起到了催化剂的作用)。与其他大多数有机过氧化物类似,TATP 有非常高的撞击感度(0.33 J)、摩擦感度(0.1 N)和热感度。TATP 具有起爆药的特征,其易升华(高的挥发性),故 TATP 没有得到实际应用(除恐怖分子和自杀式炸弹袭击者组织的活动外)。

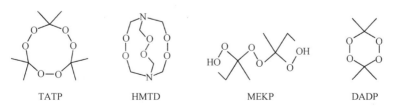

图 1.25　三过氧化三丙酮(TATP)、三过氧化六亚甲基二胺(HMTD)、过氧化甲基乙基甲酮(MEKP)和二过氧化二丙酮(DADP)的分子结构

由于 TATP 常被恐怖组织使用,故该材料需要可靠的、快速的检测方法。除了传统的分析方法像质谱和紫外(UV)光谱之外,受过训练的炸药探测犬(EDD)在有机过氧化物的探测中将起到特别重要的作用。无论如何,受过训练的 EDD 是非常贵的(可达 60 万美元),且每天仅能工作 4h。尽管高的蒸气压会帮助 EDD 来检测这类炸药,但是这也是一个缺点,因为 EDD 要在有限的时间跨度内找到 TATP(微小的量很快会升华并永远消失)。将化合物嵌入合适的基体中,这样可用于训练 EDD。这些基体不该有任何的挥发性,对 EDD 而言也不应有任何的特征气味,在这方面,沸石可能是令人感兴趣的材料[12]。沸石所面临的问题是它们必须装载在某种容器中,并且溶剂(如丙酮)在过氧化发生之前不能全部蒸发。

恐怖组织使用的典型有机过氧化物称为手工炸药(HME),这包括三过氧化三丙酮(TATP)、三过氧化六亚甲基二胺(HMTD)、过氧化甲基乙基丙酮(MEKP)和二过氧化二丙酮(DADP)(图 1.25)。

下面一类的 N-氧化物比上述的过氧化物更加稳定。例如,3,3′-偶氮双(6-氨基-1,2,4,5-四嗪)在三氟醋酐存在下用 H_2O_2/CH_2Cl_2 来进行氧化,可得到相应 N-氧化物(图 1.26)。这种化合物具有需要的高密度并且有适中的撞击和摩擦感度。

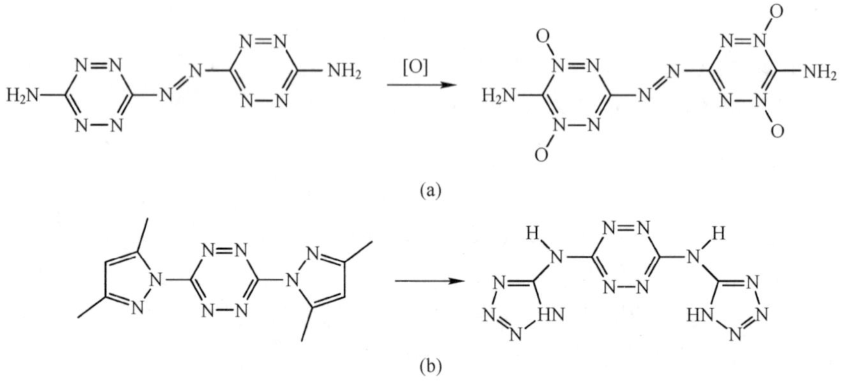

图 1.26　N-氧化物的合成和 3,6-二(1H-1,2,3,4-四唑-5-氨基)四嗪的合成
(a) N-氧化物的合成;(b) 3,6-二(1H-1,2,3,4-四唑-5-氨基)四嗪的合成。

除双氧水外,另一个已被证明在 N-氧化反应中非常有用的氧化剂是商业上可得到的单过硫酸氢钾复合盐($2KHSO_5 \cdot KHSO_4 \cdot K_2SO_4$)。其活泼的组分是过硫酸氢钾($KHSO_5$),该化合物是卡洛酸($H_2SO_5$)的盐。图 1.27 中展示了包括单过硫酸氢钾复合盐的氧化反应的实例,该图中也包括了由一个氨化物(R_3N)变成 N-氧化物的相互转换过程。(有时候,mCPBA(间氯过氧化苯甲酸)或三氟过氧乙酸也被用作氧化剂来制备 N-氧化物)。

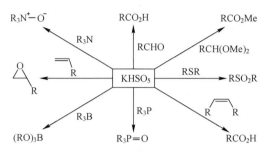

图 1.27　作为氧化剂与单过硫酸氢钾复合盐的氧化反应

另一个四嗪衍生物 3,6-二(1H-1,2,3,4-四唑-5-氨基)-s-四嗪最近由(双吡唑基)四嗪制备出来(图 1.26)。令人感兴趣的是四嗪衍生物通过 π-π 堆积形成了极强的分子间相互作用,这有利于降低静电火花感度。

1.2.3　新型起爆药

在早期,Alfred Nobel 已经不用雷汞作为起爆药,取而代之的是使用叠氮化铅(LA)和斯蒂芬酸铅(LS)(图 1.28)。LA 和 LS 的长期应用已在军事训练场引起极大的铅污染,这促使世界各国开始寻找不含有重金属的替代物。在 2016 年,美国军方仍使用了约 2 000～3 000 kg 叠氮化铅。在 2006 年,Huynh 和 Hiskey 发表了建议用 Fe 和 Cu 配合物 $[Cat]_2^+[M^{II}(NT)_4(H_2O_2)_2]$ ($[cat]^+$ 为 NH_4^+、Na^+;M 为 Fe、Cu;NT 为 5-硝基四唑盐)作为环境友好的绿色起爆药的文章(图 1.28)[13]。

在 2007 年,慕尼黑大学研究团队报道了一种具有良好性能的双(1-甲基-5-硝氨基四唑)铜盐化合物(图 1.28)[14]。上述化合物问世的时间尚短,还未能获得应用。但是其已经展示出作为非铅起爆药的巨大潜力。

另一个环境友好的起爆药是 5-硝基四唑亚铜盐(图 1.28)。该化合物名称代号为 DBX-1,由太平洋科学含能材料公司(Pacific Scientific EMC)研制,它是叠氮化铅非常适合的替代物。DBX-1 直到 325℃ 都是热稳定的(DSC 数据),它的撞击感度是 0.04 J,而 LA 为 0.05 J。该化合物于空气环境中,在 180℃ 24 h 内表现出良好的稳定性,而在 70℃ 下,两个月的存储时间被证明是稳定的。NaNT 和 CuCl 在较高温度下反应得到 DBX-1。最好的制备方法如下列化学反应方程式所示,得率可达 80%～90%,其中抗坏血酸钠 $NaC_6H_7O_6$ 被用作还原剂:

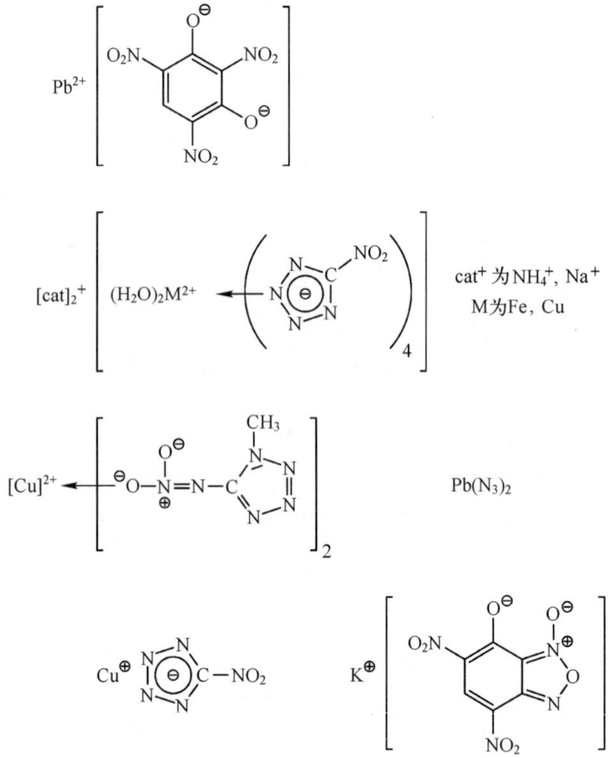

DBX-1　　　　KDNP

图 1.28　斯蒂芬酸铅(LS)、叠氮化铅(LA)、硝基四唑铁和铜盐复合物以及5-硝基四唑亚铜盐(DBX-1)和7-羟基-4,6-二硝基苯并氧化呋咱钾盐(KDNP)

$$CuCl_2 + NaNT \xrightarrow[\triangle]{\text{还原试剂},H_2O} DBX\text{-}1$$

NT的汞盐 $Hg(NT)_2$ 也是非常有名的,其名称代号为DXN-1或DXW-1。

斯蒂芬酸铅另一种可能的替代物是7-羟基-1,6-二硝基苯并氧化呋咱钾盐(KDNP)(图1.28)。KDNP是一个含氧化呋咱环的炸药,能够按着下列化学反应方程式由商品化的溴苯甲醚制得。在最后反应步骤中,KN_3 取代溴原子,并且也移除了甲氧基:

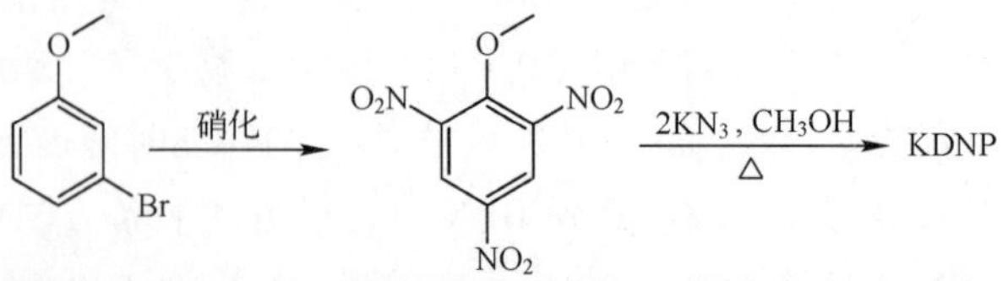

典型针刺雷管(图1.29)一般由三个主要部分组成:

(1) 起爆装药(常由桥丝起爆);
(2) 传爆装药:起爆药(常用 LA);
(3) 做功装药:猛炸药(常用 RDX)。

1—起爆装药,如 NOL-130(叠氮化铅、斯蒂芬酸铅、四氮烯、Sb_2S_3、$Ba(NO_3)_2$);2—传爆装药(LA);3—做功药(RDX)。

图 1.29 一个针刺雷管的典型设计

一个典型起爆装药的配方为 20%叠氮化铅、40%斯蒂芬酸铅、5%四氮烯、20%硝酸钡、15%硫化锑(Sb_2S_3)。

为叠氮化铅和斯蒂芬酸铅找到合适的无重金属的替代物是非常必要的。下面的替代物目前在针刺雷管中得到了广泛的研究。

(1) 起爆装药:LA→DBX-1、LS→KDNP;
(2) 传爆装药:LA→三嗪环氯胍(TTA)或 APX;
(3) 输出装药:RDX→PETN 或 BTAT。

起爆药是一类从点燃到爆轰快速转换的物质,并且产生冲击波,该冲击波使爆轰传递到低敏感的猛炸药成为可能。目前,叠氮化铅和斯蒂芬酸铅是最常用的起爆药。这些化合物的长期使用(它们中含有毒的重金属铅)已在军用训练场造成极大的铅污染,清除污染的工作需要大量资金的投入。2012 年 12 月 4 日在《华盛顿邮报》上发表的《关于铅暴露问题的国防部标准》一文指出:"已有足够的证据证明,为了保护工人免于铅污染导致的神经系统、肾脏、心脏和生殖系统类疾病,在国防部范围内已存在 30 年的控制铅暴露联邦标准是不够的。"

从子弹的底火到矿用的雷管,每年美国要制造上亿件。来自慕尼黑大学的研究者们与新泽西州的 ARDEL 公司合作,合成出一种叫作 K_2DNABT 的化合物(图 1.30),该化合物是一种新的非重金属起爆药,其实质上和叠氮化铅有相同的感度(撞击、摩擦和静电感度),但不含有毒性铅。其含有环境友好和毒理学温和的钾元素。初步的爆轰试验理论计算已经表明,K_2DNABT 的性能甚至超过了叠氮化铅。因此,该化合物有望在弹药和雷管中取代毒性大的叠氮化铅/斯蒂芬酸铅。

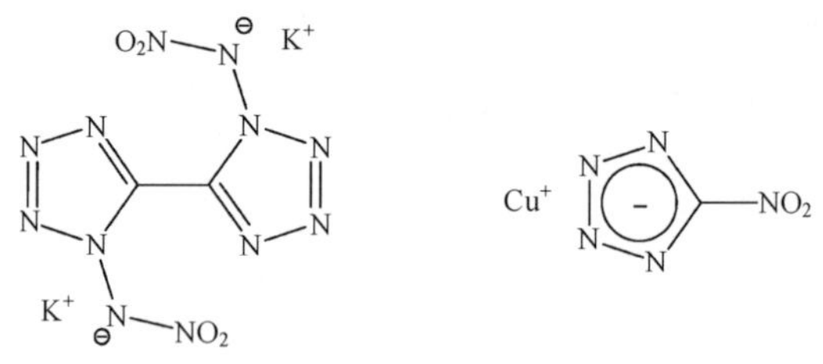

图 1.30 K₂DNABT 和 DBX-1 的化学结构

  理论上,未保护的 1,1′-二氨基-5,5′-双四唑能够被硝化。然而 5,5′-双四唑的氨化是其中的关键步骤,该反应的得率极低,并且需要付出相当大的努力。因此,非常有必要开发新的替代合成路线。K₂DNABT 的合成过程首先从易于制备的二甲基碳酸盐开始。它和水合肼溶液反应形成酰肼类化合物 1,接下来和一半量的乙二醛发生缩合反应,形成化合物 2,该化合物和 NCS(N-氯丁二酰亚胺)一起被氧化生成相应的氯化物。用叠氮化钠作为取代剂,提供了两个叠氮基(得率仅 38%)。接着,在乙醚悬浮液中用盐酸环化该叠氮基团。最后羧甲基保护的 1,1′-二氨-5,5′-双四唑被 N_2O_5 温和地硝化生成中间体 6(图 1.31)。

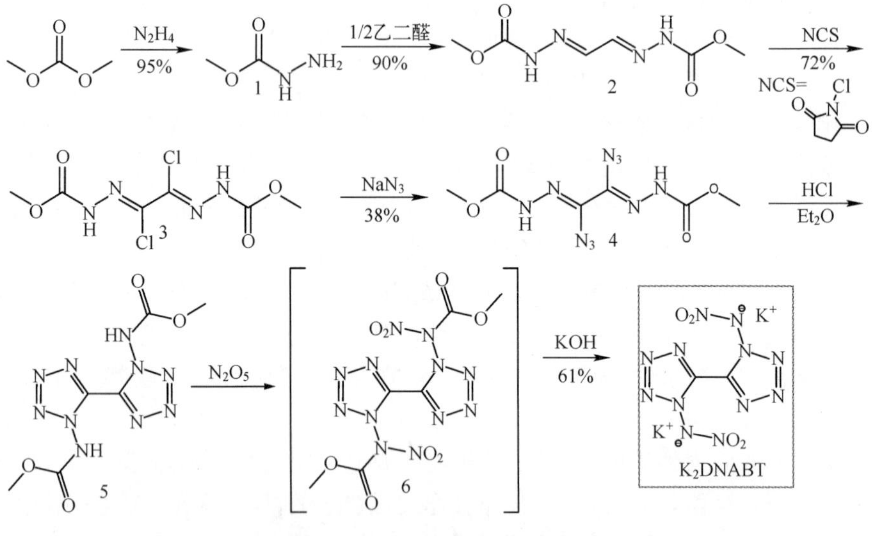

图 1.31 K₂DNABT 的合成路径

  通过含 KOH 的碱性水溶液进行沉淀制得 1,1′-二硝胺基-5,5′-二四唑的二钾盐。粗品可由重结晶进行纯化,无须柱色谱法进行分离。K₂DNABT 具有较低的水溶性,易于分离和纯化,避免由地表水污染产生的毒性问题。

第1章 概述

起爆药是一种对撞击、摩擦、热或静电火花等刺激极其敏感的炸药,因此这种炸药起爆仅需要非常小的能量。一般地,起爆药被认为是比 PETN 更加敏感的材料。起爆药作为用于起爆的材料,可以使低敏感的猛炸药(如 RDX/HMX)或火药起爆。极小的量(通常为毫克级)就可起爆一个大的炸药装药,且处理过程安全可靠。起爆药广泛用于底火、雷管和导爆索中,最常用的起爆药是叠氮化铅和斯蒂芬酸铅。叠氮化铅是两者中威力比较大的炸药,常以纯物质用于雷管中作传爆药,或用于起爆药配方中(如 NOL-130)。斯蒂芬酸铅多用于起爆药和底火混合物的配方中,很少发现它以纯物质的形式使用。

尽管叠氮化铅已被广泛应用了数个十年,然而其毒性极大,该材料和铜、锌或含这些金属的合金反应形成新的叠氮化物,这些叠氮化物处理起来是极其敏感和危险的。目前,已清楚地发现含铅化合物能够引起环境和身体相关的问题。含铅化合物被收录于 EPA 毒性化学品列表中(17 种有毒化学品 EPA 列表)。此外,它们在"清洁空气公约"中被调整作为Ⅱ类危害空气污染物,同时在清洁水公约中被分类为有毒的污染物,并且在危害物质的超级基金法案中列出。在"清洁空气公约"中,美国环境保护局(USEPA)国家环境空气质量标准(NAAQS)降低至 $0.15\mu g \cdot m^{-3}$。这个值比原来的标准要严格 10 倍。铅既是一种急性的毒素,也是一种难以长期治愈的毒素,一旦它被人体吸收且溶解到血液中,则人体难于将其清除。当然,人体吸收的铅来源于人体暴露于含铅的起爆药成分中,以及铅基复合物的燃烧产物中。无论如何,铅对身体的影响已被很好地证明,铅暴露和人类生长之间有直接的关联,包括智商降低、行为失常和听力障碍。在训练和试验中接触铅会将重金属沉积在器官组织中,并且影响这些器官的持续功用。

这些起爆器和传火装药装置在生产和处理过程中的成本也是非常高的。任何铅基起爆药,像叠氮化铅或斯蒂芬酸铅,它们的制备过程中易产出大量有毒的、危险的废物。另外,这些化合物的处理和储存也是令人关心的问题。由于铅基化合物对环境和身体健康的影响,特别需要研发绿色起爆药,以取代铅基化合物。当前的研究主要是寻求可替代叠氮化铅和铅基配方的材料,以用于制式雷管、M55 针刺雷管和撞击火帽中,如 M115、M39、M42 等。研发非铅替代物的一个重要策略集中于高氮化合物的应用上,高氮化合物广泛被认为是切实可行的、环境友好的含能材料,因为其主要的爆轰产物是环境友好的氮气。同时,高氮化合物具有高的生成焓(ΔH_f),可导致高的能量输出。在开发、试验这些潜在的铅取代物时,必须要考虑下面所述的一些原则:

(1) 处理安全并且具备快速的燃烧转爆轰特性;
(2) 150℃以上仍具有良好的热稳定性,且熔点需大于 90℃;
(3) 应该具有高的爆轰性能和感度;

(4) 长期储存的化学安定性好;
(5) 不含有毒的重金属或其他已知的毒素;
(6) 易于合成,成本低。

在进行底火的性能试验时,底火被密封在隔绝空气的试验装置中,由 8~16 盎司(1 盎司≈28.35 g)的钢球坠落撞击起爆药而触发,并由压力传感器测量爆炸输出,如图 1.32 所示。通过 K_2DNABT 的感度测试发现它对撞击、摩擦和静电火花是非常敏感的,几乎所有的起爆药均如此。K_2DNABT 比叠氮化铅、斯蒂芬酸铅和 DBX-1 更加敏感(表 1.6)。

表 1.6 K_2DNABT 和其他起爆药的感度对比

样 品	撞击感度/英寸	摩擦感度/N	ESD/mJ	密度/(g·cm^{-3})	爆速/(m·s^{-1})
LA	7~11	0.1	4.7	4.8	5300
LS	5	0.1	0.2	3.00	4900
DBX-1	4	0.1	3.1	2.58	7000(理论)
K_2DNABT	2	0.1	0.1	2.2	8330(理论)

注:1 英寸≈25.4 mm。

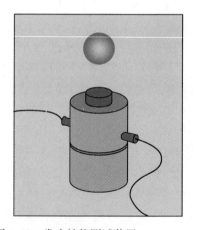

图 1.32 发火性能测试装置

为了比较 K_2DNABT 和叠氮化铅之间的性能差异,40 mg K_2DNABT 被装入一个小型铝容器中,1g RDX 被压在标准起爆器铜壳上,由一个电点火器触发。从图 1.33 可以看出,K_2DNABT/RDX 的性能能够满足作为起爆药的要求。

采用改进的小药量冲击波反应试验(SSRT)对 K_2DNABT 的性能进行了评价,同时以叠氮化铅作为对照起爆药物。在这些试验中,500 mg 的化合物由电点火头点火,K_2DNABT 在铝见证板上比叠氮化铅留下更深的凹痕(图 1.34)。

图1.33 电点火头引发的 K_2DNABT/RDX 起爆试验照片

图1.34 叠氮化铅(左)和 K_2DNABT(右)爆炸后的见证板

当进行电点火试验时,K_2DNABT 的性能与斯蒂芬酸铅相当。目前,含有该化合物的底火也已被研制成功并按照相关要求进行了更多的验证工作。为了在雷管中用 K_2DNABT 替代叠氮化铅,未来的一个重要工作就是对配方进行系统优化。从目前的结果来看,当 K_2DNABT 通过灼热桥丝起爆时,它是一个很好的斯蒂芬酸铅取代物,将来需要优化 K_2DNABT 的粒度以满足配方的要求。K_2DNABT 被电火头起爆瞬间的试验照片如图1.35所示。

图1.35 K_2DNABT 的小药量冲击波反应试验过程照片

另一个具有应用前景的热稳定非铅起爆药是5-氯四唑铜(Ⅱ)盐(CuCIT),其基础性能如表1.7所示,以商业可得到的氨基四唑作为原料通过一步反应得到。CuCIT能够一步反应转化为合成工业有用的化合物氯化四唑钠盐和氯化四唑(图1.36)。

表1.7　氯化四唑铜(Ⅱ)盐(CuCIT)的基础性能

分子式	$C_2Cl_2CuN_8$
相对分子质量/(g·mol^{-1})	270.53
撞击感度/J	1
摩擦感度/N	<5
ESD/J	0.025
N/%	41.42
$T_{dec.}$/℃	289

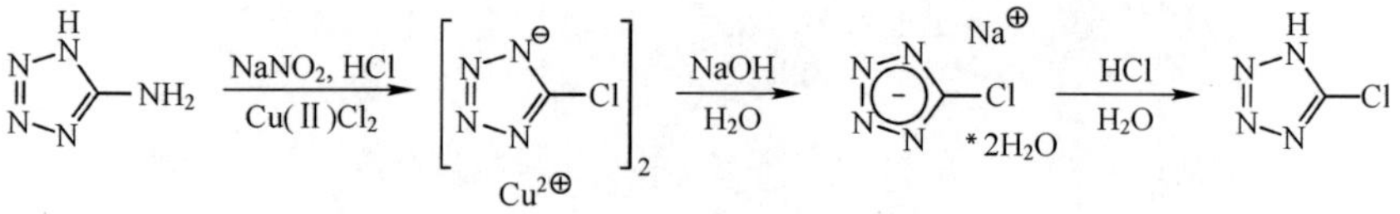

图1.36　氯化四唑铜(Ⅱ)的合成

在非金属起爆药领域,共价键连接的叠氮化物具有较多的优点。尽管这些化合物没能表现出金属配合物那样高的热稳定性,但在传爆药中,有些可作为LA的替代物使用(图1.37)。其中,最有应用潜力的两种化合物为三叠氮三嗪(TTA)和二叠氮基乙二肟(DAGL),这两种叠氮化合物与LA的性能比较如表1.8所示。

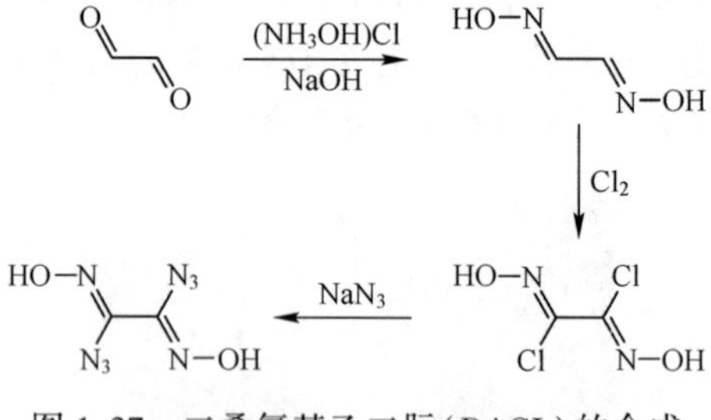

图1.37　二叠氮基乙二肟(DAGL)的合成

表1.8　TTA与DAGL在能量特性方面与LA的比较

代号	TTA	DAGL	LA
分子式	C_3N_{12}	$C_2H_2N_8O_2$	PbN_6
相对分子质量/(g·mol^{-1})	204.1	170.1	291.3
撞击感度/J	1.3	1.5	2.5~4

续表

代号	TTA	DAGL	LA
摩擦感度/N	<0.5	<5	0.1~1
ESD/J	<0.36	0.007	0.005
$T_{dec.}$/℃	187(熔点94℃)	170	315

1.2.4　固体火箭发动机用新型氧化剂

基本上所有的固体火箭助推器用固体推进剂都是以燃料铝(Al)和氧化剂高氯酸铵(AP)的混合物为基础的。AP被用于武器弹药中,主要用作固体火箭和导弹推进剂的氧化剂。此外AP也被用于汽车工业的安全气囊中、烟花行业以及农业肥料。由于高的溶解性、化学稳定性和持久性,AP的用途广泛,目前已经广泛地分布于地下水与地表水系统中。关于高氯酸盐对水生生物影响的资料较少,但是众所周知,AP是一种破坏内分泌的化学物质,会干扰正常的甲状腺功能,进而影响脊椎动物的生长和发育。由于高氯酸盐在甲状腺中会竞争碘的结合位点,通过向培养液中添加碘进行检测可以确定是否可减轻高氯酸盐的影响。高氯酸盐会影响两栖动物胚胎的正常色素沉着。仅在美国,所预估的AP所引起的修复费用就高达数亿美元[15]。

目前最有希望替代AP的无氯氧化剂是二硝酰胺铵(ADN),ADN在1971年首次被苏联合成(Oleg Lukyanov,Zelinsky Institute of Organic Chemistry),现如今已被ENRENCO公司商业化生产,同时被商业化生产的还有硝仿肼(HNF,APP,Netherlands)和硝仿三氨基胍盐(图1.38)[16-17]。羟基硝酸铵盐(HO-$NH_3^+NO_3^-$,HAN)同样也是研究热点之一。然而这四种化合物的分解温度相对较低,并且TAGNF仅相对CO而言(而不是对CO_2)具有正氧平衡。

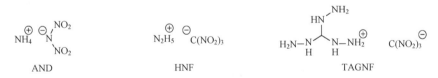

图1.38　ADN、HNF和TAGNF的分子结构

尽管在AP的替代物中ADN具有最佳的氧平衡(Ω_{CO_2}=25.8%,而AP的氧平衡为34.0%)但其与胶黏剂的相容性和本身热稳定性方面仍然存在一些问题($T_{dec.}$=127℃)。ADN在91.5℃完全熔化,在127℃开始热分解。主要的分解途径是ADN分解生成NH_4NO_3和N_2O,然后在更高的温度下NH_4NO_3分解为N_2O和H_2O。目前,研究者们描述了生成NO_2、NO、NH_3、N_2和O_2的副反应,并提出了ADN的酸催化分解机理。

此外,硝酸铵(AN,Ω_{CO_2} = 20.0%,在 169.9℃开始分解,在 210℃完全分解)也是被经常讨论的无氯氧化剂之一,然而这种化合物有着严重的燃烧速率的问题。此外 AN 具有吸湿性,且在 125.5℃、84.2℃、32.3℃和-16.9℃发生相转变。ICT 可提供相稳定的硝酸铵和喷雾晶化的硝酸铵。

TNC-NO$_2$ 是最近新合成出的另外一种有机氧化物,其氧平衡 Ω_{CO_2} = 14.9%,在 153℃保持热稳定。TNC-NO$_2$ 可以通过硝硫混酸直接硝化 2,2,2-三硝基氨基甲酸乙酯(TNC)制备,如下化学方程式所示:

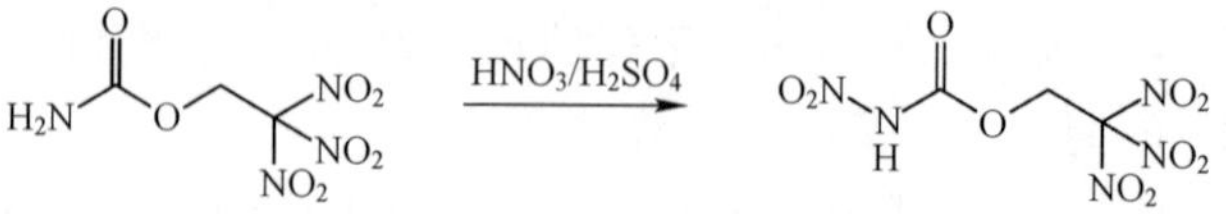

三(2-硝基乙基)硼酸酯和三(2,2,2-三硝基乙基)硼酸酯是新报道的基于硼酸酯的含能化合物,其中三硝基乙基衍生物是高能量密度氧化剂和烟火剂中无烟绿色着色剂的潜在候选物。用 2-硝基乙醇或 2,2,2-三硝基乙醇分别与氧化硼反应可得到三(2-硝基乙基)硼酸酯和三(2,2,2-三硝基乙基)硼酸酯,如下化学方程式所示:

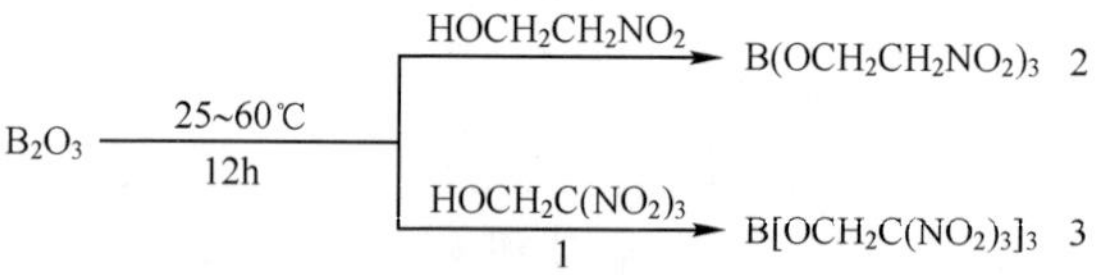

物质 2 的氧平衡为-59.70%,物质 3 的氧平衡为+13.07%,密度为 1.982 g·cm^{-3},感度数据如表 1.9 所示,DSC 分析表明物质 2 和 3 分别在 216℃和 161℃下发生热分解。初始原料 2,2,2-三硝基乙醇(1)可由三硝基甲烷和甲醛反应制得。

表 1.9 化合物 3 的感度数据

晶粒尺寸/μm	<100
IS/J	15
FS/N	144
ESD/J	0.5

总的来说,单质硼与硼化合物由于燃烧热极高,而成为许多推进剂相关研究的热点课题。然而,由于燃烧效率问题,硼与硼化合物的理论热值优势很难得到体现,单质硼燃烧过程中的问题是:①硼颗粒表面存在氧化层而导致存在点火延迟;②由于 HBO$_2$ 或者 HOBO 的形成,含氢气体在燃烧过程中的能量释放显著降低,HOBO 缓慢氧化为燃烧主产物 B$_2$O$_3$,通常会导致颗粒在释放所有能量之前离开推进系统,从而导致性能低于预期。

三硝基甲烷(trinitromethane,NF)由于其高的含氧量,是制备用于推进剂和炸药含能组分的重要原材料。它最初是由 Shiskov 以铵盐的形式在 1875 年制得。碱性条件下三硝基甲烷易于脱去质子，生成硝仿肼(HNF)等衍生物[18]。硝仿肼也是许多无氯氧化剂的起始原料，如 TNC-NO_2 和三(三硝基乙基)硼酸酯，也是现代绿色推进剂的理想组分[19-20]。HNF 可直接由 NF 合成，氧化剂 TNC-NO_2 和三(三硝基乙基)硼酸酯是以三硝基乙醇(TNE)为原料制备的。TNE 则可以很容易地从含硝仿的甲醛水溶液中通过两步反应来合成，如下化学反应方程式：

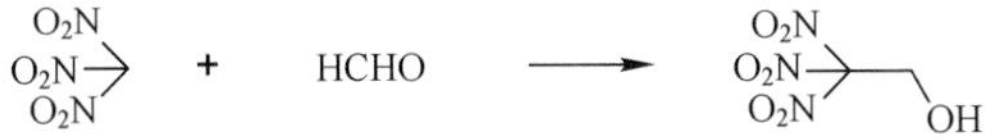

NF 参与许多反应，如加成反应[21]、缩合反应[22]和取代反应[23]。NF 与不饱和化合物反应可生成多硝基烷烃衍生物。因此，它可以用于合成含有硝仿基团的含能化合物，例如，1-(2,2,2-三硝基乙基氨基)-2-硝基胍[24]或者 1,1,1,3-四硝基-3-氮杂丁烷[25]。作为含能化合物合成中的重要原料，NF 的合成路线引起了广泛的关注和研究，NF 可通过硝化各种底物，包括乙炔、乙酸酐、嘧啶-4,6-二醇和异丙醇来获得(图 1.39)。

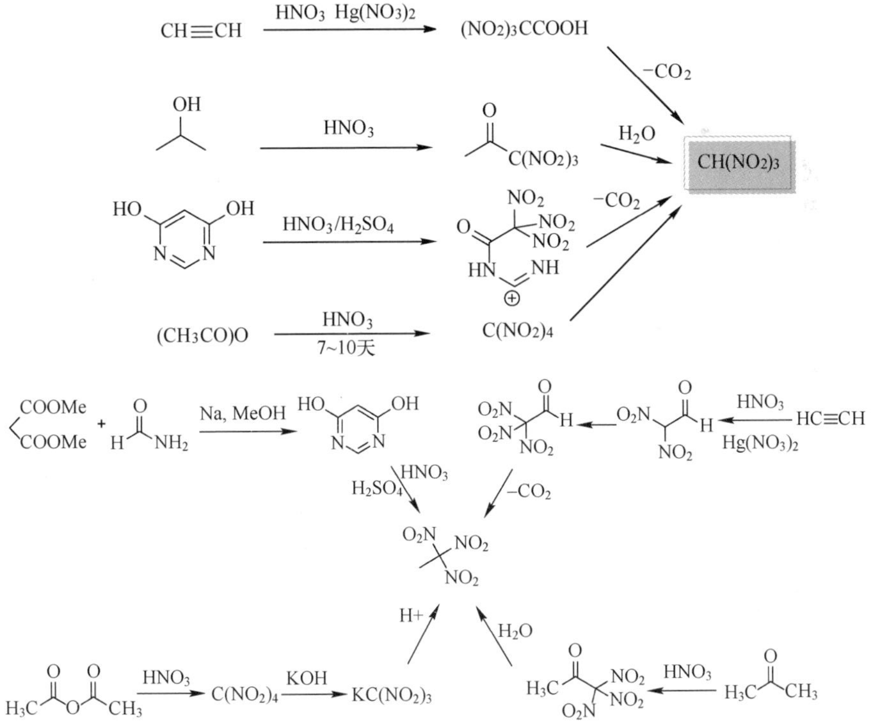

图 1.39 硝仿不同的合成路径

文献中研究最多的硝仿制备方法是乙炔与硝酸的硝化反应。然而,这种方法需要使用昂贵而且有毒的硝酸汞作为催化剂,从经济和环境角度来看这显然是不合算且有害的。文献中已经报道的其他硝仿的制备方法包括硝化其他合适的化合物,如丙酮或异丙醇,四硝基甲烷的水解或者嘧啶-4,6-二酮的硝化水解[26-27]。由于丙酮的挥发性和易燃性,以丙酮为原料的硝仿制备试验往往很危险,而由四硝基甲烷制备硝仿的方法则需要水蒸气蒸馏过程,这使其制备困难。

使用异丙醇大规模生产 NF 在安全性、成本和环境可持续发展方面具有一定的优势。Frankel[28]于 1978 年首次报道了由异丙醇为原料合成 NF 的方法,这种方法基于异丙醇与发烟硝酸的氧化、硝化和水解(图 1.40)。

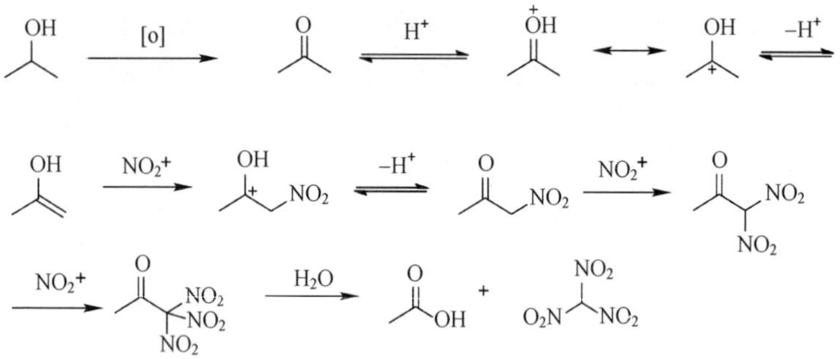

图 1.40　由异丙醇在发烟硝酸中合成 NF

此外,实验室规模的 NF 制备可由四硝基甲烷(TNM)为原料完成,TNM 在碱性条件下分解产生 HNO_3 和硝仿盐,如下化学方程式。而 TNM 可以在实验室中通过发烟硝酸硝化醋酸酐来制备(图 1.39)。

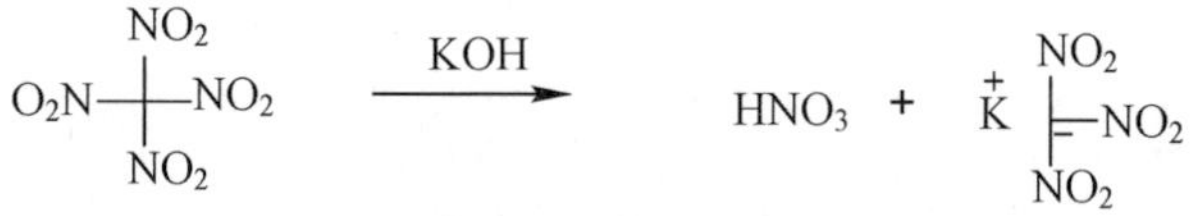

另一种可用于实验室规模制备硝仿钾盐(随后可转化为三硝基乙醇(TNE))的简便合成方法是巴比妥酸的硝化,如图 1.41 所示。

上述 NF 的合成路线中存在的问题使得开发新的、更安全和更有效的 NF 合成方法成为必然。2003 年,A. Langlet 等公开了一项专利[29],通过硝化溶解在溶解液或悬浮在硫酸中的原料来制备三硝基甲烷(NF)。在温度范围 -10～80℃下,将硝酸、硝酸盐以及五氧化二氮组成的硝化剂加入硫酸溶液/悬浮液中。原料可选用下列化合物之一。

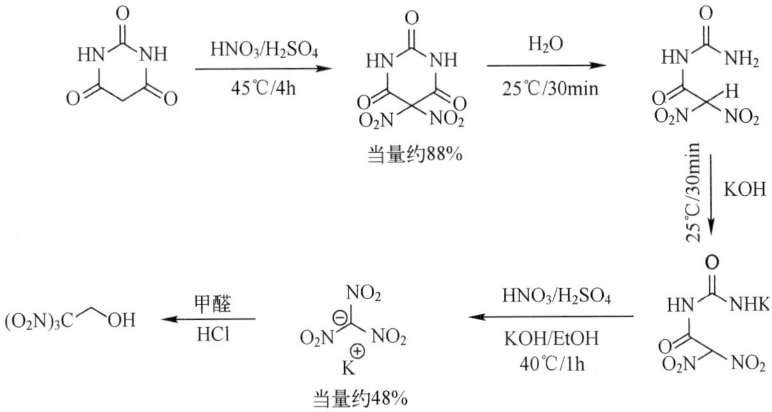

图 1.41 TNE 合成

（1）二硝基乙酰尿素：X 是氢或者是基团，Y 是烷氧基、氨基或其盐；

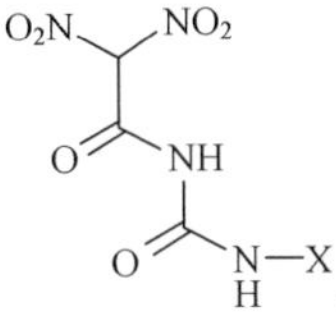

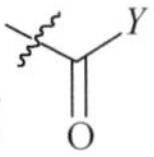

（2）二硝基乙酰肼；

（3）4,6-羟嘧啶。

硫酸浓度为 70%~100%，最好是 95%，硝酸浓度为 85%~100%。硝酸与底物的摩尔比可以在(2.0~6.0)∶1 之间。摩尔比低于 3∶1 时可获得较高的产率，这使得该方法具有较好的经济效益(结合硫酸的再利用)。硝化完成后，将反应液在碎冰中进行淬灭从而制得 NF。可以使用合适的极性萃取溶剂如二氯甲烷或乙醚，从反应混合物中萃取出所制备的 NF。然后加入中和剂以沉淀出相应的硝仿盐。硫酸可以重复多次使用。

2015 年，Hong-Yan Lu 等报道了通过硝化葫芦脲来制备 NF 的新方法，如图 1.42 所示。葫芦脲(CB)是由 12 个亚甲基桥连接了 6 个单元甘脲的环状低聚物。在该研究中，将 CB[n](n=5~8)与发烟硝酸在乙酸酐中进行硝化反应，生成 NF。该方法反应条件温和，降低了风险，价格便宜，因此被视为制备 NF 的一种新的有潜力的路径。

总之，AP 在数个十年的时间里都被用作复合推进剂最重要的氧化剂是有原因的，它可以完全转化为气态反应产物，氧平衡 Ω_{CO_2} = 34%。用高氯酸中和氨，可以很容易地制备 AP，并且可以通过结晶纯化。AP 在室温下稳定，在大于

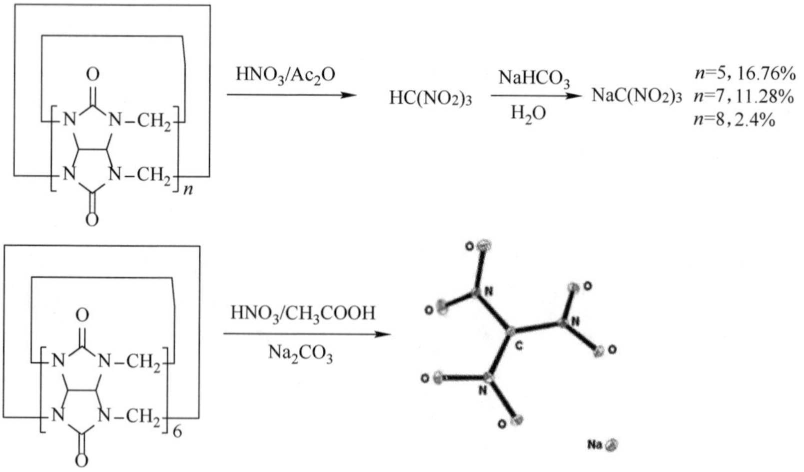

图 1.42　葫芦脲的硝解

150℃的温度下以可测量的速率分解。在约300℃的分解温度下，AP经历自催化反应，该反应在分解30%后停止，称其为低温反应。残留物在这个温度下非常稳定，除非通过升华、重结晶或机械干扰使其恢复活性。在350℃以上，发生高温分解反应，此反应不是自催化反应但可完全分解。在这些分解反应发生的同时，AP也发生了解离性升华。

1.2.5　新型含能材料的初步表征

在实验室中合成了一种新的含能材料（高能（猛）炸药、起爆药、氧化剂）后，需要应用各种表征和评估方法，才能考虑材料的放大和配方制备。表1.10中总结了最重要的表征和评估方法。

表1.10　新型含能材料的合成、表征和评价（在设计配方之前）

合成和表征
IS、FS、ESD；CHN分析、X射线、密度或比重测定法；^{1}H、^{13}C、^{14}N、^{15}N NMR、IR、Raman
DSC/(5K·min^{-1})、TGA、熔点、沸点、$T_{dec.}$
理论VOD、p_{C-J}、I_{sp}、Q_{ex}
相转变、晶型转变/(X射线粉末衍射、DSC)
生物毒性、成本、产率、安全制备
水解、降解、爆轰或燃烧产物
晶型和晶体形态/(电子显微镜学)

续表

蒸汽压测定		
高能(猛)炸药	起爆药	氧化剂
1. 真空放气量	1. 激光引爆	1. 真空放气量
2. 相容性	2. 对高能(猛)炸药起爆能力	2. 相容性
3. 实测爆速	—	3. 氧弹量热
4. 克南试验	4. M55 针刺雷管	4. 等温长储稳定性
5. 特劳茨尔试验	5. 相容性	—
6. 水下测试	—	—
7. 等温长储稳定性	—	—
8. 氧弹量热	—	—

1.3 相关定义

根据美国测试与材料学会(ASTM)的定义,含能材料是指包含燃料与氧化剂能快速反应释放出能量与气体的化合物或者混合物。典型的含能材料有起爆药、猛炸药、枪炮发射药、火箭推进剂、烟火药(如信号弹、照明弹、烟雾弹、诱饵弹、燃烧装置、气体发生器(安全气囊)和延迟药剂)。

含能材料可以使用热、机械或静电点火源来引爆,而且不需要环境中的氧参与放热反应。

可用于爆炸物的材料是一种处于亚稳态的化合物或者混合物,能够进行快速的化学反应,而不需要环境中的氧气等其他的反应组分。为了表征物质的爆炸性能,可以使用式(1.1)获得的 Berthelot-Rot 值 B_R 来估算。

$$B_R = \rho_0^2 V_0 Q_V \tag{1.1}$$

式中: ρ_0 (kg·m^{-3})为爆炸物的密度; V_0 (m^3·kg^{-1})为气体产物体积; Q_V (kJ·kg^{-1})为爆热。

表 1.11 列出了一些著名炸药的 B_R 值。B_R 值大于或等于 55% NH_4NO_3 和 45% $(NH_4)_2SO_4$ 的混合物的化合物可被认为是潜在的炸药,1921 年发生在巴斯夫公司的硝酸铵与硫酸铵混合物的爆炸事故引起了大规模的灾难,死亡人数超过 1000 人。

与上面讨论的潜在爆炸物的定义不同,危险爆炸物的定义如下,危险爆炸物是满足至少一项下列测试结果的化合物或者混合物:

(1) 克南试验(封口板上小孔直径为 2 mm)结果为正;

(2) 撞击感度小于39 J;
(3) 摩擦感度小于353 N。

表1.11 潜在爆炸物的B_R值

炸药物质	$\rho_0/(g \cdot cm^{-3})$	$V_0/(m^3 \cdot kg^{-1})$	$Q_v/(kJ \cdot kg^{-1})$	$B_R/(kJ \cdot m^{-3})$
HMX	1.96	0.927	5253	18707
NG	1.60	0.782	6218	12448
TNT	1.65	0.975	3612	9588
枪药	1.87	0.274	3040	2913
肼	1.00	1.993	1785	3558
55%NH$_4$NO$_3$+45%(NH$_4$)$_2$SO$_4$	1.10	0.920	1072	1193

由于外部热量的传递,含有燃料和氧化剂的含能材料在超过点火温度时点火并形成火焰,放热化学反应产生的热量大于向周围环境的热量损失。蜡烛等燃烧过程不增加压力且消耗大气中的氧气,与之不同的是在含能材料的爆燃过程中不需要消耗环境中的氧气并使压力上升(图1.43)。含燃料和氧化剂的混合物爆燃时,火焰传播速度小于声速,这里火焰线性传播速度(r,单位为m·s^{-1})是指火焰从已经燃烧的反应区到达未反应区域的速度。温度随压力(p)的增加而升高,此外燃速本身也与压力有关(式(1.2))。燃速与含能材料的组成密切相关。在式(1.2)中,β为依赖于温度的系数;α为燃速压力指数,描述了燃速对压力的依赖性。对于发生爆燃的含能材料其$\alpha<1$,推进剂的α通常为0.2~0.6之间;对于起爆药,α通常大于1。

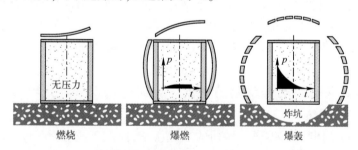

图1.43 燃烧、爆燃和爆轰时压力随时间的变化示意图

$$r = \beta p^\alpha \tag{1.2}$$

在固体燃烧物上方的气相火焰将热量传递到固体表面,从而使燃料蒸发,燃料燃烧产生火焰,形成一个相互促进的系统。在这个过程中火焰区和推进剂间存在暗区,代表着这两种效应之间的平衡,它是压力的函数。重要的一点是,

火焰不会进入裂纹,除非裂纹足够大到可以支撑必要的物理反应。暗区随着 p 的增加而减小,p 增加时火焰能够进入更小的空间,如图 1.44 和图 1.45 所示。

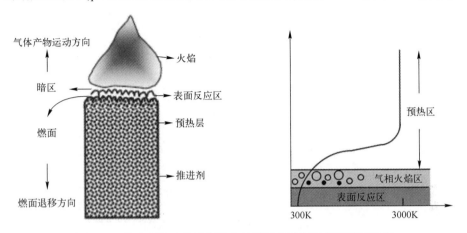

图 1.44　静态环境中推进剂的自持燃烧示意图以及燃烧波温度

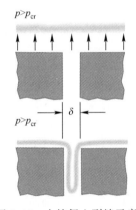

图 1.45　火焰侵入裂缝示意图

在某些条件下(如强约束)爆燃可以转变为爆轰(反之不可以)。当反应前沿速度达到声速时就会发生爆燃转爆轰(在不同材料中声速的典型值为空气 $340 \mathrm{m \cdot s^{-1}}$、水 $1484 \mathrm{m \cdot s^{-1}}$、玻璃 $5300 \mathrm{m \cdot s^{-1}}$、铁 $5170 \mathrm{m \cdot s^{-1}}$),然后从材料的反应到未反应区域以超声速传播。从爆燃到爆轰的转变过程我们称为燃烧转爆轰(DDT)。爆轰一词用于描述化学反应区通过含能材料的传播过程,与此同时伴随着超声速冲击波的影响。爆轰区以爆轰速度 D 穿过炸药,并垂直于反应表面且保持恒定的速度。所有特性在爆轰区内是均匀的,当这些化学反应在恒定的压力和温度下反应放热时,冲击波的传播过程就可以自我维持。能够进行爆燃转爆轰的化学物质,被称为爆炸物,相应的自持过程称为爆轰(图 1.43 和图 1.46)。

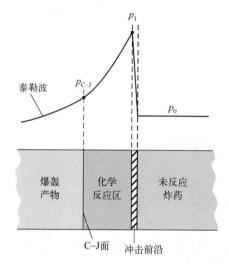

图 1.46 爆轰过程和爆轰波结构示意图

在冲击波动力学特性的影响下,一薄层未反应炸药从原始比容 V_0(V_0 = $1/\rho_0$)沿着炸药的绝热冲击线被压缩到体积 V_1(图 1.47)。由于动态压缩,压力从 p_0 增加到 p_1,随后导致炸药薄压缩层的温度升高(图 1.46 和图 1.47),从而导致化学反应开始。在化学反应结束时,比容和压力的值为 V_2 和 p_2。在反应区的末端,反应产物处于化学平衡状态($\Delta G = 0$),气体反应产物以声速运动,质量、动量和能量守恒均适用。反应产物之间的化学平衡条件称为 C-J 条件。这种状态对应于冲击绝热线上的爆轰产物点(图 1.47)。在这个过程中需要强调的是,在爆燃中,反应的传播是放热过程的结果,而在相当快的爆轰中则出现了冲击波。

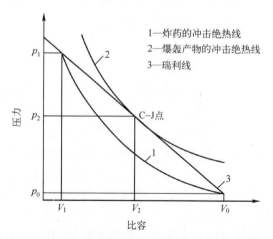

图 1.47 爆炸物和爆炸产物的冲击绝热(静爆条件下)

根据稳态的爆轰模型，点(V_0,p_0)、(V_1,p_1)和(V_2,p_2)位于同一条直线上，称为瑞利线。该线的斜率通过炸药的爆速确定。根据C-J理论，瑞利线与爆轰过程的绝热线相切，切点即是反应终点(V_2,p_2)，该点也被称为C-J点。在该点达到平衡时，反应产物生成速度达到爆轰速度。气态产物膨胀，并产生泰勒波（图1.46）。表1.12总结了燃烧、爆燃、爆轰的典型反应速率和质量流率。值得注意的是，以上描述只是简化的描述，仅对理想炸药适用。在理想炸药中，有一个平面的冲击波阵面（图1.46），而在非理想的爆轰中，冲击波前沿有弯曲（图1.48），并且反应产物的流动明显不同，其结果是，非理想爆轰的反应不会在爆轰主导区内完成，即在冲击波前沿和声波线之间。爆轰（爆轰是反应性冲击波，冲击伴随化学反应产生）驱动反应在声波线处终止，并且维持爆炸的过程。

表1.12　$Q_{ex}=1000\,\text{kcal}\cdot\text{kg}^{-1}$的含能材料不同反应类型所对应的特征参数

反应类型	反应速度/(m·s^{-1})	质量流率/(m^3·s^{-1})	气体产物/(m^3·s^{-1})	反应时间/(s·m^{-3})
燃烧	$10^{-3}\sim10^{-2}$	$10^{-3}\sim10^{-2}$	$1\sim10$	$10^2\sim10^3$
爆燃	10^2	10^2	10^5	10^{-2}
爆轰	10^4	10^4	10^7	10^{-4}

注：1 cal≈4.186 J。

对于理想炸药来说，在C-J点（化学反应区末端）炸药向热化学平衡产物的转化已经完成，而非理想炸药此时的转化率小于1.0。因此对于非理想炸药，C-J点也被称为声波点（图1.48），在声波点形成爆轰产物的雨果尼奥线的斜率和瑞利线的斜率相同。

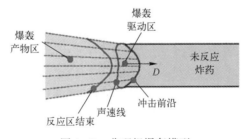

图1.48　非理想爆轰模型

对于理想爆轰与非理想爆轰，在C-J点流速（爆轰速度D；颗粒速度U_p）与声速相一致，流速C_o的关系式为

$$D-U_p=C_o$$

1.4　燃烧、火焰、爆燃和爆轰

燃烧、火焰、爆燃和爆轰都是描述放热氧化反应的术语。它们的反应速度不同。

1.4.1　燃烧与火焰

燃烧是一种放热的氧化反应,通常伴随着火焰的产生。火焰温度相差很大,从明火的约 2000 K 到乙炔切割火焰的 3000 K 不等。值得注意的是,炸药的燃烧热通常低于普通燃料(含 12.9% 水的松木:4.422 kcal·g^{-1};乙炔:11.923 kcal·g^{-1};NG70%的代那买特炸药:1.290 kcal·g^{-1})。

火焰是燃烧反应的简单的外在表现形式。有四个因素决定着火焰燃烧的程度:燃料、氧气、热量和不受抑制的化学链反应。如果这些因素之一受到限制或者不存在,则火焰熄灭或无法发生。例如,稀少的燃料和空气混合气不能被点燃,因为燃料的占比太低,而过量的燃料又会因为缺乏足够的氧气而无法点燃。水具有冷却作用,通过限制热量产生和传递来阻断燃烧。在燃烧期间,还原剂(燃料,如汽油)与氧气反应。在加热可燃液体时,在达到液体的实际沸点时,可在液体燃料表面观测到大量的烟雾。当这些气体与空气混合时,会产生可燃性混合物。在液体表面出现可燃性烟雾层的温度称为该物质的闪点。当液体超过闪点温度时容易被点燃,物质的闪点通常低于沸点。随着沸腾液体的进一步加热,加热的烟气-空气混合物的温度可能会升高到足以引起自发氧化的程度。在此温度下,烟气-空气混合物气会自燃。相应的温度称为自燃温度(通常高于300℃,对于某些化合物来说,如二乙醚,则会更低)。将水加入到过热的油中,可以观测到类似的效果。当油以细小的云团形式散发时,能够在快速氧化的温度下获得油-气混合物。由此产生的热油云团将会自燃。因此,在加热可燃液体时,温度首先达到闪点,然后达到沸点,最终达到自燃点。液体燃料必须蒸发到以最大程度与氧气(空气)接触时才能燃烧,固体燃料必须先升华(如樟脑)或热解成可燃性气体或烟雾。

火焰通过一个足够的热源点燃后,可在不受抑制的化学链式反应放出热量的推动下在燃料中发生传播。热量通过对流、传导和辐射的方式传递。对流是基于导致气体流动的低密度的受热气体实现。这是用于室内和室外热流和火焰变化预测的区域模型的基础。在区域模型中(如 CFAST 程序(版本 6.1.1),火焰增长和烟雾传输模型),将一个空间分为底层的冷气体层区域和顶部的热气体层区域。当物体内部的传热速度快于物体表面被传热改变的速度时,传导传热被理解为薄层传热,而当物体内部存在温度梯度且未暴露表面对进入暴露表面的传热没有显著影响时,传导传热被理解为厚层传热。在薄材料(如金属板)中,温度可以用一维传热方程来描述:

$$(\delta \rho C_p)\frac{\partial T}{\partial x} = q''_{\text{rad}} + q''_{\text{con}} + q''_e$$

式中:q_{rad}、q_{con}、q_e 分别为辐射传热速率、对流传热速率以及背景损失传热速率;δ 为厚度;ρ 为密度;C_p 为比热容。对于较厚的材料,材料内部的传热可用下式描述:

$$\rho C_p \frac{\partial T}{\partial t} = k \frac{\partial^2 T}{\partial x^2}$$

式中:k 为材料的热导率。辐射传热可以通过黑体辐射模型以及基于理想辐射体放热的玻尔兹曼方程来描述:

$$E_b = \sigma T^4$$

式中:σ 为玻耳兹曼常数。事实上大多数物体的燃烧不符合理想的黑体辐射体,也不能完全吸收辐射能量。

当在开放环境燃烧时,燃料是有限的。由于空气中的氧气是充足的,燃料供给燃烧的速度限制了火焰的生长。即使在受限区域发生火焰,火焰的早期阶段也是缺少燃料的。火焰的热量释放取决于时间,在燃烧的初期,热量释放会随着时间的平方增长,直到达到一个稳定的状态。当可用的燃料或氧气被消耗完时,火焰熄灭,热量释放停止。可以从火焰的高度估计火焰的热量释放。在受限空间中,燃料有限燃烧的初始阶段将会发展为完全燃烧的阶段,空间中所有的可燃燃料都在燃烧。完全发展的燃烧最终会受到氧气的限制,因为可用于化学链反应的氧气的数量将会限制火焰的发展。从而向燃料富足、氧气受限的燃烧模式过渡,此时空间内所有可燃物质过渡到均匀燃烧,然后翻滚、熄灭和放气。在最后的氧气受限燃烧阶段,越来越多的未完全氧化的产物生成,如 CO、HCN 等危险气态化合物。

推进剂中包含大量的燃烧反应,气态燃烧产物的冲量被用来推动有效载荷。由于技术原因,火箭发动机的燃烧温度引起了人们的关注。燃烧的绝热火焰温度(T_{ad})是反应物和产物的焓不存在差异下的温度。燃烧过程中各组分的焓必须根据其标准焓计算,并与温度达到 T_{ad} 的焓变相加,这就要用到比热容 C_v。然而,燃烧产物的组成是温度的函数,必须使用 T_{ad} 进行迭代计算。

1.4.2 爆燃与爆轰

燃烧反应可以是自加速的。化学反应的加速可以通过两种途径来实现,即活性粒子的大量增加和放热链式反应的支化。自由基等活性粒子是通过分子的解离形成的,高温下解离的程度更高,产生的活性粒子越多,它们之间的碰撞就越多,从而导致总反应速率的提升。当一个反应生成比反应前更多的活性颗粒,就可以发生支链化反应。然而,由于不可避免的碰撞,活性粒子会不断地失去活性。因此链支化与链终止同时进行。如果链支化速率大于链终止速率,则反应加速进行并达到爆炸条件。如果反应释放的能量超过热损失,则可以实现热爆炸。由于活性粒子的损失不需要活化能,因此温度对链支化速率的影响要比对链终止速率的影响大得多,依据活性中心的产生、链支化和链终止的速率,可以找到临界温度,低于该温度时是不会发生爆炸的。

反应的开始阶段存在诱导期,在此期间活性粒子形成。在诱导期后,活性粒子的数量持续增加,此时可观察到爆燃甚至是爆轰。

爆燃是以亚声速进行的放热化学反应,爆轰以超声速爆轰波进行。爆燃可通过温和的能量释放来引发,例如火花,而爆轰是由冲击波引起的局部爆炸引发的。通常需要快速释放大量能量来引发爆轰。通常会发生从爆燃到爆轰的转变(从爆轰并不能转变为爆燃)。DDT 具有潜在的破坏性,且 DDT 几乎不会发生在无受限的火焰传播过程中。墙壁或其他空间的限制会极大地提高 DDT 发生的可能性。在非受限燃烧环境中,气体反应产物的压力(可能形成小的冲击波)能够自由膨胀,而不会对未燃烧的成分加压。随着燃烧系统变得越来越受限(如在管道中),气体产物膨胀产生的冲击波可以从壁面反射,然后形成湍流并产生扰动,这些反射、湍流、扰动可能会增加火焰速度。因此,火焰自身会加速,它可与产物气体的流动一同作用,在未反应的区域产生压力和冲击波。再次导致火焰速度加快,以指数方式自加速,直到微小的爆炸促进爆轰的产生。冲击波必须足够强,使系统中的温度升高到大约 1500 K 时才能启动反应。对于 C-J 爆轰模型,前端冲击波的马赫数为 6/7,当冲击波的速度接近声速时会发生 DDT。试验表明,在爆轰转变之前会有火焰跳动和尖锐形状出现。一旦 DDT 发生,反应就会以自我持续的爆轰形式通过未反应区。

第 2 章　含能材料的分类

含能材料从化学反应而不是核反应中获取能量,可以根据其用途进行分类,如图 2.1 所示。

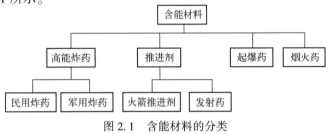

图 2.1　含能材料的分类

2.1　起　爆　药

起爆药是与高能(猛)炸药不同的物质,其具有从燃烧(或爆燃)到爆轰非常快速的转变,并且比高能(猛)炸药对热、冲击或摩擦更加敏感。起爆药会产生大量热量或冲击波,并能将爆轰传递给不太敏感的高能(猛)炸药,因此,它们被用作传爆药柱,用于主装药或推进剂的起爆或点火。起爆药如 $Pb(N_3)_2$ 比高能(猛)炸药如 RDX 要敏感得多,其爆速、爆压和爆热通常比高能(猛)炸药要低很多,如表 2.1 所示。常见的起爆药是叠氮化铅和斯蒂芬酸铅,后者较前者能量低但易于引发。四氮烯是一种发火药,其分解时不留任何残留物,常作为添加材料用于基于斯蒂芬酸铅的无腐蚀起爆药配方中。但是,四氮烯水稳定性差,且长期稳定性研究发现高于 90℃ 的温度下会发生明显的分解。重氮基二硝基苯酚,结构见图 2.2,是一种在美国使用的起爆药,然而这种材料在自然光下稳定性不佳,颜色会迅速变深。此外,六硝酸银和乙炔银常和太安(PETN)一起被用于火工品中。

表 2.1　常见起爆药和高能炸药的感度以及能量性能

参　数	IS/J	FS/N	ESD/J	VOD/(m·s^{-1})	$p_{\text{C-J}}$/GPa	爆热/(kJ·kg^{-1})
常见起爆药	≤4	≤10	0.002~0.020	3500~5500	—	1000~2000
$Pb(N_3)_2$	2.5~4	<1	0.005	4600~5100	34.3	1639

续表

参　　数	IS/J	FS/N	ESD/J	VOD/(m·s^{-1})	p_{C-J}/GPa	爆热/(kJ·kg^{-1})
常见高能炸药	≥4	≥50	≥0.1	6500~9000	21.0~39.0	5000~6000
RDX	7.4	120	0.2	8750	34.7	5277

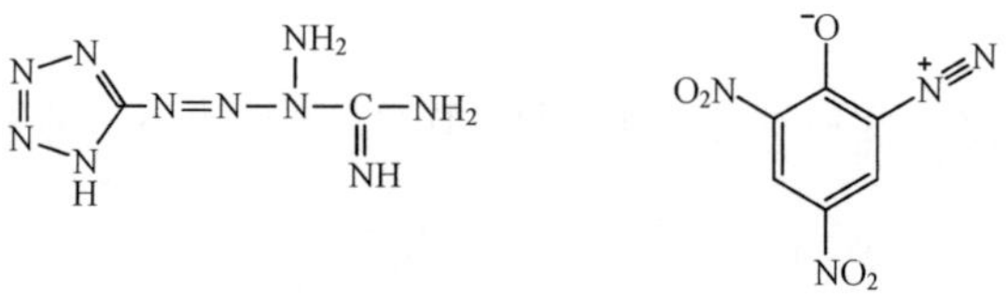

图 2.2　四氮烯以及重氮基二硝基苯酚(DDNP)的分子结构

四氮烯被广泛用作武器系统火帽中的敏化剂,在针刺火帽和撞击火帽中都有广泛应用。四氮烯与火帽中的其他组分相比,热稳定性(90℃下可在6天内完全分解,形成2当量的5-氨基四唑)和水解稳定性差。因此,当前需要寻找稳定性好的四氮烯替代材料。四氮烯的去氨基化衍生物1-(5-四唑基)-3-胼基三氮烯MTX-1可满足这些条件,并有望作为四氮烯替代物,其合成路线如图2.3所示[30]。对该材料的初步测试证实,MTX-1具有类似于四氮烯的安全性和性能,但其化学稳定性(包括热稳定性和水解稳定性)优于四氮烯。此外,研究人员对MTX-1和四氮烯进行了详细的对比研究,包括在PVU-12火帽中进行的性能对比测试。

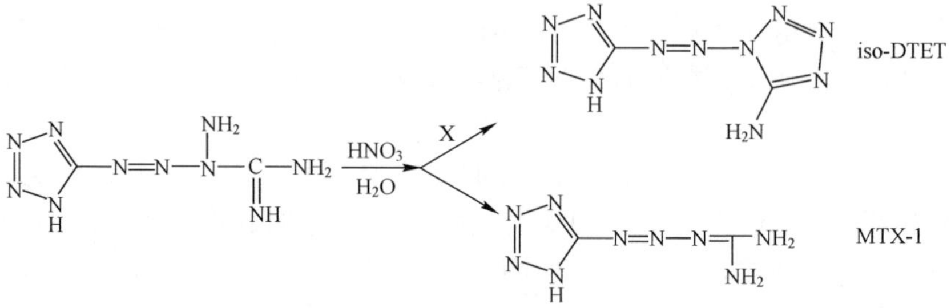

图 2.3　MTX-1 的合成路线

六硝基芪(HNS)是一种耐热炸药,由于其在大约320℃的高温下可稳定存在,因此特别适用于在高温的深井油层中进行爆破作业。HNS作为高能(猛)炸药难以被起爆,最有效的起爆药是叠氮化镉,然而,由于镉是有毒重金属,因此目前正在寻找替代品。迄今为止,能够取代叠氮化镉的两种最有希望的化合物是硝氨基四唑银和高氯酸氨基四唑配合物(图2.4),其分解温度分别为366℃和319℃。

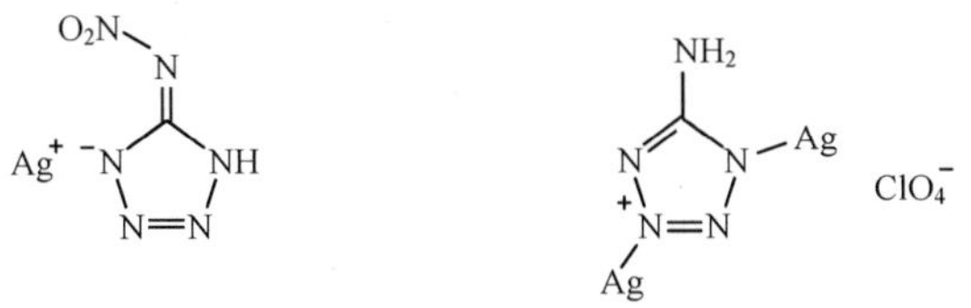

图2.4 硝氨基四唑银和高氯酸氨基四唑银配合物的分子结构

硝氨基四唑钙由于其优异的热稳定性($T_{dec.}$ = 360℃)和相对较低的感度(撞感50J,摩感112N,静电感度0.15J),同时具有良好的起爆能力而显示出巨大潜力,如图2.5所示。此外,硝氨基四唑镉也是一个很好的起爆药。

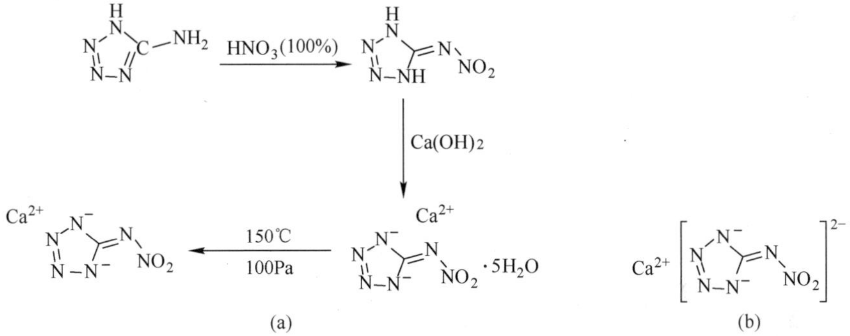

图2.5 硝氨基四唑钙的合成路线和分子结构

在深层石油沉积物中使用叠氮化镉对环境的影响较小,近期报道的类型为$[Cat]_2[M^{II}(NT)_4(H_2O)_2]$的铁和铜配合物($[Cat]^+$为$NH_4^+$、$Na^+$,M为Fe、Cu,NT为5-硝基四唑)作为"绿色"起爆药相对容易制备[13],并且具有与叠氮化铅相似的起爆性能,这类绿色起爆药的物理性能以及能量性能如表2.2所示。

表2.2 新型绿色起爆药的性能

起爆药	$T_{dec.}$/℃	IS/J	ESD/J	密度/(g·cm^{-3})	爆速/(m·s^{-1})
NH$_4$FeNT	255	3	>0.36	2.2	7700
NaFeNT	250	3	>0.36	2.2	—
NH$_4$CuNT	265	3	>0.36	2.0	7400
NaCuNT	259	3	>0.36	2.1	—
LA	315	2.4	0.005	4.8	5500
LS	282	3.4	0.0002	3.0	5200

2.2 猛炸药

与起爆药不同,猛炸药(也称为高能炸药)不能简单地通过加热或机械刺激来引发。猛炸药的起爆必须使用起爆药的冲击波来起爆,通常猛炸药的性能通常高于起爆药的性能,见表2.1。当前使用的典型猛炸药是TNT、RDX、HMX、NQ和TATB,以及民用领域使用的商业化的HNS和甘油炸药中的NG。猛炸药当前的研究方向可分为三个分支(图2.6),更高能量的含能材料、不敏感含能材料,以及生物降解产物和爆炸产物均低毒的含能材料。

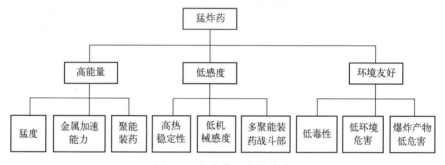

图2.6 猛炸药的发展趋势

提升猛炸药的能量性能是科学家们所努力追求的,主要的能量性能参数包括爆热、爆速、爆压、爆温以及爆容。根据使用目的的不同,一个性能参数可能会比另一个更为重要。炸药的猛度是指炸药爆炸后对与其相接触的物体破碎的能力,炸药装药密度(对应于每单位体积所含有的能量)和爆燃速度(对应于反应速率)越高,炸药的猛度越大。此外,爆速和爆压随着密度的增加而增加。根据卡斯特试验(Kast test),猛度值 B 定义为装药密度(ρ)、比能量(F)和爆速(D)的乘积。

$$B = \rho \cdot F \cdot D$$

式中:比能量可由 $F = p_e V = nRT$ 计算,p_e 为爆炸过程中的最大压力,不要与炸药爆轰时爆轰波阵面的C-J压力相混淆;V 为爆炸产物气体的体积;n 为爆炸产生的气体的摩尔数;R 为气体常数;T 为爆温。F 的单位为 $J \cdot kg^{-1}$;猛度的单位为 $kg \cdot s^{-3}$。

通常来讲,猛炸药的比能量较推进剂高,这是由于推进剂药柱燃烧时温度尽可能低以防止碳化铁(源于铁与燃烧产物CO的反应)的生成,从而保护燃烧室。对于聚能装药,炸药高的猛度以及高的装填密度是非常重要的。对于典型的通用炸弹,应达到最大的爆炸热值和气体产物。爆炸时产生的爆炸压力瞬间增加,并随时间呈指数下降。图2.7同样显示了爆炸冲击波的典型时间依赖性,当在时间 $t=0$ 发生爆轰时,冲击波前沿于 t_0 到达传感器。此后压力呈指数下降,并在一定时间段内下降到其周围压力(大气压)以下。

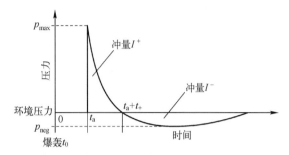

图2.7 爆心附近典型的冲击波压力随时间变化曲线

如图2.8所示,在爆炸之后,冲击波需要一定的时间才能到达某个点。随着距爆心距离增加,冲击波的最大压力 p 也会随之衰减。冲击波阵面是由冲击波的自由传播和爆炸产生的反射冲击波前沿叠加而成,通常用于指在空气中传播并在地表反射的爆炸波。在理想情况下,马赫杆或者马赫阵面垂直于反射面并略微凸出(向前)。

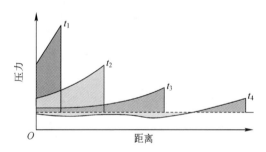

图2.8 不同位置下冲击波压力随时间变化曲线

如果爆炸发生在地面上方,则当爆炸产生的爆轰波撞击地面时,爆轰波会从地面反射出来,形成第二个冲击波,该冲击波在第一个冲击波之后传播,如图2.9所示。该反射波传播的速度比第一个冲击波的传播速度快,因为它已经通过空气传播,并且由于入射波的通过而高速移动。马赫波波阵面的超压通常约为直接冲击波波阵面超压的2倍。通常,由爆轰产生的冲击波的破坏效果与其冲量(冲量=质量×气态爆炸产物的速度)及其最大压力成正比,距离较小时冲量是最大的影响因素,而压力在距离较大时最重要。作为经验法则,安全距

离 D 与炸药质量 w 的立方成比例,而对于典型的猛炸药,在较大距离处,比例常数 $c≈2$,重要的是要注意该近似值仅基于压力,并没有考虑冲击波的脉冲和碎片冲击。

$$D = cw^{0.33} ≈ 2w^{0.33}$$

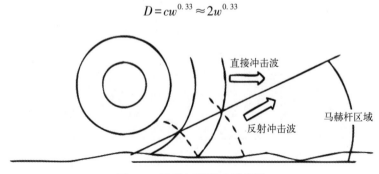

图 2.9　马赫杆的形成示意图

在化学实验室中安全地使用含能材料必须遵守以下规则:试验量应尽可能小,与试验的距离应尽可能大(不宜用手运输装有含能材料的容器,而应使用合适的钳子或夹钳运输),大批量使用含能材料时尽可能使用机械手,始终穿着防护服(手套、皮革或凯夫拉尔背心、护耳器、面罩、防静电鞋等)。

猛炸药的用量与周围建筑物的"安全"距离之间的关系如图 2.10 所示,当然这只是一个粗糙的指导,因为它取决于建筑物的自身状况和所用炸药的性质。除了猛炸药外,炸药配方中有时还需要使用金属燃料。如铍、镁或铝之类的抗空气氧化同时在放热反应中容易被氧化的金属是合适的。实际上只有金属铝作为燃料得到了使用,由于大多数配方均具有负氧平衡,因此铝不会显著提高空气环境下的爆热值,但由于随后与环境中氧气的燃烧反应,即后燃过程

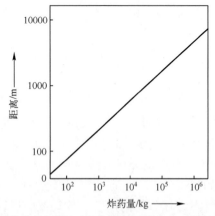

图 2.10　猛炸药的用量与周围建筑物的"安全"距离之间的关系

产生了大火球,从而显著增加了能量释放。这点与水下爆炸不同,鱼雷中使用的燃料铝从水中获得氧并发生反应。金属基炸药配方也非常适用于洞穴、隧道等特殊应用场景,因为在密闭空间中呼吸所需的氧气被铝粉的后燃反应所消耗。

在努力寻求更好的性能的同时,安全问题(较低的感度)也是不能忽略的。例如,通过使用 B 炸药和奥克托尔炸药(参见表 1.2)代替 TNT 可以显著提高能量性能,然而其感度也明显增加,这导致安全性能相应降低。当前研究的目标是开发敏感性较低的猛炸药,这些炸药具有最高的能量性能和较高的安全性能,图 2.11 所示。

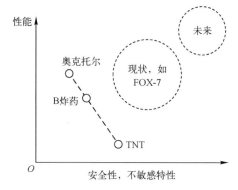

图 2.11　猛炸药在安全性和能量方面的发展需求

对用于飞机或潜艇的导弹、战斗部、炸弹和鱼雷中的炸药,特别重要的一点是发生燃料起火事故时炸药装药不会被热起爆。高能不敏感炸药在具有多个装药的聚能装药中具有重要的作用,主要用于由爆炸反应装甲(ERA)保护的坦克。最后但并非最不重要的一点是,不敏感也意味着不会因友军开火或敌军进攻而发生任何事故。

就猛炸药而言,除了高能以及不敏感特性外,仍需在低毒性和对环境的低影响方面开展大量的工作。北约部队目前在训练场上用于训练的常规含能材料(TNT、RDX)若意外地或不受控制地以未爆形式在环境中泄漏,将对生态环境产生极其不利的影响。修复环境等善后工作是非常昂贵且非常耗时的。满足北约军队对能量和不敏感特性要求的同时,需要发展向未来生态兼容的环境友好型含能材料。例如,RDX 的大量摄入或吸入会引起癫痫、恶心和呕吐症状。环境保护署建议饮用水中 RDX 的限量为 2 μg/L,然而在部队训练场附近的某些地区,该值略有超出。国家职业安全与健康研究所规定的工作场所的 RDX 限值为 3 μg·m^{-3}。

表2.3汇总了一些含能材料的生态和毒理学方面的问题。美国以及德国不同的机构正在进行巨大的努力来减少含能材料使用对环境的影响。该领域研究的组织机构是战略环境研究与开发计划以及环境安全技术认证计划。表2.4总结了一些基于DNAN的现有炸药配方的可能替代品。

表2.3 含能材料在生态和毒理学方面所遇到的问题

含能材料分类	例子	问题	解决途径
起爆药	PbN_3	训练场土壤铅污染；人员铅中毒	非铅起爆药
猛炸药	RDX	降解产物对植物、微生物有害；对人肾脏产生危害	新型的高氮氧含量的化合物
猛炸药	TNT	TNT及其降解产物危害生态环境	新的熔铸炸药液相载体
猛炸药	B炸药	含有RDX和TNT	IMX104等
烟火药	含钡烟火药	含重金属①	非水溶性含钡烟火药，非钡烟火药
固体推进剂	AP	产生氯化氢；抑制甲状腺素的生成②	ADN等高能氧化剂
液体推进剂	N_2H_4	致癌物质	DMAZ
液体推进剂	MMH	致癌物质	DMAZ
液体推进剂	HNO_3	有毒	H_2O_2

① 导致高度紧张、肌肉无力、心脏中毒等；
② 美国环境保护署制定的饮用水中ClO_4^-的安全限制标准为24.5ng/g。

表2.4 基于DNAN的炸药配方

代号	组成	替代对象	应用
IMX-101	DNAN 43% NTO 20% NQ 37%	TNT	火炮等大口径武器
IMX-104	DNAN 40% NTO 53% RDX 15%	B炸药	榴弹炮
PAX-21	RDX 36% DNAN 34% AP 30%	B炸药	榴弹炮

续表

代 号	组 成	替代对象	应 用
PAX-25	RDX 20% DNAN 60% AP 20%	B 炸药	榴弹炮
PAX-26	DNAN,Al,AP,MNA	特里托纳尔	常规用途炸弹
PAX-28	RDX 20% DNAN 40% AP 20% Al 20%	B 炸药	弹头

值得一提的是 3,4-二硝基吡唑(DNP)是一种有应用前景的熔铸炸药液相载体(熔点 87℃, $T_{dec.}$ = 276℃),且易于由硝基吡唑合成制备,如图 2.11 所示。由于 DNP 具有相对较高的密度($1.79\ g\cdot cm^{-3}$)以及较好的能量性能(VOD = $8115\ m\cdot s^{-1}$, $p_{C\text{-}J}$ = 29.4 GPa),因此可能是 B 炸药的潜在替代品(VOD = $7969\ m\cdot s^{-1}$, $p_{C\text{-}J}$ = 29.2 GPa)。DNP 作为新的熔铸炸药液相载体具有巨大的潜力。DNP 在合成技术上已经成熟,BAE SYSTEMS 公司可以以 100 g 的规模稳定合成,粗产率为 65%,HPLC 纯度为 99.9%。另一种非常有前途的熔铸炸药液相载体是丙基硝基胍(PrNQ)。该化合物在 99℃时熔化,可从市售的硝基胍进行合成,图 2.12 所示。

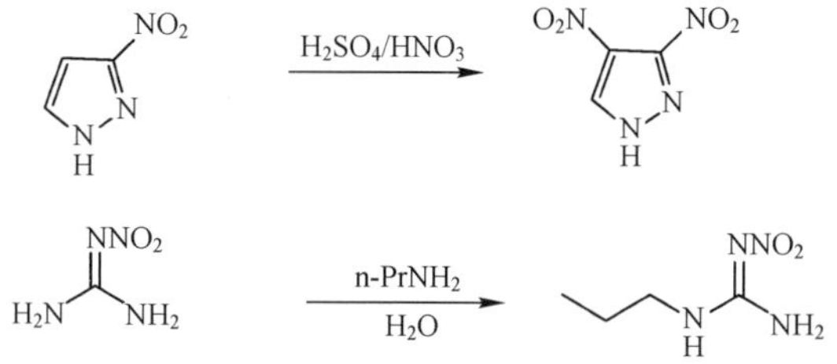

图 2.12　3,4-二硝基吡唑以及丙基硝基胍的合成路线

通用炸弹装填敏感的特里托纳尔炸药(主要成分为 80%TNT,20%Al 粉)或 H6 炸药(44%RDX&NC,29.5%TNT,21%Al 粉,5%石蜡和 0.5%$CaCl_2$),不能通过所有不敏感弹药测试要求,因此丙基硝基胍 PrNQ 可能会成为通用炸弹的不敏感液相载体。

TNT 最有前景的替代物是 IMX-101,B 炸药最有希望的替代品是 IMX-104,如表 2.5 所示,IMX 代表不敏感炸药配方。IMX-101 是由美国霍尔斯顿弹药厂和美国陆军联合开发的高性能不敏感炸药配方,用于取代炮弹中的 TNT。IMX-104 是一种不敏感的熔铸炸药,可代替 B 炸药,也是由霍尔斯顿弹药厂开发的。IMX-101 的主要成分是 43.5% 2,4-二硝基苯甲醚(DNAN)、19.7% 3-硝基-1,2,4-三唑-5-酮(NTO)和 36.8%硝基胍(NQ),IMX-104 主要成分是 32%DNAN、15%RDX 和 53%NTO。其他重要的新炸药配方包括 Chemring Nobel 公司的不敏感熔铸炸药配方 MCX-6100(NTO 51%,DNAN 32%,RDX 17%)和 PBXN-9(HMX 92%,丁羟胶 2%,DOA 6%)。对于聚能装药应用,还可以使用含有 HMX(82%)和 GAP 或 PolyNIMMO(18%)的配方。

表 2.5　B 炸药和 TNT 的潜在替代物

配　方	VOD/(km·s^{-1})	临界直径/cm
B 炸药	7.98	0.43
IMX-104	7.4	2.22
TNT	5.9(熔铸) 6.7(压装)	1.27(熔铸) 4.06(压装)
IMX-101	6.9	6.60
MCX-6100	7.2	1.98

2.3　发　射　药

黑火药是已知最古老的发射药,由 75%KNO$_3$、10%硫和 15%木炭粉混合而成。黑火药容易点燃,燃烧速度为 600~800 m·s^{-1},今天仍用于军用和民用烟火药。硝化棉是 Schönbein 于 1846 年发现的,燃烧时几乎没有残留物,它在常压下的燃烧速率为 0.06~0.1 m·s^{-1},这比黑药要慢得多。除了线性燃烧速度 $r(\text{m·s}^{-1})$ 之外,质量燃烧速度 $m(\text{g·s}^{-1})$ 也很重要,r 和 m 的关系为

$$m = rA\rho$$

式中:A 为比表面积(m^2);ρ 为密度(g·m^{-3})。

硝化棉单基发射药是所有硝化棉基发射药中最古老的品种,通常被称为无烟发射药。硝化棉是通过纤维素与硝酸硝化反应生成的,根据所用硝酸的浓度不同,硝化棉的硝化度也不同,通常氮含量为 11.5%~14.0%。除了基于硝化棉的单基发射药外,还发展了双基和三基发射药,通过硝化甘油和硝基胍的添加以提高能量。

在手枪以及炮兵武器中都能看到单基发射药的身影,然而更高性能的双基发射药(NC+NG)是手枪以及各类火炮武器的主要装药。双基发射药的缺点是枪管容易受到强烈烧蚀,这是由于枪管内高的燃温以及炮口焰的作用。为了解决枪管烧蚀以及炮口焰带来的不利影响,可使用硝基胍含量高达 50%的三基发

射药取代双基发射药,主要在大型口径坦克和海军武器中得到应用。然而,三基发射药的性能低于双基发射药的性能,如表2.6所示。为了提高三基发射药的性能,使用 RDX 代替 NQ 并用于大型口径坦克和海军武器中,然而由于更高的燃烧温度作用,枪管遭受的烧蚀问题更为严重。

表 2.6 单基、双基和三基发射药的性能参数

推进剂组成	$\rho/(g \cdot cm^{-3})$	$\Omega/\%$	T_c/K	I_{sp}/s	N_2/CO
NC[①]	1.66	−30.2	2750	232	0.3
NC[①]/NG(50∶50)	1.63	−13.3	3308	249	0.7
NC[①]/NG/NQ(25∶25∶50)	1.70	−22.0	2683	236	1.4
Hy-At/ADN(50∶50)	1.68	−24.7	2653	254	6.3

① NC 氮含量 13.3%。

弹丸从枪管中发射的初速 v 可使用以下公式估算:

$$v = \left(\frac{2mQ\eta}{M}\right)^{0.5}$$

式中:m 为发射药的质量(g);M 为弹丸的质量(g);Q 为燃烧热(J·g^{-1});η 为常数。

发射药释放的能量 Q 对弹丸的初速至关重要。图 2.13 显示了身管推进系统的示意图。枪管中的烧蚀问题通常是由枪管中的 Fe 与 CO 在高温下形成的碳化铁引起的。因此,目前关于发射药的研究集中于高能低燃温发射药的开发。

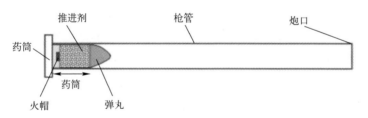

图 2.13 身管推进系统的示意图

此外,应尽可能提高燃气中 N_2/CO 比(常规发射药装药约为 0.5)。提高燃气中 N_2 的含量减少 CO 的含量可以减少枪管的烧蚀,这是因为氮气与铁生成的氮化铁的熔点高于碳化铁的熔点,此外,氮化铁可以在枪管内部形成抗烧蚀的保护层。近期研究表明,将富氮含能材料 TAGzT 引入发射药配方中可以显著提高 N_2/CO 比率,并且可以将大口径舰炮炮管的寿命提高 4 倍。[31]氨基四唑在碱性环境下经 KMnO$_4$ 氧化可以生成偶氮四唑钠盐,再经过后续的反应可制备出偶

氮四唑三氨基胍盐。此外,5-氨基四唑肼也具有作为富氮含能材料用于发射药的潜力[32],分子结构如图 2.14 所示。

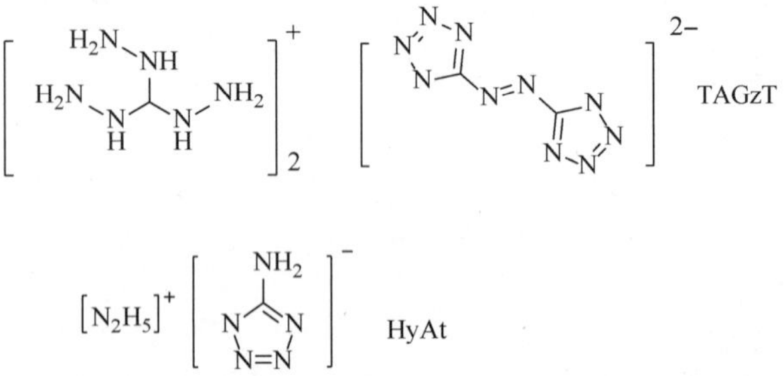

图 2.14　偶氮四唑三氨基胍(TAGzT)和 5-氨基四唑肼的分子结构

发射药的不敏感性也越来越受到重视。自 1970 年以来,研究人员开发了低易损性的发射药(LOVA),LOVA 在子弹撞击、聚能炸药撞击或烤燃条件下只会发生起火,不会爆燃,也绝不会发生爆炸。RDX 和 HMX 常作为高能添加物使用,而 GAP 常作为含能以及可以产生大量燃气的胶黏剂使用。这种复合发射药装药的敏感性远低于硝化棉基发射药。

2.4　火箭推进剂

火箭推进剂与上面讨论的发射药装药类似,它们都以受控的方式燃烧。但不同的是,发射药的燃烧要比火箭推进剂快得多,工作时间更短,所产生的压力也要高得多。火箭发动机燃烧室中的工作压力通常为 7 MPa,相比之下,大型火炮和舰炮的膛压最高可达 400 MPa。火箭推进剂的比冲是其最重要的性能参数之一。推进剂比冲 I_{sp} 是单位质量推进剂所产生的冲量(冲量=质量×速度或力×时间),它是火箭发动机的重要性能参数,显示了离开喷嘴时燃烧气体的有效速度,因此是推进剂配方性能的重要判据。

$$I_{sp} = \frac{\overline{F} \cdot t_b}{m} = \frac{\int_0^{t_b} F(t) \, dt}{m}$$

式中:推力 F 为时间的变量;t_b 为燃烧时间,单位为(s);m 为燃烧所消耗推进剂的质量,单位为(kg),因此比冲的单位为 $N \cdot s \cdot kg^{-1}$。比冲是单位质量推进剂所产生的推力,由于重力加速度 $g = 9.81 \, m \cdot s^{-2}$,因此比冲的单位为 s。

$$I_{sp}^* = \frac{I_{sp}}{g}$$

同样,比冲也可以用下式来表示:

$$I_{sp} = \sqrt{\frac{2yRT_c}{(y-1)M}}$$

式中:y 为气体产物比热容 C_p 和 C_v 之比;R 为气体常数;T_c 为燃烧室中的温度(K);M 为燃烧气体产物的平均分子量($kg \cdot mol^{-1}$)。

$$y = \frac{C_p}{C_v}$$

$$I_{sp}^* = \frac{1}{g}\sqrt{\frac{2yRT_c}{(y-1)M}}$$

火箭的平均推力 $\overline{F}$ 可以按照下式来表示:

$$\overline{F} = I_{sp}\frac{\Delta m}{\Delta t}$$

式中:I_{sp} 为推进剂的质量比冲($m \cdot s^{-1}$);Δm 为所消耗推进剂的质量(kg);Δt 为发动机燃烧持续的时间(s),因此平均推力的单位为($kg \cdot m \cdot s^{-2}$ 或 N)。

下面我们主要使用质量比冲,其单位为 s,常用固体推进剂的比冲为 250 s,而双组元液体推进剂的比冲则大得多,约为 450 s。值得强调的是比冲与燃烧室温度 T_c 和燃烧产物的平均分子质量 M 之比的平方根成正比。根据经验,比冲每增加 20 s 将导致可能运载的弹头、卫星等有效载荷大约增加 1 倍。

$$I_{sp} \propto \sqrt{\frac{T_c}{M}}$$

下面更为详细地描述火箭比冲的推导过程,为了推动火箭,火箭发动机通过喷嘴喷射分子量低但高速运动的燃烧气体产物。火箭的质量和初速分别为 M 和 u,在时间 Δt 内以速度 z 喷射质量为 Δm 的燃烧气体产物,则火箭的质量减少为 $M-\Delta m$,相应的速度增加为 $u-\Delta u$。可以推导出下列式子:

$$Mu = (M-\Delta m)(u+\Delta u) + \Delta mz$$

$$M\Delta u = \Delta m(u+\Delta u - z)$$

$$v_e = u + \Delta u - z$$

$$M\frac{\Delta u}{\Delta t} = \frac{\Delta m}{\Delta t}v_e$$

$$M\frac{du}{dt} = \frac{dm}{dt}v_e$$

式中:v_e 为从喷管中喷出的气体产物以发动机为参照物的相对速度,$(dm/dt)v_e$ 称为动推力。只有喷管末端的压力 p_e 与周围环境压力 p_a 相等时总推力 F 才等于动推力。通常情况下需要一个校正项进行校正,这个校正项称为静推力。

图 2.15 示意性地显示了燃烧室内压力分布图,它直接影响火箭的性能。箭头的长度表示燃烧室壁内外压力的大小。燃烧室外部的大气压恒定,而燃烧室的内部压力最大,并沿喷嘴端方向逐渐减小。静推力与喷嘴直径 A_e 成正比。

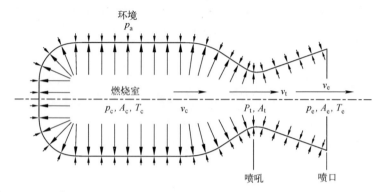

图 2.15　发动机燃烧室结构示意图

$$F_{\text{impulse}} = \frac{\mathrm{d}m}{\mathrm{d}t}\nu_e$$

$$F = F_{\text{impulse}} + F_{\text{pressure}} = \frac{\mathrm{d}m}{\mathrm{d}t}\nu_e + (p_e - p_a)A_e$$

当发动机喷管为膨胀喷管设计时,喷管末端的压力将小于周围环境的压力,则静推力为负值并减小总推力。因此,理想情况下 p_e 应该等于或高于 p_a。由于气压随着飞行高度的增加而降低,因此在恒定的喷嘴直径下,总推力随飞行高度的增加而增加,这部分增加可能相当于总推力的 10% 到 30%,具体取决于火箭的种类,在真空中总推力达到最大理论值。总推力与质量流量的比值称为有效排气速度 C_{eff}。

$$\frac{F}{\frac{\mathrm{d}m}{\mathrm{d}t}} = C_{\text{eff}} = \nu_e + \frac{(p_e - p_a)A_e}{\frac{\mathrm{d}m}{\mathrm{d}t}}$$

经过变换后可以表示为

$$F = C_{\text{eff}}\frac{\mathrm{d}m}{\mathrm{d}t}$$

有效排气速度是平均化处理得到的数值,实际上,在整个喷嘴直径上速度分布并不是恒定的。

总冲是发动机推力和工作时间的乘积,即

$$I_t = \int_0^t F \mathrm{d}t$$

火箭发动机的设计对其性能至关重要。火箭发动机基本上由燃烧室和喷嘴组成。燃烧室通常是一端密封的金属管,里面装有固体火箭推进剂。燃烧室连接到喷嘴,在大多数情况下是一个如图2.16所示的收敛-扩张喷管。点火器使得整个推进剂表面着火,导致形成气体产物以及燃烧室中的高温高压环境。当气态产物从喉部到喷管的出口膨胀时,其速度大大增加。由牛顿第三定律可知排出的气体将火箭推向相反的方向。

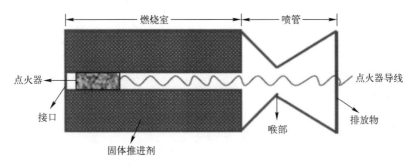

图 2.16　固体火箭发动机结构示意图

推进火箭的总推力由两部分组成。第一部分是由于燃烧室压力 p_c 和作用在喉部(面积为 A_t)的喷管末端压力 p_e 的不平衡而产生的,用 F_1 表示。因此,F_1 的数学表达式为

$$F_1 = (p_c - p_e)A_t$$

由于燃烧室内的高压气体在膨胀经过喉部后,p_c 始终大于 p_e,因此 F_1 始终为正。总推力的第二个分量是由于喷管末端压力 p_e 和外部压力 p_a 之间的不平衡造成的。因此,F_2 可以表示为

$$F_2 = (p_e - p_a)A_t$$

总推力为 F_1 与 F_2 之和表示为

$$F = F_1 + F_2 = (p_c - p_e)A_t + (p_e - p_a)A_e$$

比冲是表征火箭推进系统性能的最重要的参数之一。比冲越高,火箭推进剂的能量性能就越高。比冲定义为单位质量的总冲,即

$$I_s^* = \frac{\int_0^t F \mathrm{d}t}{g_0 \int_0^t \frac{\mathrm{d}m}{\mathrm{d}t}\mathrm{d}t}$$

海平面处的重力加速度 $g_0 = 9.81\,\mathrm{m \cdot s^{-2}}$。对于恒定的推力和质量流量,可以将上式简化为

$$I_{sp}^{*}=\frac{F}{g_0\dfrac{dm}{dt}}$$

比冲的国际单位是 s。值得注意的是 g_0 值并不总是相同，比冲 I_{sp} 通常也由下式表示，这样表达的好处是比冲不与重力加速度产生联系，其单位为 $N·s·kg^{-1}$ 或者 $m·s^{-1}$。

$$I_{sp}=\frac{F}{\dfrac{dm}{dt}}$$

将 $F=C_{eff}\dfrac{dm}{dt}$ 代入 $I_{sp}^{*}=\dfrac{F}{g_0\dfrac{dm}{dt}}$ 中，得

$$I_{sp}^{*}=\frac{C_{eff}}{g_0}$$

表明有效排气速度与比冲在数值上仅仅相差重力加速度 g_0。齐奥尔科夫斯基火箭方程描述了火箭推进的基本方程式，在理想状态下单级火箭在无重力真空中加速，即不考虑由于重力和摩擦引起的减速。当火箭在开始时的速度为零并且以恒定的喷气速度 v_e 推进时，t 时刻的火箭速度 u 对应为

$$u(t)=v_e\ln\left[\frac{m(0)}{m(t)}\right]$$

式中：$m(0)$、$m(t)$ 分别为火箭在初始时以及 t 时刻的质量。

从地球发射的火箭，公式中必须考虑地球引力，对应于恒定重力为 $9.81\,m·s^{-2}$ 的低海拔上式可以表示为

$$u(t)=v_e\ln\left[\frac{m(0)}{m(t)}\right]-gt$$

而事实上重力加速度是海拔高度的函数，上式又变形为

$$u(t)=v_e\ln\left[\frac{m(0)}{m(t)}\right]-\int_0^t g(t')dt'$$

除了地球的引力，火箭还必须克服大气层的空气阻力，这意味着火箭方程在这种情况下，这只是一个近似值。飞机、冲压发动机以及超燃冲压发动机由喷气发动机推动，它们只携带燃料而不携带氧化剂，吸入空气并使用空气中的氧气来燃烧燃料。火箭方程对于这种进气式发动机是不适用的。

根据应用场合可以将推进剂分为火箭推进剂以及枪炮用发射药，火箭推进剂包括固体推进剂和液体推进剂两大类（图 2.17），此外固体推进剂又可进一步分为双基推进剂和复合推进剂。双基推进剂是一种基于 NC/NG 的均质推进

剂。而复合推进剂属于非均质推进剂,其由氧化剂晶体(如高氯酸 AP)、金属燃料(通常为铝)以及聚合物胶黏剂所组成。聚合物胶黏剂与异氰酸酯发生固化反应形成骨架和基体将推进剂各组分黏结起来并赋予推进剂一定的力学性能,图 2.18 为常用的聚丁二烯胶黏剂的分子结构。

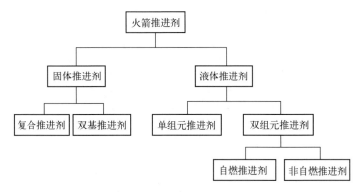

图 2.17　火箭推进剂的分类

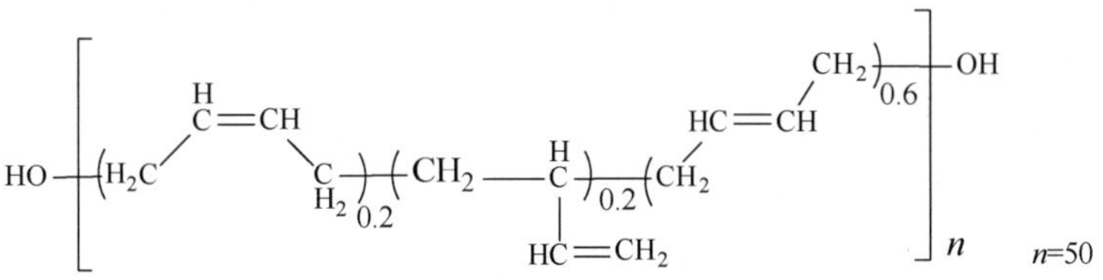

图 2.18　聚丁二烯胶黏剂的分子结构

由于主要包含氢和碳元素,胶黏剂除了作为基体外也被视为燃料组分。双基推进剂和复合推进剂的典型示例如表 2.7 所示,胶黏剂决定了推进剂的结构完整性和力学性能。选择适合推进剂使用的胶黏剂受到诸多因素的限制,当今最为常用的胶黏剂是基于聚丁二烯的聚氨酯体系。典型的导弹设计如图 2.19(a)所示,固体火箭发动机的示意图如图 2.19(b)所示。

表 2.7　固体推进剂基本组成与性能

推进剂类型	组　　成	T_c/K	I_{sp}/s
双基推进剂	NC(12.6% N)、NG、其他添加剂	2500	200
复合推进剂	AP、Al、HTPB、其他添加剂	4273	259

HTPB 胶黏剂常与氧化剂 AP 和 Al 一起使用,AP 具有较强的毒性,因此研究者正在寻找能够替代 AP 的氧化剂。此外,含 AP 和 Al 的推进剂配方慢速烤燃性能存在一些问题。在慢速烤燃条件下,AP 缓慢分解会生成酸性副产物,这

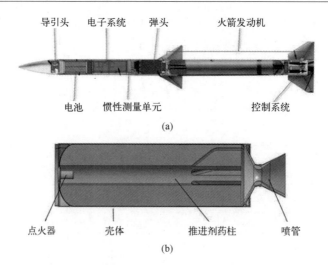

图 2.19 导弹基本设计(a)以及固体火箭发动机示意图(b)
(a) 导弹基本设计;(b) 固体火箭发动机。

些酸性副产物随后与 HTPB 胶黏剂反应,可能导致复合材料中形成裂纹和孔洞,从而对性能和感度产生负面影响。AP 潜在的替代物是 ADN、HNF 和 TAGNF,然而这几个化合物又各自存在一些其他问题,例如,ADN 热稳定性差,在 93℃下熔化并且在 135℃下发生分解,并且与胶黏剂体系的相容性较差。有必要开展进一步的研究工作为固体推进剂寻找更适合的氧化剂。理想的氧化剂应满足以下要求:

(1) 密度须尽可能高,最好能超过 $2\,g\cdot cm^{-3}$;
(2) 具有比 AP 更好的氧平衡;
(3) 熔点高于 150℃;
(4) 低的蒸气压;
(5) 分解温度须高于 200℃;
(6) 简洁、经济的合成过程;
(7) 与胶黏剂相容性好;
(8) 感度要尽可能低,不能高于 PETN;
(9) 尽可能高的生成焓。

固体推进剂所用的金属燃料也取得了一定的进步,例如,使用纳米铝粉替代微米级铝粉,可以提高铝粉的燃烧效率。燃烧效率提高的同时推进剂对氧气的敏感性也大大提高。ALEX 是一种粒径在 20~60 nm 的纳米材料,通常通过在真空中或惰性气体下快速加热电阻丝产生电爆炸制备。此外,使用 AlH_3 代替 Al 粉也是当前讨论的热点问题,然而当 AlH_3 未使用石蜡稳定化时,它们甚至对空气更为敏感。含 AlH_3 的固体推进剂具有更高的能量水平,理论计算表明,通过用 AlH_3 代替 Al 可使比冲增加大约 8% 或 20 s,使用 ADN 替换 AP 可以使推进剂的比冲进一步提高,相应的数据如下:

$I_{sp}^*(AP/Al, 0.70/0.30) = 252 \text{ s}$

$I_{sp}^*(AP/AlH_3, 0.75/0.25) = 272 \text{ s}$

$I_{sp}^*(ADN/AlH_3, 0.70/0.30) = 287 \text{ s}$

环戊硅烷 Si_5H_{10} 等硅烷化合物是推进剂的潜在组分,Si_5H_{10} 在空气中燃烧除了形成 SiO_2 之外,还可以与空气中的氮气燃烧形成 Si_3N_4,空气中的氧气和氮气均可作为氧化剂,可用于吸气式发动机。

双基推进剂通常由胶黏剂硝酸纤维素与硝酸甘油等硝酸酯增塑剂组成。实际上,双基推进剂被认为是最古老的推进剂家族之一,伴随着推进系统的发展而取得了长足的发展。在第一次世界大战结束时,枪炮用发射药基本上是基于硝化纤维素的配方。后来发现硝酸纤维素中引入硝酸甘油可以提高能量水平,但是由于燃烧温度的升高,其作为枪炮用发射药受到一些限制。然而,硝酸纤维素与硝酸甘油在火箭发动机用推进剂中取得了广泛的应用。不足之处在于含有 NC 的推进剂存储过程中持续缓慢地分解,且释放的分解产物加快了分解速率,并且观察到了自加速行为。

将安定剂添加到基于 NC/NG 的推进剂中可以阻止这种自催化作用。安定剂的作用是捕获分解产物氮氧化物并形成稳定的化合物,从而阻止或延迟双基推进剂的进一步分解。常见的安定剂是二苯胺及其衍生物,如图 2.20 所示。为了满足推进剂对能量性能的进一步需求,有必要添加一些高能添加剂,例如高氯酸铵、铝粉或 RDX 与 HMX 等硝胺炸药,形成复合改性双基推进剂(CMDB)。由于在 CMDB 推进剂中分别使用 AP 和 Al 作为氧化剂和燃料组分,这产生了一系列新的问题,如有毒气体和排气烟羽的形成。

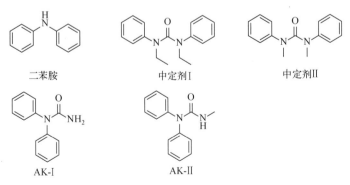

图 2.20　单基、双基以及三基推进剂中常用的安定剂分子结构

烟雾的产生有若干不利的影响,例如,烟雾可暴露导弹的发射地点并使导弹在飞行中被敌方所定位,同时烟雾也对导弹的制导信号产生干扰从而使导弹失去控制,此外排放尾气中的 HCl 气体会对环境造成负面影响。复合固体推进剂燃烧产生的烟雾可分为一次烟雾和二次烟雾两大类,一次烟雾由 CO、CO_2、H_2、H_2O、Al_2O_3 和 HCl 等燃烧气态产物组成,而二次烟雾主要是含高氯酸铵的推进剂燃烧产生的 HCl 与大气相互作用的结果,在一定的温度以及湿度下产生大量的微小液滴从而表现为白色的烟雾。

复合推进剂可以根据其产生的烟雾特征分为以 Al 和 AP 为主要组分的多烟推进剂,其羽流中含有大量的 Al_2O_3 颗粒和 HCl 气体,含少量的 Al 或 Mg 和 AP 氧化剂的少烟推进剂,其羽流中仅包含少量的 HCl 气体以及 Al_2O_3 颗粒,以及不含有 Al 和 AP 的微烟推进剂,其配方中使用硝酸铵、RDX 和 HMX 代替 AP,羽流中不含有 HCl 气体。最近引起广泛讨论的高能量密度氧化剂(HEDO)是 AP 的可能替代品,这些化合物有 C、H、N 和 O 四种元素组成并具有高的氧含量。2,2,2-三硝基乙醇是非常重要的起始化合物,其氧平衡为 30.9%且易于合成制备。研究人员基于 2,2,2-三硝基乙醇已经制备了多种新型的高能氧化剂,合成路线和结构如图 2.21 所示,并对其能量性能、热感度以及机械感度进行了研究。

对包含三种新型氧化剂(图 2.22 中的 1、2 和 3)的双基推进剂样品进行了燃烧试验,推进剂样品发生了均质燃烧,证明了 NC 与氧化性之间的均质性非常好。从图 2.22 中可以清楚地看到 NC/TNENC 和 NC/TNEF 推进剂样品的燃烧速度较快且产生非常明亮的火焰,而 NC/BTNEO 的燃烧速度较慢,燃烧产生的火焰也较小。此外,根据理论计算,可以预测到含有 Ω_{CO_2}(NC/TNENC)≈15%的配方具有高氧平衡以及其高比冲。

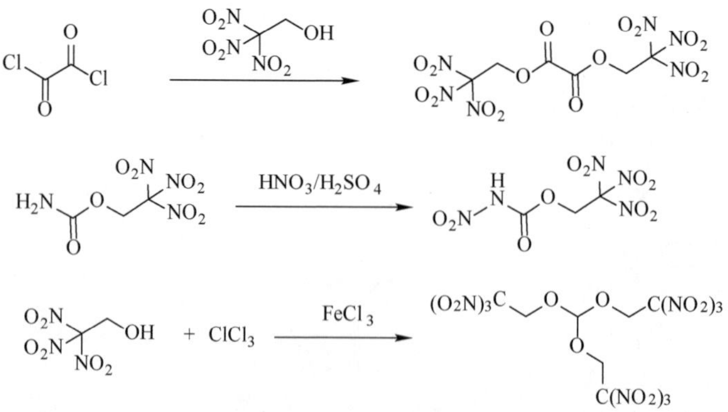

图 2.21 三种三硝基乙醇基高能氧化剂的合成路线

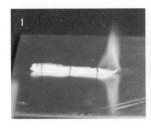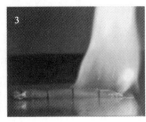

图 2.22　含新型氧化剂双基推进剂样品的燃烧照片
（NC/BTNEO、NC/TNENC 以及 NC/TNEF）

此外,火焰对铜板的影响(图 2.23)表明,配方 1(NC/BTNEO)对铜板的影响非常低,这是因为较低的燃烧火焰温度,而对于其他两种配方(NC/TNENC 和 NC/TNEF)却观察到截然不同的结果。

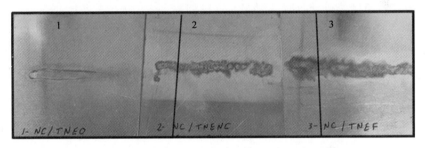

图 2.23　含新型氧化剂双基推进剂样品在铜板上的燃烧痕迹
（NC/BTNEO、NC/TNENC 以及 NC/TNEF）

研究人员制备了基于三硝基乙基的新型高能、无烟、双基推进剂,这三种配方(NC/BTNEO、NC/TNENC 和 NC/TNEF)都呈现均质燃烧,并且都完全没有烟雾产生。在燃速方面,NC/TNENC 表现出最快的燃烧速度,NC/TNEF 次之,NC/BTNEO 最慢。同时,NC/TNEF 配方表现出最高的燃烧温度和最明亮的燃烧火焰,而 NC/BTNEO 配方具有最低的燃烧温度和相对较小的火焰,在燃烧期间对铜板的影响最小。

液体推进剂可以分为单组元推进剂和双组元推进剂两大类。单组元推进剂主要是肼等吸热型液体,在没有氧气的情况下发生催化分解放热反应:

$$N_2H_4 \longrightarrow N_2 + 2H_2, \quad \Delta H = -51 \text{ kJ} \cdot \text{mol}^{-1}$$

单组元推进剂具有相对较小的能量以及比冲,用于小型导弹和小型卫星(轨道校正)等不需要大推力的应用场景。表 2.8 中总结了常用的单组元推进剂。在双组元推进剂系统中,氧化剂和燃料分别从两个储箱中注入燃烧室内。

表 2.8 单组元液体推进剂

单组元推进剂	化学式	I_{sp}/s	T_c/K
肼	NH_2NH_2	186	1500
过氧化氢	H_2O_2	119	900
硝酸异丙酯	$C_3H_7ONO_2$	157	1300
硝基甲烷	CH_3NO_2	213	2400

双组元液体推进剂可以按组元保持液态的温度范围,分类为低温双组元推进剂和高沸点双组元推进剂,低温双组元推进剂只能在非常低的温度下使用,例如,H_2/O_2,因此不适合用于军事应用,甲基肼/HNO_3 等高沸点双组元推进剂则可以储存较长时间。双组元液体推进剂还可以依据组分间接触时的化学反应能力分为自燃型和非自燃型双组元推进剂。

自燃现象是指推进剂组分以某种方式相互接触时发生的自发反应,通常延迟时间小于 20 ms。自燃型推进剂的成分主要是氧化剂或还原剂,它们在接触后立即发生反应,有时甚至会发生爆炸。在氧化剂和还原剂接触发生自燃点火之前不应在燃烧室中积聚过多的燃料,这可能导致爆炸和毁坏发动机。自燃型推进剂一个重要的优点是点火的可靠性,这对于如洲际火箭、脉冲式发动机和运载火箭的上层级等武器系统来说非常重要。包括肼、MMH 和 UDMH 在内的肼类衍生物是目前自燃型推进剂所使用的燃料组分,硝酸和四氧化二氮(NTO)是其常用的氧化剂。表 2.9 汇总了不同的双组元液体推进剂。目前努力的方向是发展低毒害的自燃型燃料取代肼类化合物甲基肼(MMH)和偏二甲肼(UDMH),二甲氨基乙基叠氮化物(DMAZ)是一种可能的候选物,化学结构为

表 2.9 双组元液体推进剂

氧化剂	燃料	$T_c/℃$	T/K	I_{sp}/s
LOX	H_2	2740	3013	389
	H_2/Be (49:51)	2557	2831	459
	CH_4	3260	3533	310
	C_2H_6	3320	3593	307
	B_2H_6	3484	3762	342
	N_2H_4	3121	3405	312

续表

氧化剂	燃料	$T_c/℃$	T/K	I_{sp}/s
F_2	H_2	3689	3962	412
	MMH	4074	4347	348
	N_2H_4	4461	4734	365
OF_2	H_2	3311	3584	410
FLOX (30/70)	H_2	2954	3227	395
N_2F_4	CH_4	3707	3978	319
	N_2H_4	4214	4487	335
ClF_5	MMH	3577	3850	302
	N_2H_4	3894	4167	313
ClF_3	MMH	3407	3680	285
	N_2H_4	3650	3923	294
N_2O_4,NTO	MMH	3122	3395	289
MON-25 (25% NO)	MMH	3153	3426	290
	N2H4	3023	3296	293
IRFNA（Ⅲ-A）①	UDMH	2874	3147	272
IRFNA（Ⅳ HDA）②	MMH	2953	3226	280
	UDMH	2983	3256	277
H_2O_2	N_2H_4	2651	2924	287
	MMH	2718	2991	285

① IRFNA（Ⅲ-A）：83.4% HNO_3,14% NO_2,2% H_2O,0.6% HF；
② IRFNA（Ⅳ HDA）：54.3% HNO_3,44% NO_2,1% H_2O,0.7% HF。

  迄今为止的研究表明,在自燃型双组元凝胶推进剂设计中,DMAZ 可以替代 MMH 作为燃料组分,其中 GAP 是合适的凝胶剂。美国 MACH Ⅰ 公司与航空喷气公司研究证实基于 DMAZ 的燃料凝胶具有毒性小、密度高、液体范围随温度变化而变化等多重优势。此外,可以通过凝胶剂与 DMAZ 的配伍设计满足某些系统对流变性能的要求。与 MMH 相比较 DMAZ 具有相对较长的点火延迟时间,通过可溶性钴盐和锰盐添加剂的加入使这一问题得到明显改善。另一个有前景的化合物是 1,1,4,4-四甲基-2-四氮烯(TMTZ),研究人员认为 TMTZ 可以替代液体火箭推进中有毒的肼类燃料。TMTZ 的生成热远高于推进剂中常用的肼类化合物,因此 TMTZ/N_2O_4 的理论最大 I_{sp} 可达 337 s,该理论比冲值可与 MMH/N_2O_4 相当。因此,TMTZ 是一种非常有吸引力的液体推进剂燃料,其性能可与肼类衍生物媲美,但蒸气压和毒性较低,TMTZ 的

化学结构为

$$\begin{array}{c}\text{Me} \qquad \text{Me} \\ | \qquad\quad | \\ \text{N}-\text{N}=\text{N}-\text{N} \\ | \qquad\quad | \\ \text{Me} \qquad \text{Me}\end{array}$$

在表 2.7 所示的双组元推进剂中,只有少数几个得到了实际应用。LOX/H_2 已被证明可用于民用航天飞机和"阿丽亚娜"5 型火箭的低温主发动机,"阿丽亚娜"5 型火箭的伊斯特上层级发动机依赖于 NTO/MMH 推进剂。"三角洲"RS-27 和"阿特拉斯"火箭的发动机使用的是 LOX/HC(HC,碳氢化合物)。俄罗斯火箭则经常使用与 MMH 非常相似的 UDMH 作为燃料,NTO 或 RFNA(红发烟硝酸)作为可储存的氧化剂使用。尽管含氟(F_2 或 FLOX)氧化剂和含铍燃料可赋予推进剂非常高的比冲,但由于技术和生理毒性方面的原因,尚未得到应用。与之同时,值得关注的是凝胶推进剂的发展。对于军事用途的导弹而言,推进剂组分间自燃特性是十分有利的。然而,在船舶或潜艇上运输红发烟硝酸或四氧化二氮以及 MMH 或 UDMH 时,氧化剂与燃料意外接触可能带来非常高的风险。凝胶推进剂结合了液体推进剂可流动以及可脉冲式能量输出的优点与固体推进剂的可靠性。燃料胶凝是指在燃料中加入胶凝剂(5%~6%),其行为类似于半固体,仅在压力下才开始液化。Aerosil 200、SiO_2 或辛酸铝等无机材料以及纤维素和改性蓖麻油衍生物等有机材料是常用的胶凝剂。在强的 π-π 或范德瓦尔斯力相互作用下,凝胶变成半固体,因此与纯燃料相比,它不仅蒸气压低,而且密度通常更高,这使得处理非常安全。凝胶仅在压力下发生液化,黏度随着剪切应力的增加而降低。由于 WFNA、RFNA 或 NTO 的高反应性,目前在凝胶状氧化剂的制造方面仍然存在一些问题,因此迫切需要寻找这类强腐蚀性氧化剂的替代物。

固液火箭发动机使用两种不同状态的推进剂,通常燃料是固态而氧化剂是液态或气态。与液体火箭发动机相同,固液火箭发动机可以轻松实现关停,在发生意外事故时燃料和氧化剂由于具有不同物态因而不易于混合接触,因此发生意外时固液火箭发动机也不如液体或固体发动机造成的后果严重。固液火箭发动机的比冲通常高于固体发动机,由氧化剂储箱和包含固体燃料的燃烧室组成,当需要推力时,液体氧化剂流入燃烧室并形成蒸汽,然后与固体燃料在 0.7~1 MPa 的燃烧室压力下反应。常用的燃料是丁羟和聚乙烯,可以通过含铝化以增加其比冲,常用的氧化剂包括气态或液态氧或氮氧化物。当前所使用燃料的缺点是相对较低的退移速率和较低的燃烧效率。通过使用冷冻戊烷等低温固体燃料可能会克服此类问题,这类燃料会在燃烧过程中形成熔体层,并具有较高的退移速率。另外,石蜡也会在燃烧过程中形成熔融层,并且很容易含铝化,使发动机具有高达360 s的比冲。最常用的氧化剂液氧和四氧化二氮要么只能在低温下存储使用,要么毒性较高。N_2O和O_2(80%N_2O,20%O_2)的低温混合物(−80~−40℃)是最近研究的新型氧化剂,其具有蒸气压较高(与纯N_2O相比)的优点,并且由于存在O_2而具有较高的密度,又不需要液氧那么低的存储温度,与含铝化石蜡燃料结合使用,有助于克服性能问题和毒性问题。此外,向HTPB燃料中添加10%的氢化铝(AlH_3)或$LiAlH_4$,以提高退移速度并提供高达370 s的比冲,这条途径也是重要的发展方向之一。

以下介绍化学热推进技术。

推进系统的另一个特殊领域是化学热推进,化学热推进是有别核热推进和太阳能热推进的热推进技术。对化学热推进而言,密闭系统中发生剧烈放热的化学反应会释放出大量的热量,由于反应产物是固体或液体而不会产生压力,随后热能利用热交换器被传递到液体介质并负责鱼雷等武器的推进。H_2O、H_2或He分子质量很低,可以作为合适的推进剂介质。用于化学热推进的化学反应中一个很好的例子是无毒的SF_6(六氟化硫)与易液化的锂(熔点180℃)的反应,化学方程式为

$$SF_6 + 8\ Li \longrightarrow 6\ LiF + Li_2S, \quad \Delta H = -14727\ kJ \cdot kg^{-1}$$

与此相比,1 kg化学计量比的MMH与四氧化二氮反应时仅产生6515 kJ的热量。表2.10清楚地显示了推进剂介质的平均分子量对比冲的影响,下面概述了主要适用于化学热推进的其他化学反应:

$$8\ Li + SF_6 \longrightarrow Li_2S + 6\ LiF, \quad \Delta H_r = -3520\ kcal \cdot kg^{-1}$$

$$4\ Li + OF_2 \longrightarrow Li_2O + 2\ LiF, \quad \Delta H = -5415\ kcal \cdot kg^{-1}$$

$$6\ Li + NF_3 \longrightarrow Li_3N + 3\ LiF, \quad \Delta H = -3999\ kcal \cdot kg^{-1}$$

$$8\ Li + SeF_6 \longrightarrow Li_2Se + 6\ LiF, \quad \Delta H = -2974\ kcal \cdot kg^{-1}$$

$$6\ Li + ClF_5 \longrightarrow LiCl + 5\ LiF, \quad \Delta H = -4513\ kcal \cdot kg^{-1}$$

$$6\ Li + BrF_5 \longrightarrow LiBr + 5\ LiF, \quad \Delta H = -3212\ kcal \cdot kg^{-1}$$

$$6\ Li + IF_5 \longrightarrow LiI + 5\ LiF, \quad \Delta H = -2222\ kcal \cdot kg^{-1}$$

$$4\ Li + ClF_3 \longrightarrow 3\ LiF + LiCl, \quad \Delta H = -4160\ kcal \cdot kg^{-1}$$

$$8\ Li + ClO_3F \longrightarrow 3\ Li_2O + LiCl + LiF, \quad \Delta H = -4869\ kcal \cdot kg^{-1}$$

与其他反应相比,Li/SF_6体系尽管在能量上要比其他系统低,然而与其他涉及不同氧化剂的混合物相比,它易于操作且对健康和环境的危害小,因而是化学热推进系统的优选反应。

表 2.10 Li/SF$_6$使用不同推进剂介质时的比冲值(1 MPa,2500 K 下)

推进剂介质	分 子 量	I_{sp}/s
H$_2$	2	900
He	4	500
H$_2$O	18	320
N$_2$	28	230

2.5 烟 火 药

2.5.1 雷管、起爆器、延迟成分和发热烟火

烟火药是通过非爆炸性的自持放热化学反应,产生热、光、声、气、烟等烟火效应或这些效应的组合的单一物质或混合物,其不依赖外部的氧气来维持反应的进行。

烟火药一词源自古希腊语,意为"火"或"掌控火的艺术"。与炸药或推进剂一样,烟火药也基于强烈的放热反应,炸药具有最快的反应速度,而推进剂则相对而言反应速度是最慢的,烟火药的放热反应速度介于炸药和推进剂之间。炸药在释能反应时释放大量气体产物,而烟火药除了气体产物外还有相当多的固体产物。通常,烟火药同样包含氧化剂和还原剂组分。此外,根据不同的用途,它们还可以包含胶黏剂和着色剂,以及可以产生烟雾和噪声的添加剂。单质炸药通常在分子内含有氧化基团和还原性基团,烟火药通常为不同物质的混合物。大多数烟火药的反应是固相反应,烟火药反应中释放的能量通常会产生火焰以及一些烟、光以及气体。表 2.11 中总结了烟火药的主要用途。火帽或雷管中用于点火的烟火药剂以及用于推进剂药柱的底火药,都很容易被引发。在这里,如果烟火药剂被金属撞击或使用电阻加热的方式引发,则会产生火焰。电火柴产生的火焰引发雷管中烟火药剂,再由烟火药剂引发起爆药,最后引发雷管中的猛炸药,雷管产生的冲击波将起爆主装药。图 2.24 是使用电火柴起爆雷管的构造示意图。出于安全考虑,电火柴仅仅在使用前才插入雷管中。通常用于雷管中的起爆药剂为叠氮化铅和史蒂芬酸铅,PETN 作为猛炸药使用。

表 2.11 烟火药的应用

烟 火 药	应 用 领 域
发热烟火药	火帽、针刺雷管、延迟药剂、电火柴
发烟烟火药	烟雾弹
发光烟火药	信号弹、诱饵弹、焰火

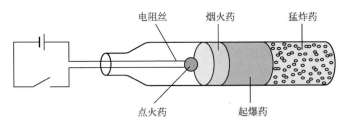

图 2.24 电火柴起爆雷管的构造示意图

SINOXID 是戴纳米特·诺贝尔公司传统火帽药剂所使用的商标,与以前使用的雷酸汞和氯酸钾的混合物不同,SINOXID 由苯甲酸铅、四氮烯、硝酸钡、二氧化铅、硫化锑和硅化钙组成。SINOXID 具有非常好的化学稳定性和储存寿命,它们抗腐蚀并且可以精确地点燃推进剂。无毒的 SINTOX 是戴纳米特·诺贝尔公司最近开发的底火药剂,它是针对室内环境空气而开发的,不会产生污染环境的含铅、锑或钡的燃烧产物。SINTOX 主要由二硝基重氮酚、重氮二硝基间苯二酚锶和四氮烯作为引发药剂,过氧化锌作为氧化剂。在烟花中,黑火药仍被用作点火药。

延迟药剂可分为产气和无气两种类型,例如,黑火药为产气型延迟药剂,而金属氧化物或金属铬酸盐与金属燃料混合物的燃烧产物不含有气体组分,为无气型延迟药剂。无气型延迟药剂常在封闭条件下(如炸弹、手榴弹、弹丸)或在高海拔地区使用,在这些情况下恒定的环境压力是非常重要的。理想的燃烧速率取决于使用目的,例如,燃烧速度快的延迟药剂可用于弹丸和炸弹,它们在撞击时会发生爆炸,而燃烧速度慢的延迟药剂主要用于发烟弹和催泪弹等地面化学弹药。常见的无气延迟药剂包含 B、Si、W、Cr、Mn 等燃料以及 $K_2Cr_2O_7$、$BaCrO_4$、$KClO_4$、$PbCrO_4$、$BaCrO_4$、$BaCrO_4$、$KClO_4$ 等氧化剂。典型的无气延迟药剂组成为 $BaCrO_4$(56%)、W(32%)、$KClO_4$(11%)。

无气(产生的气体少于 $10\ mL\cdot g^{-1}$)延迟药剂在美国的军事装备中被大量使用(图 2.25),例如,用于含 M201A1 型熔断器的手榴弹中,通常基于化学式

(2.1)所示铝热反应：

$$Pb_3O_4 + 2\ Si \longrightarrow 2\ SiO_2 + 3\ Pb \tag{2.1}$$

图 2.25　含延迟药剂的电雷管雷管的构造示意图

使用不同的添加剂可以改善其点火性能,延长燃烧时间。W/BaCrO$_4$/KClO$_4$/硅藻土作为性能优异的延迟药剂,其燃速介于 0.6~150 mm·s^{-1}。其组分之间的反应也更为复杂,该组分间的反应方程式如下：

$$W + 3/8\ KClO_4 + BaCrO_4 \longrightarrow WO_3 + 3/8\ KCl + 1/2\ Cr_2O_3 + BaO + 508\ kJ \tag{2.2}$$

其他性能优异的延迟药剂包括：

（1）铬酸钡、高氯酸钾和锆/镍合金(燃速 1.7~25 mm·s^{-1})；

（2）铬酸钡和硼酸钡(燃速 7~50 mm·s^{-1})；

（3）重铬酸钾、硼和硅(燃速 1.7~25 mm·s^{-1})。

所需的延迟药剂的延迟时间范围取决于具体的应用。最近研究发现,基于凝聚相反应的 Ti/C 以及 Ni/Al 混合物可以作为潜在的延迟药剂组分,各组分之间的反应分别为 Ti+C $\longrightarrow$ TiC($\Delta H = -3079\ J\cdot g^{-1}$) 和 3Ni+Al $\longrightarrow$ Ni$_3$Al($\Delta H = -753\ J\cdot g^{-1}$)。

图 2.26 为 12.7 mm 含烟火药剂和猛炸药多用途子弹的结构示意图。图 2.27 为含烟火延迟药剂的手榴弹的结构示意图。MK 80 等炸弹通常总质量的 45% 为炸药组分,并含有引信。

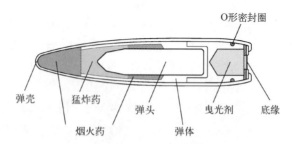

图 2.26　12.7 mm 多用途子弹的结构示意图

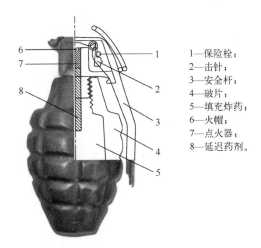

图 2.27　含烟火延迟药剂的手榴弹的结构示意图

2.5.2　发光烟火

在可见光区域发射电磁辐射的烟火药常常用作信号弹,在大面积照明以及标记飞机、伞兵的着陆区等特定位置方面具有重要用途[33-36]。例如,红色常用来表示飞机紧急着陆或发生事故时的位置。地面部队通常使用绿色和黄色标记位置,而白色可以在夜间进行大面积照明。烟火药所产生的光的强度和波长取决于烟火药的组成。含有无机氧化剂高氯酸盐或有机氧化剂硝化棉的烟火药燃温通常在 2200℃ 左右,添加镁等金属可以将烟火药的燃温提高至 2500～3000℃。特定光谱颜色是由于添加特定金属和金属盐而产生的,例如,钠用于产生黄色光;锶和钡分别用于产生红色和绿色光。特定的光谱带所对应主要发射体如表 2.12 所示,例如,黄色光对应的发射体是 Na 原子;红色光的发射体是 SrOH 和 SrCl;绿色光的发射体是 BaCl 和 BaOH。

表 2.12　特定的光谱带所对应主要发射体

元　素	发　射　体	波长/nm	颜　色
锂	锂原子	670.8	红
		610.4	红
		460	蓝
		413	紫
		497	蓝/绿
		427	紫

续表

元 素	发 射 体	波长/nm	颜 色
钠	钠原子	589.0,589.6	黄
铜	CuCl	420~460	蓝/紫
锶	SrCl	661.4,662.0,674.5,675.6	红
	SrCl	623.9,636.2,648.5	橙
	SrCl	393.7,396.1,400.9	紫
	SrOH	605.0,646.0 659.0,667.5,682.0	橙 红
	锶原子	460.7	蓝
钡	BaCl	507,513.8,516.2,524.1,532.1,649	红
	BaOH	487,512	蓝/绿 绿
	BaO	604,610,617,622,629	橙
	钡原子	553.5,660	绿 红

形成氢氧化物 SrOH 和 BaOH 所需的氢来自胶黏剂聚氯乙烯的分解产物，氯原子来自高氯酸盐氧化剂以及聚氯乙烯。表 2.12 总结了可见光范围内一些重要发光烟火的组成。发光烟火所发射的光谱通常来自原子发射所产生的线状光谱、分子发射所产生的带状光谱、炽热固体所产生的连续光谱以及分子或原子发射荧光所产成的带状光谱。彩色火焰通常是由受激发的金属原子所产生的，也可以源自火焰热能激发分子所产成的分子光谱。处于激发态的原子和分子弛豫回到基态，伴随着以可见光的形式释放出能量，例如，氯化锶是红色光的主要来源。氯化锶发光现象背后的整个反应过程如图 2.28 所示。

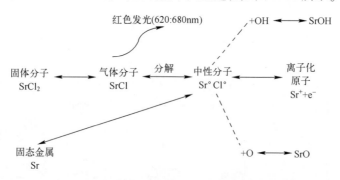

图 2.28 氯化锶发光现象背后的整个反应过程

为了设计彩色发光体,必须考虑人眼采样率约为 20 Hz 的特性。人眼可以在红、绿、蓝三个颜色通道中测量很宽的光谱带,并可以以大约±2.5 nm 的精度分辨出 400～700 nm 的波长范围。高分辨率是通过对重叠频段进行先进的实时信号处理来实现的,每个频段在整个可见光范围上都有不同的响应。感知红色的神经元也会对蓝光作出反应,从而使人感觉到紫色。如果没有此属性,眼睛将无法感知色度图的很大一部分,因为没有一个波长可以代表紫色。

事实上,眼睛中的所有三个颜色通道中都可以记录比 400～700 nm 更宽范围的光(图 2.29),但是眼睛对超过这个范围的光敏感度很低。理论上如果光源足够强,人眼甚至可以看到近红外辐射。由于此类光源很少见,因此标准观察者可观察的可见波长范围仅包括上述可见光范围。为了能得到一致的度量效果,国际照明委员会(CIE)在 1928 年进行了首次测量,并于 1931 年发布了基于数学定义方式的标准色度系统(CIE1931),1964 年又对其进行了修订,称为 CIE1964。在本书中使用的是 CIE1931 标准色度系统,转换功能可使一种颜色空间转换为另一种颜色空间。重要的是将所有发射光谱保持在足够窄的频带内,以激发眼睛视网膜中的一个检测器。对于红光,这意味着发射光谱应保持在 600 nm 波长以上,以确保眼睛中的绿色检测器不会受到明显激发。从生态和毒理学的角度来看,所有发光烟火药中相对较高的高氯酸盐含量以及在绿色发光体中使用重金属钡都是有问题的。在发光烟火药的生产和燃烧过程中,有毒的高氯酸盐和可溶性钡盐会进入地下水。其中,ClO_4^- 阴离子可能对甲状腺功能有负面影响;高氯酸盐的慢性摄入会抑制碘向甲状腺的吸收,从而导致甲状腺功能减退。此外,胶黏剂和其他成分(PVC、沥青、硫磺)通常会产生强烈的烟雾。因此,当前的研究关注以下方面的发展:无高氯酸盐的红色和绿色烟火药、含难溶钡盐或者无重金属钡的绿色烟火药以及少烟/无烟红色、绿色和黄色烟火药。

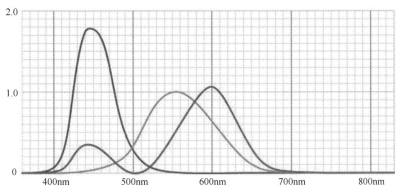

图 2.29　CIE1931 系统光谱三刺激值曲线图

许多新开发的烟火药剂都是基于富氮配体的金属配合物,主要是四唑衍生物配体,如图2.30所示。与传统含能化合物依赖分子内发生的氧化还原反应不同,这类含能配合物的能量大部分来源于高的生成焓,适合于作为推进剂组分以及烟火药着色剂。环境友好型烟火药剂不能含有高氯酸盐以及重金属离子,因此新型的红色和绿色烟火药配方使用铜盐作为钡盐替代物,以及通过硝酸盐或二硝酰胺盐等氧化剂替代对环境有害的高氯酸盐。高氮含量还可以减少释放出的烟雾和颗粒物,从而显著提高色彩鲜艳度。此外,高氮含量的红色和绿色配方燃烧时间显著增加,发光强度和光谱纯度也有明显改善。例如,美国陆军军械研究发展与工程中心和德国慕尼黑大学开发的新的红色和绿色烟火药配方分别为

红色:$Sr(NO_3)_2$ 39%,Mg 29%,PVC 15%,四唑锶盐 10%,胶黏剂 7%;
绿色:$Ba(NO_3)_2$ 46%,Mg 22%,PVC 15%,四唑钡盐 10%,胶黏剂 7%。

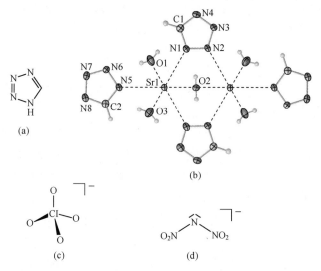

图2.30 四唑、四唑锶盐、高氯酸根以及二硝酰胺根的化学结构

将上述配方中的四唑金属盐用相应金属硝酸盐替代将使燃烧时间有所增长但是其亮度将有所下降。

从图2.31的色度图上可以看出含锶配方显示出相当高的红色纯度。色度为(x,y)的可见光的色纯度(P_e)是其与其主波长光谱色相对于色度图上的等能白点距离之差,用来表示样品色与其主波长光谱色的接近程度。在这里(x_n, y_n)是等能白点的色度,(x_1,y_1)是主波长点的色度。

$$P_e = \sqrt{\frac{(x-x_n)^2+(y-y_n)^2}{(x_I-x_n)^2+(y_I-y_n)^2}}$$

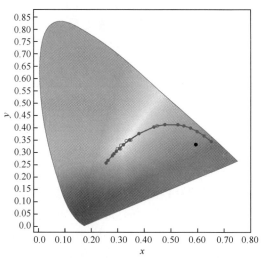

图 2.31　含四唑锶烟火药配方的色度

美国陆军装备开发技术研究中心的 Abatini 在绿色烟火药领域报道了一项突破性发现,发现了基于合适氧化剂(如 KNO_3)以及碳化硼燃料的非重金属烟火药配方。表 2.13 展示了碳化硼(B_4C)在烟火药中的作用,与硝酸钡基烟火配方相比,以 100% 碳化硼为燃料的烟火配方显示更长的燃烧时间和更高的发光强度,而光谱的色纯度则略低。

表 2.13　碳化硼(B_4C)对烟火药性能的影响

B 和 B_4C 的比例①	燃烧时间/s	发光强度/cd	主要波长/nm	色纯度/%
—②	8.15	1357	562	61
100∶0	2.29	1707	559	55
50∶50	5.89	2545	563	54
40∶60	6.45	2169	563	54
30∶70	8.67	1914	562	53
20∶80	8.10	1819	563	53
10∶90	8.92	1458	562	52
0∶100	9.69	1403	563	52

① 组成为 83% KNO_3,10% 燃料以及 7% 的环氧树脂;
② 46% $Ba(NO_3)_2$,33% Mg,16% PVC,胶黏剂 5%。

由于所用成分比例、发光物质的分子行为以及与有色烟火火焰产生息息相关的燃烧温度问题,发蓝光的烟火药被认为是化学家富有挑战的领域。通常,使用铜或含铜化合物与氯源一起可以产生蓝色火焰(表 2.14)。发蓝光的烟火技术中的氯源包括高氯酸铵、高氯酸钾或聚氯乙烯。当铜与氯元素在高温下结合时会形成氯化亚铜,氯化亚铜一直被认为是实现高质量蓝焰的关键。

表 2.14　典型含氯的蓝色烟火药配方 Control 的组成　　单位:%(质量分数)

$KClO_4$	Cu	PVC	淀　粉
68	15	17	5

但是由于其化学毒性,烟火配方中使用高氯酸盐是不被鼓励的。此外,已证明燃烧多氯有机物(如聚氯乙烯)会产生多氯联苯(PCB)、多氯二苯并对二噁英(PCDD)和多氯联苯苯并呋喃(PCDF)等这些具有剧毒以及强致癌性的多氯化物。因此,去除烟火配方中的高氯酸盐和有机氯化物将消除上述污染物的形成。

慕尼黑大学和美国陆军装备开发技术研究中心的联合开发了第一种已知的无高氯酸盐和无氯的蓝光烟火配方。最佳配方(表 2.15)取决于强蓝色发光物质碘化亚铜(Ⅱ)的生成(表 2.16 和图 2.32)。除了消除了对环境不友好的高氯酸盐的使用外,在燃烧过程中可能形成的多碘联苯并不被认为对环境有害,因为在医学应用中,多碘联苯常被用作造影剂。

表 2.15　环保型蓝色烟火药配方组成　　单位:%(质量分数)

配方	$Cu(IO_3)_2$	硝酸胍	Mg	尿	Cu	胶黏剂
A	20	50	10	—	15	5
B	30	35	9	21	—	5

表 2.16　环保型蓝色烟火药配方与典型含氯配方性能

配方	燃烧时间/s	主要波长/nm	色纯度/%(质量分数)	发光强度/cd	撞击感度/J	摩擦感度/N	分解温度/℃
A	4	475	61	54	8	324	307
B	6	477	64	80	>40	>360	198
典型含氯配方	6	476	63	78	>40	>360	180

多年来,美国军方采取了许多措施来减轻与弹药有关的环境问题。美军对发蓝光的信号弹颇感兴趣,新的配方可以为国防部提供重大好处。此外,环境保护署对民用烟花公司绿色烟火表演的审查也越来越严格。在产生蓝光的同时去除高氯酸盐和氯化有机化合物是实现该目标的重要一步,因为人们认为蓝

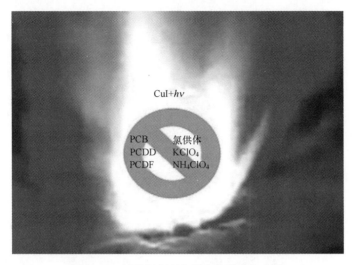

图 2.32 新型烟火配方所产生的蓝色火焰

色是以环保方式产生各种颜色火焰中最困难的一步。

除了相容性等化学稳定性之外,对于此类烟火混合物极为重要的是热稳定性以及尽可能低的撞击感度、摩擦感度和静电感度。图 2.33 的 DSC 图显示新的环境友好的红色烟火药(图 2.30 中的着色剂成分)的热稳定性可达 260℃,而该混合物的静电感度(ESD)为 1 J(人体所产生的典型值在 0.005~0.02 J 内)。

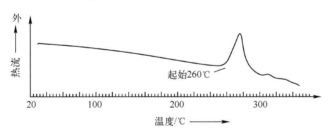

图 2.33 新型环境友好红色烟火药的 DSC 曲线

通过使用可持续技术来保护环境是我们所处时代最大和最重要的任务之一。在"三重底线"(任务、环境和社区)(图 2.34)的概念内,美国陆军与全球领先的科学家合作,正在努力实现其行动和任务的可持续性。一个很好的例子就是对新型环境友好型的烟火的研究。它们具有普遍的经济利益(新的创新技术降低了净化地下水的成本),并且对当地社区特别有意义(减少了部队训练场附近的颗粒物、重金属和高氯酸盐的暴露)。

图 2.34 "三重底线"图示

2.5.3 诱饵弹

诱饵弹或者干扰弹是一种能够模拟飞机、导弹红外特征信号,可以使地空、水空或空空火箭等武器系统被引诱并偏离其真实目标。第一个也是最为著名的红外制导导弹是美军在中国湖研发成功的"响尾蛇"导弹(图 2.35)。

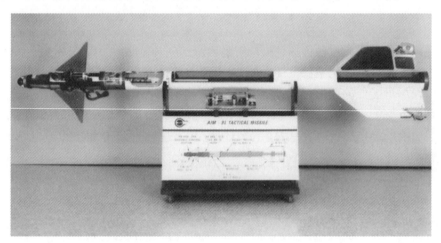

图 2.35 AIM-9"响尾蛇"红外制导空空导弹

"响尾蛇"导弹主要由高爆弹头和基于红外的热追踪系统组成。制导系统使得导弹直接将敌机的发动机锁定。红外制导装置的成本低于其他制导系统。导弹发射后不需要发射平台的支持便可以将自己引向目标。为了防止收到这种红外制导导弹的攻击,自 19 世纪 50 年代末以来,基于黑体辐射的诱饵弹得到了前所未有的发展。辐射体的辐射强度 $W(W \cdot cm^{-2} \cdot \mu m^{-1})$ 可以使用普朗克法则来描述,其中 λ 为波长(μm),h 是普朗克常数(6.626×10^{-34} $W \cdot s^2$),T 是辐射体的绝对温度(K),c 是光速,k 是玻耳兹曼常数(1.38×10^{-23} $W \cdot s \cdot K^{-1}$)。

$$W_\lambda = 2\pi hc^2 \lambda^{-5} \frac{1}{e^{\frac{hc}{k\lambda T}} - 1}$$

根据维恩定律,升高温度黑体辐射的最大波长 $\lambda_{\max}$(μm)向着更短的波长(更高的能量)移动。

$$\lambda_{\max} = 2897.756 K T^{-1}$$

实际上没有绝对黑体,但更现实的是灰体,灰体在任何范围内的辐射能与同样温度下的黑体辐射能保持一定的比值,这个比值即为发射率 ε,$\varepsilon = W'/W$,其中 ε 的取值范围为 0~1(1 代表"真正的黑体")。例如,烟灰($\varepsilon > 0.95$)的行为几乎类似于黑体辐射,而 MgO 的行为更像是灰体辐射。

热跟踪导弹的光导红外探测器主要的工作范围即 α 波段(2~3 μm)或 β 波段(3~5 μm),如图 2.36 所示。这是因为飞机发动机的热尾喷管通常会发出 $\lambda_{\max}$ 在 2~2.5 μm 之间的灰体辐射光谱,此外热尾气(CO_2、CO、H_2O)在 $\lambda_{\max}$ 为 3~5 μm 的区域内产生选择性辐射并产生叠加效应。图 2.36 显示了飞机在 α 和 β 波段中的典型红外特征。为了模仿该辐射特征,最初使用了石墨球中包裹的 Al/WO_3 铝热剂,这是因为石墨是一种很好的黑体辐射体,其辐射波长区域小于 2.8 μm。如今,由于高温(约 2200 K)下产生的碳烟灰($\varepsilon \approx 0.85$)是一种很好的红外辐射源,大多数红外诱饵剂使用的是 Mg 与全氟化聚合物(Mg/Teflon/Viton,MTV)的混合物。红外诱饵弹的结构示意图如图 2.37 所示。Mg 和特氟龙之间的主要反应可以表示如下,其中 $m \geq 2$:

$$m \text{ Mg} + \text{(C}_2\text{F}_4\text{)} \longrightarrow 2\text{MgF}_2(l) + (m-2)\text{ Mg(g)} + 2\text{C} + h\nu$$

金属镁与氟聚物生成 MgF_2 的高放热反应将形成的碳烟灰加热到大约 2200 K,并发出红外辐射。在富含镁的配方($m \geq 2$)中,镁蒸气在气相中被氧化,此外,由特氟龙中氟的还原所形成的碳可以被大气中的氧气进一步氧化为 CO 或 CO_2,如下列反应式所示:

$$m \text{ Mg} + \text{(C}_2\text{F}_4\text{)} + O_2 \longrightarrow 2\text{MgF}_2(l) + (m-2)\text{ MgO(s)} + 2CO_2 + h\nu$$

因此,在 MTV 诱饵剂的辐射过程中,碳烟与强度较低的一氧化碳或二氧化碳辐射产生叠加。除了飞机辐射典型的波长与强度分布外,图 2.36 还显示了 MTV 诱饵弹产生辐射的强度分布。

用于产生特征辐射的典型烟火药包含燃料镁和含氟氧化剂,如聚四氟乙烯。在反应过程中,大量的碳形成(在 IR 区域是强发射体),并由于反应放热而被热激发产生辐射。诱饵剂总是富含镁(镁含量为 50%~70%(质量分数)),并使用空气中的氧气作为辅助氧化剂。现在将以 MTV 诱饵剂为例进行更详细的描述,该诱饵剂由 63%(质量分数)的 Mg 和 37%(质量分数)的 PTFE 组成:

$$2.592 \text{ Mg(s)} + 0.3699 (C_2F_4)_n \longrightarrow 0.7398 \text{ MgF}_2(s) + 1.8522 \text{ Mg(s)} + 0.7398\text{C(gr)} + 532 \text{ kJ} \quad (2.3)$$

$$1.8522 \text{ Mg(s)} + 0.7398 \text{ C(gr)} + O_2 \longrightarrow 1.8522 \text{ MgO(s)} + 0.7398 CO_2 + 1403 \text{ kJ} \quad (2.4)$$

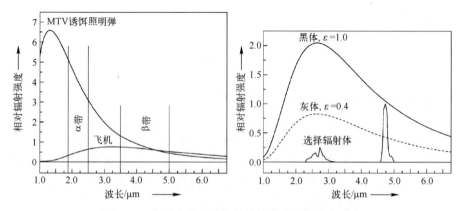

图 2.36　典型飞机以及红外诱饵弹的辐射强度对比

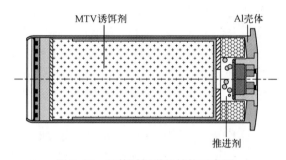

图 2.37　红外诱饵弹的结构示意图

由反应式可知初始反应(2.3)仅贡献了反应总热量的 1/3 左右,但是该反应显著影响质量流量和辐射特性。因此需要增加初始反应的放热量,以达到最高的光谱效率 E。使用比 PTFE 具有更高的反应焓的新型氧化剂是一条有效的途径。氟化石墨、全氟碳环或二氟胺化合物与镁的反应焓均高于 PTFE,具有潜在的应用前景。

MTV 诱饵剂的火焰包含较高发射强度的内部区域,该内部区域包含高浓度的碳颗粒,这些碳颗粒是通过初始反应形成的(图 2.38)。初始反应区被较低发射强度的中间区域包围,在这一区域镁和碳被空气中的氧气氧化。该中间区域被外部区域围绕,在外部区域中,向周围大气通过辐射传递热量,并对反应产物 CO_2 和 MgO 进行冷却。此外中间区域的高燃烧温度甚至进一步加热内部区域,从而显著影响辐射特性。辐射还受到内部区域的空间膨胀以及其中的碳颗粒浓度的影响。通常内部区域的碳颗粒浓度很高,以至于它们不能直接向周围环境产生辐射,因此对辐射强度没有贡献。通过氮气等光学透明的气体的稀释作用,可以使内部区域扩大并降低碳颗粒浓度。因此,诱饵剂设计时应保证在燃烧过程中输送足够高比例的氮气(图2.38)。

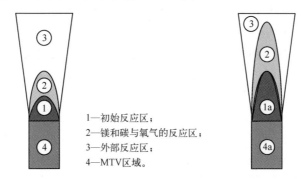

1—初始反应区；
2—镁和碳与氧气的反应区；
3—外部反应区；
4—MTV区域。

图2.38 传统诱饵弹以及基于多氟烷基四唑新型诱饵弹的反应区

最近研究发现,尽管其摩尔反应焓低,然而镁和全氟烷基四唑的混合物表现出比目前广泛使用的镁和PTFE混合物更高的辐射强度。MTV诱饵剂的辐射强度随质量流量($kg \cdot s^{-1}$)和燃烧速率而增加,因此当前的研究重点是寻找添加剂(如10%的Zr粉末)将其燃烧速率提高到1.5倍。对燃烧速率影响最大的因素是压力p,其关系如下:

$$r = \beta \cdot p^{\alpha}$$

式中:系数β为温度的函数;α为压力指数。

为了提高反应温度,在红外诱饵剂中使用氟化石墨代替PTFE可以实现更高的反应温度。此外,氟化石墨表现更高的热稳定性,因此更易于长期存储。典型的含氟化石墨的诱饵剂组成为55%~65% Mg、30%~40%氟化石墨以及约5%氟橡胶。由于燃速对压力依赖性,线性燃烧速度也随着海拔的增加而显著降低(图2.39)。

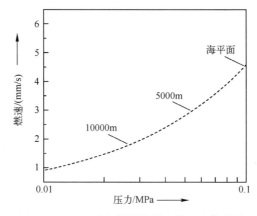

图2.39 MTV诱饵剂线性燃速的压力依赖性

典型 MTV 诱饵剂的 α 和 β 波段的相对强度比在 1.3~1.4 之间,而真实飞机目标的该比值则在 0.5~0.8 之间,这意味着现代的红外制导导弹可以区分真实飞机目标和 MTV 诱饵弹,这一问题是现有研究中面临的最大的问题,同时也是最大的挑战。新型诱饵弹的产物如 CO_2 或 HBO_2 会在 β 波段产生强的光谱辐射,可以解决上述问题。一种方案是通过添加有机物质(有机燃料)或含硼化合物以及在诱饵剂中添加氧化剂(AP)来实现的,但这通常会导致辐射强度太低,这也是不利的。这是当前研究领域尚未回答的问题。图 2.36 展示了典型 MTV 诱饵弹和目标的相对辐射强度。可以看出,与实际目标相比,MTV 的辐射强度分布完全不同。MTV α 和 β 波段的相对强度比为 1.33,而真实目标的该比值在 0.5~0.8 之间,发动机的类型有所不同该比值也有所变化。图 2.40 为 α 和 β 带的强度比随温度的变化,可以看出只有温度低于 900 K 时 α 和 β 波段的相对强度比小于 0.8。

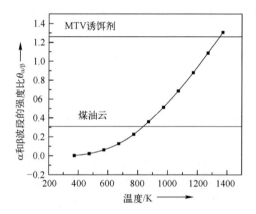

图 2.40　MTV 诱饵剂 α 和 β 波段的强度比随温度的变化

2.5.4　烟幕弹

烟幕弹可以在可见光和红外线区域将敌人蒙蔽从而实现自我保护,烟幕弹的应用场景如图 2.41 所示。朦胧的烟幕本质上是处于观察者与目标视线的气溶胶,如图 2.42 所示。起到遮蔽作用的气溶胶分为吸湿性和非吸湿性气溶胶两类。当前几乎所有的遮蔽性气凝胶都是由基于红磷的发烟剂所产生的,因此具有吸湿性,这意味着它们的有效性还取决于环境的相对湿度。

除了红磷外,常用的发烟剂配方中还含有硝酸钠、硝酸钾、有机胶黏剂以及氯化铵,以提高其燃烧效率以及燃速。发烟剂配方中红磷的含量为 10%~75%,典型的发烟剂配方如下。

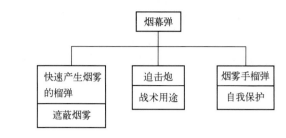

图 2.41 烟幕弹的用途

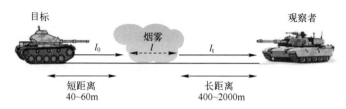

图 2.42 观察者与目标视线间气溶胶的遮蔽作用

配方 1：红磷 10%、KNO_3 30%、NH_4Cl 60%。

配方 2：红磷 50%、$CaSO_4$ 37%、B 10%、氟橡胶 3%。

配方 3：红磷 75%、CuO 10%、Mg 11%、胶黏剂 4%。

除了需要在可见光区域起到遮蔽效果外，现代战场上也越来越重视在中红外区域和远红外区域的屏蔽效果，这是因为敌人可以使用光、电、热传感器来检测我方。基于红磷的烟雾配方在可见光(0.36~0.76 μm)和近红外区域(0.76~1.3 μm)内具有出色的遮蔽效果，加之其低毒性的特点成为该光谱区域的专用配方。基于红磷的发烟剂在中红外(1.5~5.5 μm)和远红外(5.5~1000 μm)区域遮蔽效果不佳，可以通过更高的红磷质量流量保证其在中红外和远红外的遮蔽效果，这可以通过以下策略实现：

(1) 压制更高密度配方以及通过金属燃料以及碳纤维的加入从而实现高的导热系数；

(2) 更高的燃烧压力；

(3) 利用强放热的化学反应获得更高的燃温；

(4) 更大的比表面积；

(5) 更优异的点火性能。

强放热的化学反应可以通过高能量的含能添加物实现，例如金属/硝酸盐、金属/氟聚物、金属/金属氧化物以及单质含能材料。配方 4 和配方 5 中含有强放热的反应体系。

配方 4：Mg 7%~12%、红磷 65%~70%、PTFE 17%、聚氯丁烯 6%。

配方 5：Mg 12%、红磷 66%、KNO_3 16%、聚乙烯醇 6%。

含有红磷和镁配方的一个重要问题是磷和镁之间可能发生热力学上有利的副反应生成磷化镁，尤其对于含有低于化学计量氧化剂的配方，磷化镁与空气中的水分反应生成有毒的磷化氢。

$$2P+3Mg \longrightarrow Mg_3P_2$$
$$Mg_3P_2+6H_2O \longrightarrow 3Mg(OH)_2+2PH_3$$

在烟幕弹药的长期储存中，上述副反应也会非常缓慢地发生，这会导致气态磷化氢对弹药库（主要是掩体或隧道形洞穴）造成相当大的污染。因此，在发烟剂配方中通常用 Ti 或 Zr 代替 Mg，这两种金属原则上也可以形成相应的金属磷化物，但是这些金属磷化物在常规条件下不与水反应形成磷化氢。此外，由于形成了 B_2O_3 以及 SiO_2，硼以及硅的添加可增强中远红外区域的屏蔽效果。配方 6 是典型的无镁烟雾配方，其在中红外和远红外区域均具有良好屏蔽效果的烟雾。

配方 6：红磷 58.5%、KNO_3 21.1%、Zr 4.7%、Si 4.7%、B 4.7%、聚氯丁烯 6.3%。

Koch 和 Cudzilo[37] 已在理论和试验上研究了氮化磷 P_3N_5 替代发烟剂中的红磷的潜力，P_3N_5 可以安全地与 KNO_3、$KClO_3$ 以及 $KClO_4$ 配伍使用，相应的配方出人意料地表现出对摩擦的不敏感特性并且对冲击轻度敏感。含有 20%~80%（质量分数）P_3N_5 的 P_3N_5/KNO_3 体系的燃烧速度比相应的基于红磷的混合物快 200 倍，并产生浓烟。零氧平衡的 P_3N_5/KNO_3 配方的近似组成为 35%P_3N_5 以及 65%KNO_3。与红磷在潮湿的空气中缓慢降解，并生成磷酸和磷化氢不同，P_3N_5 在储存条件下稳定，不产生任何磷酸或磷化氢。烟雾云的大小及其持续时间在很大程度上取决于所使用的烟雾弹药量以及天气情况。在极端干燥的条件下不会形成良好的雾气（参见图 2.43），在强风条件下，烟雾云的持续时间明显短于无风条件。表 2.17 总结了 155 mm 烟雾弹的典型技术参数。

表 2.17　155 mm 烟雾弹的典型技术参数

参　数	可见光（0.4~0.7 μm）	中红外（3~5 μm）	远红外（8~14 μm）
持续时间/s	260	180	180
有效长度/m	400	180	180
有效高度/m	12~16	8~12	8~12
有效宽度/m	约 40	约 40	约 40

ZnO/Al/六氯乙烷也被用作发烟剂配方，其产生的中间产物 $ZnCl_2$ 发生快速的水解反应生成 HCl 以及 ZnO。此类非吸湿配方仅用于手持烟幕弹，这类烟幕

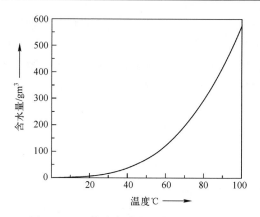

图 2.43 环境中水分含量与温度的关系

弹不能容忍酸性产物(H_3PO_4)的形成。然而,已有研究发现该发烟剂配方的某些副产物具有严重的毒理学和生态学影响,这些副产物包括六氯苯甲酸酯、六氯丁二烯、氯化二苯并呋喃和二苯并二噁英,因此正在研究寻找合适的六氯乙烷替代品。

$$C_2Cl_6 + 2Al \longrightarrow 2C + 2AlCl_3$$
$$2AlCl_3 + 3ZnO \longrightarrow Al_2O_3 + 3ZnCl_2$$
$$3ZnCl_2 + 3H_2O \longrightarrow 3ZnO + 6HCl$$

除了用于自我保护的磷基遮蔽发烟剂,通常在军事环境中,还有用于传递信号的有色发烟剂。通常烟雾药剂配方均发生冷焰燃烧,这是由于两方面的原因:①较凉的燃烧烟雾会逐渐从地面升起,这将成为军事人员有效的掩蔽/遮盖工具,温度过高将导致烟雾上升过快,从而起不到好的掩蔽效果。②高温的烟雾将导致烟雾染料被氧化为 CO 和 CO_2。为了升华目的,将烟雾染料添加到烟雾配方中。由于升华过程是吸热过程,可以使烟雾保持凉爽,而且烟雾染料的升华使烟雾具有独特的颜色,即蓝色、红色、黄色、绿色和黑色等。

基于多年的实践经验,氧化剂和燃料融化的温度在很大程度上决定了烟雾最终将达到的温度。氯酸钾是在发烟剂配方中使用的唯一氧化剂,这是因为氯酸钾分解放热可以提高配方的总体能量,但是其熔点较低不利于提高烟雾温度。美国陆军研究与发展中心(ARDEC)的科学家正在致力于寻找可替代发烟剂配方氯酸钾的氧化剂。同时,美国国家环保局以及相关的环保人士正在质疑氯酸钾是否也像高氯酸钾一样具有危害性。关于氯酸钾另一个问题是其敏感性,在焰火中使用氯酸钾已有多年历史,由于高氯酸钾使用起来更加安全,因此氯酸钾逐渐地被高氯酸钾所替代。

有色发烟剂通常是基于 $KClO_3$(约 35%)、糖(约 20%)和一种或多种染料

(约 40%~50%)的冷焰配方。此外常加入 2%的碳酸氢钠作为降温添加剂以降低燃温,这是由于碳酸氢钠吸热分解生成碳酸钠、二氧化碳以及水。除了降低燃温外,碳酸氢钠还起到降低配方感度的作用,在这些配方中通常含有大量的氯酸钾。冷却剂的存在可在一定程度上减少酸性物质的形成,有助于延长有色发烟剂的储存寿命。

有色发烟剂中常用的有机染料有:
红色:1-甲基-4-甲氨基-9,10-蒽醌[图 2.44(a)];
橘色:1-(偶氮苯基)-2-羟基萘[图 2.44(b)];
黄色:还原金黄与苯并蒽酮;
紫色:1-甲基-4-甲氨基-9,10-蒽醌与 1,4-二氨基-2,3-二氢蒽醌;
绿色:还原金黄[图 2.44(c)]、苯并蒽酮与溶剂绿 3;
黑色:萘和蒽。

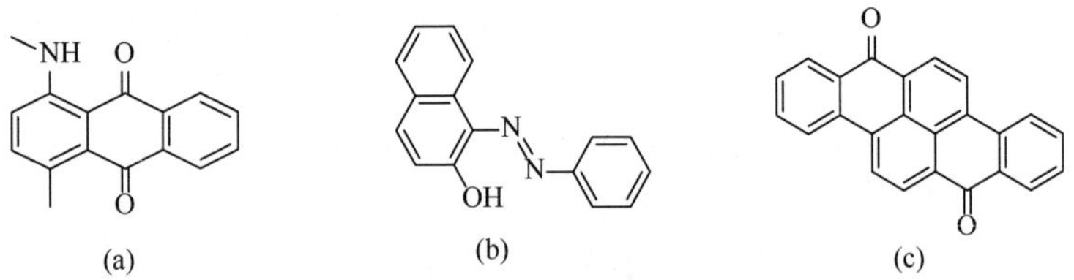

图 2.44 有色烟的成分

在美国,福特化学公司是向美国军方提供用于烟雾剂染料的主要供应商。美国陆军研究与发展中心的 Sabatini 以及 Moretti 开发了环境友好型手持式黄色烟雾信号弹配方,以替代目前美国陆军 M194 手持式黄色烟雾信号弹中对环境和毒理有害的烟火药剂[38]。这个新配方符合军用规范中要求的燃烧时间参数,并且完全由干燥的粉末状固体成分组成,无须溶剂型胶黏剂。另外,发现该药剂对冲击、摩擦和静电具有较低的敏感性。

使用环境友好型染料(如溶剂黄 33)代替目前在役 M194 配方中使用的有毒染料(如苯并蒽酮和还原金黄)是目前研究的主要目标之一,如图 2.45 和表 2.18 所示。新开发的配方使用环境和毒理学上友好的染料溶剂黄 33 作为烟雾升华剂,水合碱性碳酸镁代替碳酸氢钠作为吸热冷却剂以及用硬脂酸作为润滑剂和加工助剂。

$$2\ NaHCO_3(s) \longrightarrow Na_2CO_3(s) + H_2O(g) + CO_2(g)$$
$$\Delta H_r = 0.81\ kJ \cdot g^{-1} \tag{2.5}$$

$$Mg_5(CO_3)_4(OH)_2 \cdot 4H_2O \longrightarrow 5MgO(s) + 5H_2O(g) + 4CO_2(g)$$
$$\Delta H_r = 0.80 \text{ kJ} \cdot \text{g}^{-1} \tag{2.6}$$

表2.18 在役M194以及新型黄色发烟剂配方比较

在役M194黄色发烟剂	质量分数/%	新型黄色发烟剂	质量分数/%
还原黄4	13	溶剂黄33	37
$KClO_3$	35	$KClO_3$	34.5
蔗糖	20	蔗糖	21.5
$NaHCO_3$	3	$Mg(CO_3)_4(OH)_2 \cdot 4H_2O$	5.5
苯并蒽酮	28	硬脂酸	1
聚乙烯醇树脂	1	气相二氧化硅	0.5

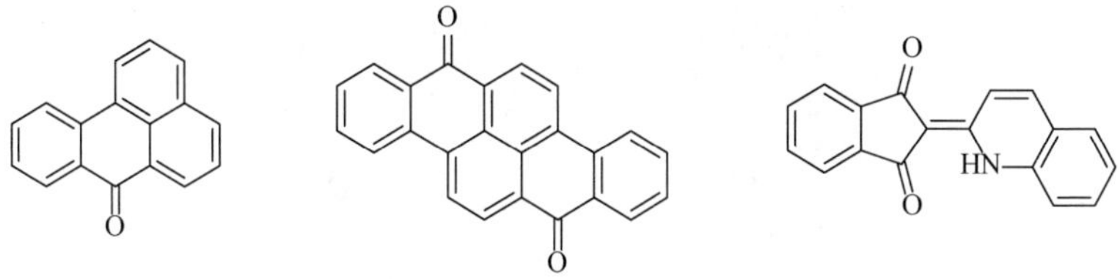

苯并蒽酮　　　　　还原黄4　　　　　溶剂黄33

图2.45 黄色染料的化学结构

尽管反应式(2.5)和式(2.6)都是吸热的,并且其反应焓变相当,但反应式(2.5)在蔗糖/$KClO_3$烟气组合物的燃烧温度范围内反应安全,而反应式(2.6)的进行并不完整。因此,碳酸氢钠是比菱镁矿更为有效的冷却剂,因为在它们燃烧的温度范围内,碳酸氢钠可有效地从烟雾成分中去除更多的能量。用$NaHCO_3$代替$Mg_5(CO_3)_4(OH)_2 \cdot 4H_2O$会延长燃烧时间,即降低燃烧速度。因此,必须使用$Mg_5(CO_3)_4(OH)_2 \cdot 4H_2O$,以获得满足M194短燃烧时间要求的黄烟配方。

表2.19为在役M194以及新型黄色发烟剂配方性能参数对比,此外,图2.46展示了新型黄色烟火剂配方所产生的喷泉状烟幕图。

表2.19 在役M194以及新型黄色发烟剂配方性能参数对比

参　数	在役M194黄色发烟剂	新型黄色发烟剂
燃烧时间/s	9~18	15
燃烧时间/s	3.89~7.78	4.64
IS/J	—	17

续表

参　　数	在役 M194 黄色发烟剂	新型黄色发烟剂
FS/N	—	>360
ESD/J	—	>0.25

图 2.46　新型黄色烟火剂配方所产生的喷泉状烟幕

值得强调的是白烟发烟剂同样也是人们非常重视的一种发烟剂。白色烟雾的实现有好几种方式,在古代硫磺是实现这种烟雾的关键,但是其产生的二氧化硫被认为是不友好的。六氯乙烷发烟剂已存在数年了,其由六氯乙烷、氧化锌和铝组成。六氯乙烷发烟剂的关键是生成的路易斯酸氯化锌和三氯化铝,这些物质容易与空气中的水分反应生成氢氧化铝、氢氧化锌以及大量的盐酸。热的 HCl 气体在冷却时形成液滴并从空气中吸走其他湿气而产生浓烟。由于较细的颗粒在相当大的区域内的散射作用,金属和金属氧化物颗粒是烟雾产生的主要推手。然而,六氯乙烷现在被认为是有毒的,目前缺乏合适的替代品,美国军方一直在抱怨。对苯二甲酸发烟剂是六氯乙烷发烟剂的重要替代品之一,但是其遮蔽效率不如六氯乙烷发烟剂。2 个或 3 个苯二甲酸发烟剂烟幕弹才相当于一个 HC 六氯乙烷烟幕弹的遮盖力,而且苯二甲酸发烟剂的燃烧时间也不长。这是因为它不是从空气中吸收水分并产生带有酸滴的烟雾,而是依靠苯二甲酸的升华和冷凝来产生烟雾。苯二甲酸并不会从空气中吸收水分,这削弱了其烟雾遮盖能力。目前美国陆军研究与发展中心正在寻找可替代六氯乙烷发烟剂的优质产品。

对于白色烟,屈服因子 Y 定义为气溶胶(m_a)除以烟火有效载荷(m_c)的质量,即

$$Y = \frac{m_a}{m_c}$$

品质指数 FM_m 可用于不同烟火剂配方性能的相互比较,定义为屈服因子 Y 和吸光系数 α_λ:

$$FM_m = \alpha_\lambda \cdot Y = \frac{-V \cdot \ln T}{m_a \cdot T} \cdot \frac{m_a}{m_c} = \frac{-V \cdot \ln T}{m_c \cdot L}$$

α_λ 由朗伯-比尔定律定义为

$$\alpha_\lambda = \frac{\ln T(\text{obsc})}{cL}$$

$$T(\text{obsc}) = \frac{I}{I(0)}$$

式中:T 为透过率;$I(0)$ 为初始强度;c 为烟幕气凝胶浓度(kg/m^3);L 为距离(m);V 为体积(m^3)。

还应该提到的是,硬脂酸或石墨有时作为发烟剂的添加剂,有助于降低烟雾混合物的敏感性(尤其是对摩擦和冲击的敏感性)。对于发烟剂所使用的胶黏剂,过去主要使用的是聚乙烯醇乙酸酯树脂。如今,最常用的胶黏剂体系是聚乙烯醇(PVA)。

2.5.5 近红外照明剂

自 20 世纪中叶以来,夜视镜和近红外视觉设备等光电系统得到长足的进步。这些系统利用不可见的光子实现夜间视觉。近红外波段在 700~2000 nm 的范围,为了方便实现监测,常用检测器广泛使用了 700~1000 nm 之间的范围。为了在此范围(700~1000 nm)中进行秘密信号传递和照明,需使用基于钾(K)和铯(Cs)化合物的烟火配方。这些配方中常使用硅作为高能但不发光的燃料组分,典型的配方组成为 KNO_3 70%、乌洛托品 16%、Si 10%、胶黏剂 4%。在配方中含氮化合物乌洛托品或偶氮二甲酰胺可以起到发泡剂的作用。虽然乌洛托品在近红外烟火药中有着悠久的应用历史,然而在美国其成本不断上涨而变得不易获得。水合乳糖有可能替代乌洛托品,如果可以将其用于红外烟火药,这将解决供应问题并降低成本,因为水合乳糖非常便宜,其价格只是乌洛托品

价格的一小部分。水合乳糖的燃烧热高于乌洛托品,且可以释放出大量的 CO_2 和 CO 气体。虽然燃烧热较高的材料可能会增加可见光输出,但可以通过调整配方中的氧化剂/燃料比来将其最小化或完全消除。目前该领域的研究集中在氮含量更高的化合物上,例如偶氮四唑钾盐、铯盐以及双四唑胺钾盐、铯盐。常使用的氧化剂是过氧化物或钡、锶、锌和锡的氧化物。除了可作为近红外示踪器外,近红外光源还应用于降落伞信号弹和迫击炮的照明弹,在进行秘密空中侦察时,也可能用到近红外照明火箭。

从图 2.47(a)、(b)可以看出,基于 $CsNO_3$ 的近红外配方是优良的近红外发射体,而基于 $CsNO_3/KNO_3$ 的配方(图 2.47(c)(d))显示出颜色杂质,在可见光区域有较为明显的吸收。

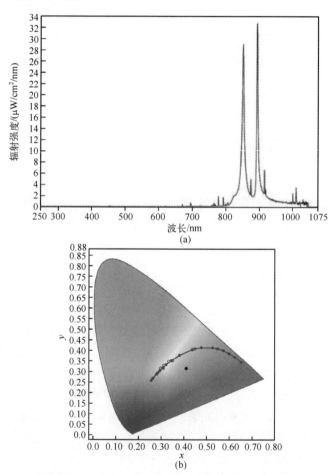

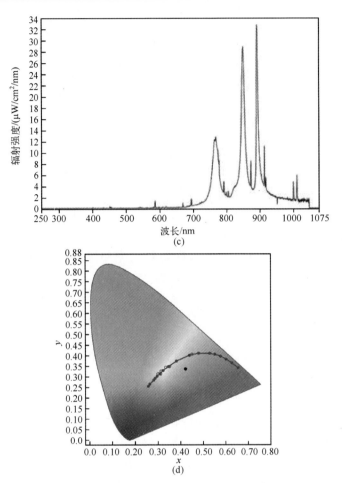

图 2.47 基于氯化萘配方(a)和基于硝酸钾/氯化萘配方
(c)的近红外光发射光谱(b)和色度图(d)

辐射强度(I)是单位立体角 Ω($\Omega=A/r^2$)的辐射功率的量度,单位以瓦/球面度($W \cdot sr^{-1}$)表示。立体角 Ω 的值在数值上等于该区域的大小除以球体半径的平方。对于需要约 45 s 的燃烧时间的手持式近红外照明弹而言,需要高的隐蔽指数 X,以及近红外区 I_1(600~900 nm)和 I_2(695~1050 nm)的高辐射强度,其中隐蔽指数 X 定义为近红外区域(700~1000 nm)与可见光区域(400~700 nm)的辐射强度之比。具体而言,$X=I_{NIR}/I_{VIS}>25$,$I_1>25\ W \cdot sr^{-1}$,$I_2>30\ W \cdot sr^{-1}$,可见光强度小于 350 cd。

第3章　爆轰、爆速和爆压

在1.3节中,我们把爆轰定义为冲击波影响下化学反应在含能材料中的超声速传播。因此,含能材料分解的速度只取决于冲击波的速度,而不像爆燃或燃烧一样是由传热过程决定的。

爆轰可以由持续加速的燃烧(DDT,燃烧转爆轰)或激波(使用起爆药来引发猛炸药)产生。

在DDT的情况下,可以假设线性燃烧速率与炸药表面的压力成比例地增加:

$$r = \beta p^\alpha$$

式中:β为温度系数($\beta = f(T)$);α为描述了燃烧速率对压力依赖性的指数,当$\alpha < 1$时发生爆燃,当$\alpha > 1$时则发生爆轰。当炸药在受限管道中点燃时,所形成的气体不能完全逸出,就会发生DDT,导致压力和反应速率的急剧增加。因此,在炸药爆轰过程中,反应速度可以超过声速,使爆燃变为爆轰。

在激波诱导产生爆轰的情况下,假设炸药受到了冲击波的作用,该情况常见于雷管(2.5.1节)中起爆药的冲击波引发猛炸药,其过程为冲击波充分压缩猛炸药,通过绝热加热使其温度升至高于分解温度,并使正位于冲击波阵面后方的炸药发生反应。由于被引发的猛炸药的强放热反应,冲击波进一步加速。在冲击波的影响下,反应区前炸药的密度增加1.3~1.5倍最大晶体密度(TMD),同时位于冲击波阵面后方薄层(不大于0.2 mm)化学反应区温度超过3000 K并可最终形成33 GPa的压力。当冲击波在炸药中的传播速度比声速还快时,这个过程就称为爆轰。冲击波在持续的加速下穿过炸药,直到达到稳定状态。当放热化学反应释放的自由能等于释放到环境中的热以及压缩和移动晶体所需的能量之和时,就达到了稳定状态。这意味着当这些化学反应在恒定的压力和温度下释放热量时,冲击波的传播将成为一个自持过程。

含能材料的一个重要特征是C-J(Chapman-Jouguet)态。C-J态描述了在发生等熵膨胀前,爆轰波反应区末端产物的化学平衡。在经典的ZND爆轰模型中,爆轰波以恒定速度传播。这个速度与C-J点相同,而C-J点描述了产物气体膨胀时反应产物中的局部声速降低到爆轰速度的状态。

根据经典的ZND爆轰模型,材料在未受激和受激后的热力学状态函数遵从

质量守恒方程、动量守恒方程和能量守恒方程,冲击波阵面两侧的关系为

$$\rho_0 D = \rho(D-u)$$

$$p - p_0 = \rho_0 u D$$

$$e + pv + 1/2(D-u)^2 = e_0 + p_0 v_0 + 1/2 D^2$$

式中:D 为受激前初始爆轰波的恒定速度;ρ 为材料密度;u 为爆轰产物的速度;p 为压强;e 为比能;v 为比体积;下标"0"为初始未受激状态的参量。

在冲击波的动态影响下,一层薄的未反应炸药的体积从初始比体积 V_0($V_0 = 1/\rho_0$)沿着炸药的冲击波绝热线被压缩至 V_1(图 3.1),动态压缩还导致了压强从 p_0 增加到 p_1,进一步导致了薄压缩层内炸药的升温(图 3.1),从而导致了化学反应的开始。化学反应结束时,比容和压强分别为 V_2 和 p_2,该状态对应于冲击波绝热线上爆轰产物的点(图 3.1)。需要强调的是,在这个点上,对于爆燃来说,反应是通过传热过程进行传播的,而爆轰则是通过快得多的冲击波进行传播。

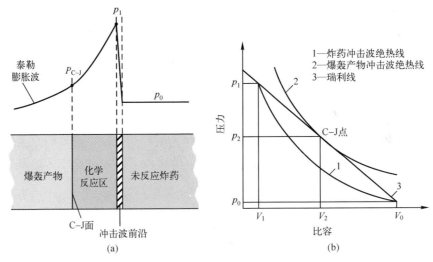

图 3.1 爆轰过程和冲击波结构示意图(a)、炸药和爆炸产物(稳定爆轰)的冲击波绝热线(b)

均质炸药爆轰的发生和线性传播的理想情况只出现在大于临界直径的密闭管或圆柱形炸药中,临界直径是每种炸药的固有特性,否则会发生冲击波阵面的扰动(能量的损失)和爆轰速度的降低。对于大多猛炸药来说,1 英寸(2.54 cm)的管径是合适的,而对于起爆药来说,5 mm 管径就已经足够了。图 3.2 为冲击波在圆柱形炸药中传播的示意图,由于冲击波阵面不是平的而是凸出状,线性爆轰速度在圆柱形炸药中心处最高,并向炸药表面递减。在大直

径的情况下,这种效应的作用可以忽略不计,但对于非常小的直径,表面效应变得显著,并导致冲击波阵面不稳定。在测量爆轰速度时,必须考虑到这个临界直径,使炸药保持在临界直径以上。

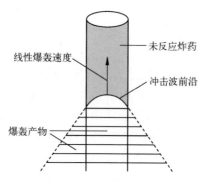

图 3.2　冲击波在圆柱形炸药冲击波传播示意图

无论初始冲击波的速度有多高,在圆柱形装药的某个直径之下,爆轰都无法稳定传播,这个圆柱形装药的直径就被称为临界直径。起爆药的临界直径通常非常小(有时可达微米级别),而猛炸药通常有较大的临界直径(毫米至厘米的范围)。浇铸装药的临界直径通常比压装工艺的大。此外,临界直径对于含有爆轰材料的雷管设计的安全性具有重要意义。

在临界直径以上时,许多炸药的爆轰速度 D 对药柱直径 d 具有独特的相关性,尤其是对于低密度炸药和表现出非理想行为的炸药来说。这是因为在较低的药柱直径下径向能量损失较大。图 3.3 为低密度下各种高能炸药的爆轰速度与药柱直径的关系。

如果关联测得的爆轰速度与药柱直径的倒数(图 3.4)的对应关系,则可根据下式推断出直径无限大 D_∞ 的爆轰速度,其中 A_L 为所使用炸药的特征常数:

$$D = D_\infty (1 - A_L/d)$$

炸药的普遍爆轰行为如图 3.5 所示。

如前所述,这些讨论对均质炸药等军用炸药是适用的,因为它们的反应主要是分子内的。这种炸药通常被称为理想炸药,特别是当它们可以用 C-J 稳态模型来描述的时候。在民用炸药常用的非均质炸药(非理想炸药)中,气泡、空腔、裂纹等主要受分子间扩散控制。一般来说,爆轰速度与药柱直径成正比。

根据稳态爆轰模型,(V_0, p_0),(V_1, p_1),(V_2, p_2) 三点位于同一条直线——瑞利线上,瑞利线的斜率是由炸药的爆轰速度决定的。与 Chapman 和 Jouguet 的假设一致,瑞利线与爆炸产物的冲击波绝热线相切在化学反应结束的点(V_2,

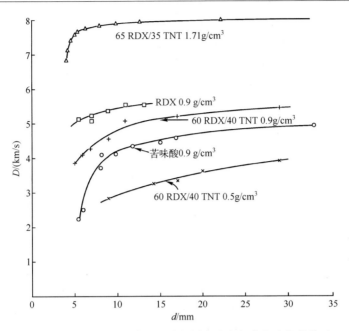

图 3.3 低密度下各种高能炸药的爆轰速度与药柱直径的关系

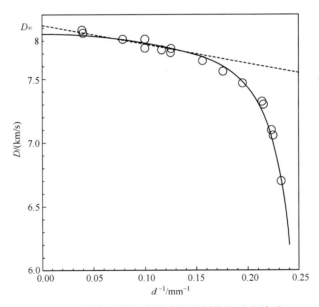

图 3.4 爆轰速度与药柱直径的倒数的对应关系

p_2)。因此,这个点也被称为 C-J 点。

一般而言,均质炸药的爆轰速度与含能配方的密度成正比。这意味着要获

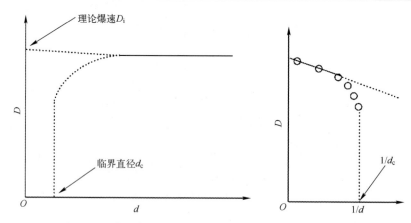

图 3.5　炸药爆轰速度对药柱直径以及直径倒数的依赖关系

得良好的性能,必须最大化装填密度。为了实现这个目的,可以采用压装、熔铸或挤压等不同的成型工艺。纯物质密度的上限,即纯物质的理论最大密度(TMD),是该物质单晶的理论最大密度,可通过室温下 X 射线数据获得。有时实测密度通常是在低温下用单晶 X 射线衍射测定获得。因此,有必要将低温晶体密度转换为室温下的晶体密度,从而得到理论最大密度(表 3.1),

$$d_{298K}=\frac{d_{T_0}}{1+\alpha_V(298-T_0)}$$

式中:α_V 为温度膨胀系数(K^{-1}),可近似等于 $1.5 \cdot 10^{-4}$ K^{-1}。

表 3.1　常用炸药的温度膨胀系数

炸　　药	温度膨胀系数/K^{-1}
CL-20	1.5×10^{-4}
HMX	1.6×10^{-4}
TNT	2.26×10^{-4}
BTF	3.57×10^{-4}
TKX-50	1.10×10^{-4}

Kamlet 和 Jacobs 提出了爆轰速度和爆轰压力之间的经验关系式。其中,爆轰速度 D 与装填密度表现为线性关系,爆轰压力 p_{C-J} 与装填密度 ρ_0($g \cdot cm^{-3}$)的二次方成正比[39-41]:

$$P_{C-J}=K\rho_0^2\Phi$$
$$D=A\Phi^{0.5}(1+B\rho_0)$$

式中:常数 K、A 及 B 的数值分别为 15.88、1.01 及 1.30。系数 Φ 为
$$\Phi = NM^{0.5}Q^{0.5}$$
式中:N 为每克炸药释放的气体的摩尔数;M 为每摩尔气体的质量;Q 为爆热(cal)。

类似的一些经验公式也将比冲 $I_{sp}(N \cdot s \cdot g^{-1})$ 与爆轰速度 $D(km \cdot s^{-1})$ 和爆轰压力 $p_{C-J}(GPa)$ 联系起来,如下所示:
$$D = 1.453 I_{sp}\rho_0 + 1.98$$
$$p_{C-J} = 44.4 I_{sp}\rho_0^2 - 21$$

表 3.2 展示了常用炸药不同密度下的爆轰速度和爆压。

表 3.2 常用炸药不同密度下的爆速和爆压[42]

炸　药	密度/(g·cm^{-3})	爆速/(km·s^{-1})	爆压/GPa
TNT	1.64	6950	21.0
	1.53	6810	17.1
	1.00	5000	6.7
RDX	1.80	8750	34.7
	1.66	8240	29.3
	1.20	6770	15.2
	1.00	6100	10.7
PETN	1.76	8270	31.5
	1.60	7750	26.6
	1.50	7480	24.0
	1.26	6590	16.0

非理想炸药的 C-J 爆轰参数(爆压和爆速)与基于平衡态和稳态计算的热化学计算程序所获得的预测值有显著差异。因此,Cheetah、EXPLO5 等常见的计算机程序往往不能正确预测非理想炸药如 ANFO 或金属化炸药的爆轰参数。

对于由碳、氢、氮、氧、氟、氯以及铝等元素所组成的炸药,M. H. Keshavarz 等最近提出了一种非常简单有效地计算其爆轰参数的方法:
$$D = 5.468\alpha^{0.5}(Mw_g Q_d)^{0.25} + 2.045$$
式中:D、Q_d 和 ρ_0 分别为爆速(km·s^{-1})、爆热(kJ·g^{-1})和初始密度(g·cm^{-3});α 为每克炸药生成的气体产物的摩尔数;Mw_g 为气体产物的平均分子量。

此外,Keshavarz 提出了一种预测含铝和硝酸铵的各种理想炸药和非理想炸药的爆压(DP)的通用且简单的方法。该模型可用于碳、氢、氮、氧以及碳、氢、

氮、氧、氟、氯组成的单质炸药和混合炸药,也可用于含铝和硝酸铵的非理想混合炸药。此外,还可以用于不同的塑料黏结炸药(PBX)。爆轰压力可以通过下式计算:

$$p_{C-J} = 24.436\alpha(\mathrm{Mw_g}Q_d)^{0.5}\rho_0^2 - 0.874$$

式中:α 为每克炸药生成气体产物的摩尔数;$\mathrm{Mw_g}$ 为气体产物的平均分子量;Q_d 为爆热($\mathrm{kJ \cdot g^{-1}}$);ρ_0 为初始密度($\mathrm{g \cdot cm^{-3}}$)。

第4章 热 力 学

4.1 理 论 基 础

正如上文讨论过的,猛炸药的主要性能标准包括爆热 $Q(\text{kJ}\cdot\text{kg}^{-1})$、爆速 D $(\text{m}\cdot\text{s}^{-1})$ 和爆轰压力 $p(\text{GPa})$,其他指标有爆温 $T(\text{K})$ 和每千克炸药释放的气体体积 $V(\text{L}\cdot\text{kg}^{-1})$。

为计算爆速和压力,我们需要热力学相关数据,如爆热,由此同样可获得爆温。

在关注热力学计算之前,一定不能忘记,设计一个性能良好的猛炸药,需要平衡的氧含量(氧平衡 Ω)。通常,氧平衡用来表示氧化剂和燃料充分反应时,氧含量剩余还是不足的相对量。氧平衡 $\Omega=0$ 的化合物无需任何外加氧以及无任何多余氧化剂或燃料,能够通过在封闭容器中加热将其完全转化为氧化产物。根据这个定义,含有 CHNO 的炸药可以完全转换为 CO_2、H_2O 和 N_2。对于具有通用化学式 $C_aH_bN_cO_d$ 的化合物,氧平衡(%)计算公式如下:

$$\Omega_{CO_2} = \frac{\left(d-2a-\dfrac{b}{2}\right)\times 1600}{M}$$

$$\Omega_{CO} = \frac{\left(d-a-\dfrac{b}{2}\right)\times 1600}{M}$$

式中:M 为炸药的分子质量。例如,TNT 的分子质量为 227 $\text{g}\cdot\text{mol}^{-1}$,化学式为 $C_7H_5N_3O_6$。因此,TNT 的氧平衡为 $\Omega(\text{TNT}) = -74\%$。

$$C_7H_5N_3O_6 \longrightarrow 7\ CO_2 + 2.5\ H_2O + 1.5\ N_2 - 10.5\ O$$

表 4.1 总结了几种重要猛炸药的氧平衡。

表 4.1 几种重要猛炸药的氧平衡

猛 炸 药	化 学 式	$\Omega_{CO_2}/\%$
AN	NH_4NO_3	+20.0
NG	$C_3H_5N_3O_9$	+3.5

续表

猛炸药	化学式	$\Omega_{CO_2}/\%$
PETN	$C_5H_8N_4O_{12}$	-10.1
RDX	$C_3H_6N_6O_6$	-21.6
HMX	$C_4H_8N_8O_8$	-21.6
NQ	$CH_4N_4O_2$	-30.7
三硝基苯酚(PA)	$C_6H_3N_3O_7$	-45.4
HNS	$C_{14}H_6N_6O_{12}$	-67.6
TNT	$C_7H_5N_3O_6$	-74.0

图 4.1 给出了氧平衡对传统 CHNO 炸药爆热的影响。通常(富氮化合物情况类似)一个好的氧平衡导致更大的(更负的)爆热,因此能够使炸药获得更好的性能。

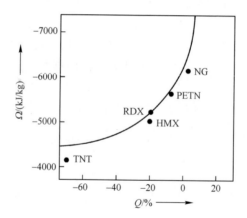

图 4.1 氧平衡 Ω 对爆热 Q 的影响规律

单靠炸药的氧平衡无法估计反应热力学特性。在这种情况下,需要(特别是对于过低氧平衡的化合物)估计有多少氧转化为 CO、CO_2 和 H_2O。由于所有爆炸都发生在高温(约 3000 K),正如 Boudouard 平衡所述,即使氧平衡 $\Omega=0$,除了 CO_2 外 CO 也将生成。通过所谓的 Springall-Roberts 规则,可以获得一个近似但非常简单的方案来估计爆炸产物。表 4.2 详细给出了这些规则,并必须按(1)~(6)的顺序进行估计。

(1) C 原子被转换成 CO;
(2) 如果 O 原子仍然存在,它们与氢反应生成 H_2O;

(3) 如果有剩余 O 原子,它们会将已经生成的 CO 氧化为 CO_2;
(4) 所有氮原子都转换为 N_2;
(5) 1/3 生成的 CO 转换成 C 和 CO_2;
(6) 1/6 最初生成的 CO 转换成 C 和 H_2O。

例如,在表 4.2 中,用 Springall-Roberts 规则计算 TNT 的爆炸产物。因此,对于 TNT 而言,其爆炸热 ΔH_{ex} 对应于如下反应的反应焓:

$$C_7H_5N_3O_6(s) \longrightarrow 3CO(g) + CO_2(g) + 3C(s) + 1.5H_2(g) + H_2O(g) + 1.5N_2(g)$$
$$\Delta H_{ex}(TNT)$$

相反,TNT 的燃烧焓 ΔH_{comb} 对应于如下反应的焓变,并且比爆炸放出更多的热量。

$$C_7H_5N_3O_6(s) + 5.25O_2(g) \longrightarrow 7CO_2(g) + 2.5H_2O(g) + 1.5N_2(g) \quad \Delta H_{comb}(TNT)$$

表 4.2 根据 Springall-Roberts 规则确定 TNT($C_7H_5N_3O_6$)的爆轰产物

C 转化为 CO	6C ⟶ 6CO
如果 O 原子有剩余,将 H 转化为 H_2O	所有氧用尽
如果 O 原子还有剩余,将已经生成的 CO 转化为 CO_2	所有氧用尽
所有 N 原子转化为 N_2	3N ⟶ 1.5N_2
1/3 的 CO 转化为 C 和 CO_2	2CO ⟶ C+CO_2
1/6 的 CO 转化为 C 和 H_2O	CO+H_2 ⟶ C+H_2O
总反应	$C_7H_5N_3O_6$ ⟶ 3CO+CO_2+3C+1.5H_2+H_2O+1.5N_2

在燃烧焓 ΔH_{comb} 的定义中,必须要注意产物是液态水还是气态水。所有潜在的爆轰产物,其准确的标准生成焓是已知的,因此,只要通过试验获得准确的燃烧焓就可以很容易计算爆轰焓,然而有不少例外。

根据热力学的第一基本定律,在任何涉及热力学系统及其周围环境的过程中,能量是守恒的。为便于计算系统内能 U 的变化,可将其等同于系统热增量 Q 和系统做功 W 之和。将 ΔU 作为内部能量的变化,可以写成

$$\Delta U = W + Q$$

功的定义如下:

$$W = -\int_{V_1}^{V_2} p dV = -p\Delta V$$

若 V 是常数,则 $\Delta U = Q_V$;若 p 是常数,则 $\Delta U = Q_p - p\Delta V$。

对于发射药,其在枪管中以恒定压力燃烧。而对于猛炸药,体积近似恒定,

因此 $\Delta U = Q_V$。然而火箭燃料在恒定压力下燃烧,其气体产物在大气中自由膨胀,$\Delta U \approx Q_p - p\Delta V$。由于状态方程焓可以定义为 $H = U + pV$,因此可以得到

$$\Delta H = \Delta U + p\Delta V + V\Delta p$$

因此,对于恒定压力,$\Delta H = Q_p$。

我们可以归纳如下:

$$Q_V = \sum \Delta_f U^\circ(\text{爆炸产物}) - \sum \Delta_f U_f^\circ(\text{炸药})$$

$$Q_p = \sum \Delta_f H^\circ(\text{爆炸产物}) - \sum \Delta_f U_f^\circ(\text{炸药})$$

对于具有化学式 $C_aH_bN_cO_d$ 的特定炸药,其内能 U 和焓 H 可以修正为

$$H = U + \Delta nRT$$

这里 n 是气体产物的物质的量,R 是气体常数。如果我们以假想的 TNT 生成反应为例,该反应物质的量变化为负值,且 $\Delta n = -7$:

$$7C(s) + 2.5H_2(g) + 1.5N_2(g) + 3O_2(g) \longrightarrow C_7H_5N_3O_6(s)$$

事实上,H 和 U 通常可以被视为近似相等。在估算炸药的相关性能时,爆炸过程中所释放的气体量 V_0(通常反算为 273 K 和 0.1 MPa 标准条件下的数值)也是评估炸药性能的重要参数。通过使用基于 Springall-Roberts 规则的反应式与理想气体方程,可以很容易地计算 V_0。

表 4.3 总结了在标准温度与压力下,典型炸药爆炸中的气体释放量。

爆炸威力定义为标准温度与压力下,气体释放量 $V_0(\text{L} \cdot \text{kg}^{-1})$ 与爆热 $Q(\text{kJ} \cdot \text{kg}^{-1})$ 的乘积,V_0 的数值见表 4.3。爆炸威力值与通常与标准炸药(苦味酸)的爆炸威力相比较,威力指数定义为典型炸药相对于苦味酸的威力值,如表 4.4 所示。

表 4.3 爆炸中炸药释放气体体积的计算值(标准温度和压力下)

炸 药	$V_0/(\text{L} \cdot \text{kg}^{-1})$
NG	740
PETN	780
RDX	908
HMX	908
NQ	1077
PA	831
HNS	747
TNT	740

表 4.4 爆炸功率和爆炸指数

炸药	$Q/(kJ \cdot kg^{-1})$	$V_0/(L \cdot kg^{-1})$	爆炸威力	威力指数
$Pb(N_3)_2$	1610	218	35	13
NG	6195	740	458	170
PETN	5794	780	452	167
RDX	5036	908	457	169
HMX	5010	908	455	169
NQ	2471	1077	266	99
PA	3249	831	270	100
HNS	3942	474	294	109
TNT	4247	740	314	116

$$爆炸威力 = Q \times V_0 \times 10^{-4}$$

$$威力指数 = \frac{Q \times V_0}{Q_{pA} \times V_{pA}} \times 100$$

爆温 T_{ex} 是爆轰产物的理论温度,这时假设爆炸发生在一个封闭且不可破坏的绝热环境(绝热条件)。

如果假设爆轰产物热量与计算的爆热 Q 相同,就能够计算爆温。假设由于爆热,初始温度为 T_i 的爆轰产物(通常为 298 K)温度升高到 T_{ex},即 T_{ex} 依赖于 Q。Q 和 T 之间的关系如下面方程所示,其中 C_V 是爆轰产物的摩尔热容:

$$Q = \sum \int_{T_1}^{T_{ex}} C_V dT$$

$$C_V = \left(\frac{\partial Q}{\partial T}\right)_V = \left(\frac{\partial U}{\partial T}\right)_V$$

$$C_p = \left(\frac{\partial Q}{\partial T}\right)_p = \left(\frac{\partial H}{\partial T}\right)_p$$

因此,爆温 T_{ex} 可以由如下公式估计:

$$T_{ex} = \frac{Q}{\sum C_V} + T_i$$

如果使用偏低和偏高的值来计算爆温,并且通过表 4.5 中的数值来进行计算 Q 值,则可以迭代预估"正确"的爆温 T_{ex}。

表 4.5　平均热容 C_V

T_{ex}/K	$C_V/(J \cdot k^{-1} \cdot mol^{-1})$				
	CO_2	CO	H_2O	H_2	N_2
2000	45.371	25.037	34.459	22.782	24.698
2100	45.744	25.204	34.945	22.966	24.866
2200	46.087	25.359	35.413	23.146	25.025
2300	46.409	25.506	35.865	23.322	25.175
2400	46.710	25.640	36.292	23.493	25.317
2500	46.991	25.769	36.706	23.665	25.451
2600	47.258	25.895	37.104	23.832	25.581
2700	47.509	26.012	37.485	23.995	25.703
2800	47.744	26.121	37.849	24.154	25.820
2900	47.965	26.221	38.200	24.309	25.928
3000	48.175	26.317	38.535	24.260	26.029
3100	48.375	26.409	38.861	24.606	26.129
3200	48.568	26.502	39.171	24.748	26.225
3300	48.748	26.589	39.472	24.886	26.317
3400	48.924	26.669	39.761	25.025	26.401
3500	49.091	26.744	40.037	25.158	26.481
3600	49.250	26.819	40.305	25.248	26.560
3700	49.401	26.891	40.560	25.405	26.635
3800	49.546	26.962	40.974	25.527	26.707
3900	49.690	27.029	41.045	25.644	26.778
4000	49.823	27.091	41.271	25.757	26.845
4500	50.430	27.372	42.300	26.296	27.154
5000	50.949	27.623	43.137	26.769	27.397

4.2　计算方法

4.2.1　热力学

目前,我们可以通过量子力学计算获得非常可靠的热力学数据以及爆轰参数。一方面对验证试验结果很重要,另一方面,在开展合成工作前,可以在没有任何试验数据的情况下预估潜在新型含能材料的性质。此外,对于产量尚未达到开展爆轰参数试验(如爆速)所需的 50~100 g 量级的新合成化合物,要预估它们的爆轰参数,这样的计算方法是理想的。

为了能够计算特定中性或离子化合物的爆轰参数,建议采用非常精确的量子化学计算方法(如 G2MP2、G3 或 CBS-4M)来计算焓(H)和自由能(G)。为实现此目的,可采用高斯(G03W 或 G09W)程序。在以下章节中,将重点关注由 Petersson 及其同事开发的 CBS-4M 方法。在 CBS-4M 方法中,为外推无限大基组的能量极限,采用自然轨道的渐进收敛行为。为优化结构与计算零点能量,CBS-4M 方法从 HF/3-21G(d) 开始计算。然后,使用更大的基组来计算基态能量。基于 CBS-4M 方法的 MP2/6-31+G 方法可以给出扰动理论矫正能量,该计算中考虑了电子间的相互关联。采用 MP4(SDQ)/6-31+(d,p) 计算来估计更高阶的相关贡献。目前使用最广泛的 CBS-4M 版本是由原始 CBS-4 版本经重新参数化而来,其中包含额外的经验校准项(此处的 M 意思为"局域数量最小化")。

现在气态物种 M 的焓可由原子化能的方法进行计算[43-45]:

$$\Delta_f H°(g,m) = H°_{(molecule)} - \sum H°_{(atoms)} + \sum \Delta_f H°_{(atoms)}$$

这里以共价态的硝化甘油(NG)和离子态二硝酰胺铵(ADN)为例进行更进一步讨论。表 4.6 中总结了由 CBS-4M 方法计算的 NG、NH_4^+、$N(NO_2)_2^-$ 以及相关的 H、C、N 和 O 原子的焓和自由能。从表 4.6 中,可以获得 $H°_{(molecule)}$ 和 $H°_{(atoms)}$ 的值(单位为 a.u.,1 a.u. = 627.089 kcal·mol^{-1})。表 4.7 总结了源自文献中的生成焓 $\Delta_f H°_{(atoms)}$ 数值。

表 4.6 基于 CBS-4M 方法的焓和自由能

参　　数	$-H^{298}$/a. u.	$-G^{298}$/a. u.
NG	957.089607	957.149231
NH_4^+	56.796608	56.817694
$N(NO_2)_2^-$	464.499549	464.536783
H	0.500991	0.514005
C	37.786156	37.803062
N	54.522462	54.539858
O	74.991202	75.008515

表4.7 元素生成焓的文献值

元　　素	生成焓/(kcal·mol^{-1})	
	参考值[21]	NIST[24]
H	52.6	52.1
C	170.2	171.3
N	113.5	113.0
O	60.0	59.6

根据上面给出的公式,可以很容易地计算气相物种 NG、NH_4^+ 和 $N(NO_2)_2^-$ 的标准生成焓 $\Delta_f H°$(表4.8)。

表4.8 气相标准生成焓的计算值

气相物质	分子式	$\Delta_f H°_{(g)}$/(kcal/mol)	$\Delta_f H°_{(g)}$/(kJ/mol)
NG	$C_3H_5N_3O_9$	-67.2	-281.1
铵离子	NH_4^+	+151.9	+635.5
二硝酰胺离子	$N(NO_2)_2^-$	-29.6	-123.8

为了能够将气相物质的标准生成焓 $\Delta_f H°_{(g)}$ 转换成凝聚相的对应数值,对共价分子 NG 而言,我们还需要升华焓 $\Delta H°_{sub.}$(固体)或蒸发焓 $\Delta H°_{vap.}$(液体)。这两个值都可以使用 Trouton 规则进行预估,其中 T_m 是固体的熔点,而 T_b 是液体的沸点[46]:

$$\Delta H_{sub.}[J·mol^{-1}] = 188 T_m[K]$$

$$\Delta H_{vap.}[J·mol^{-1}] = 90 T_b[K]$$

NG 是一种液体,其外推沸点为 302℃(575 K)。因此,蒸发焓计算为 $\Delta H°_{vap}$(NG) = 51.8 kJ·mol^{-1}(12.3 kcal·mol^{-1})。

对于 AB、AB_2 或 A_2B 类型的离子固体,晶格能 ΔU_L 和晶格焓 ΔH_L 可以使用 Jenkin 提出的方法进行计算[47-50]。所需要的相应离子的分子体积可以非常容易地从单晶 X 射线衍射数据中获得。

$$\Delta U_L = |z_+||z_-|\nu\left[\frac{\alpha}{\sqrt[3]{V_M}}\right] + \beta$$

式中:$[z_+]$、$[z_-]$ 分别为阳离子和阴离子的电荷;ν 为每个分子的离子数,例如,ADN 的离子数为 2,$Ba(DN)_2$ 则为 3;V_M 为分子体积,$V_M(ADN) = V_M(NH^{4+}) + V_M(DN^-)$,$V_M(Ba(DN)_2) = V_M(Ba^{2+}) + 2V_M(DN^-)$;常量 α 和 β 取决于盐的组

成,列于表4.9。

表4.9 使用Jenkin方法计算晶格能所用的 α 和 β 常数值

离子盐类型	α/(kJ/mol)	β/(kJ/mol)
AB	117.3	51.9
AB_2	133.5	60.9
A_2B	165.3	-29.8

晶格能量 ΔU_L 可转换为对应的晶格焓 ΔH_L:

$$\Delta H_L(A_pB_q) = \Delta U_L + \left[p\left(\frac{n_A}{2}-2\right) + q\left(\frac{n_B}{2}-2\right)\right]RT$$

其中 n_A 和 n_B 在不同离子中的数值不同,单原子的离子为3,线性、多元的离子为5,而非线性、多元的离子为6。

从X射线衍射数据中,可以知道ADN的分子体积为110Å^3,即0.110 nm$^{3[51]}$。同样,ADN的分子体积还可以使用文献值计算,$V_M(NH_4^+)$ 为 0.021 nm^3,$V_M(DN^-)$ 为 0.089 nm^3,$V_M(ADN) = 0.110$ nm^3。因此,ADN的晶格能和晶格焓分别为

$$\Delta U_L(ADN) = 593.4 \text{ kJ} \cdot \text{mol}^{-1}$$

$$\Delta H_L(ADN) = 598.4 \text{ kJ} \cdot \text{mol}^{-1}$$

由于NG的蒸发焓和ADN的晶格焓是已知的,因此其气相焓值可以很容易地转换为凝聚相的标准生成焓。

$$\Delta_f H°(NG) = -332.9 \text{ kJ} \cdot \text{mol}^{-1} = -80 \text{ kcal} \cdot \text{mol}^{-1}$$

$$\Delta_f H°(ADN, s) = -86.7 \text{ kJ} \cdot \text{mol}^{-1} = -21 \text{ kcal} \cdot \text{mol}^{-1}$$

与文献中的试验值对比,除了密度和体积外,这里的计算无须依靠试验数据就给出了一个与试验值吻合良好的结果:

$$\Delta_f H°(NG) = -88 \text{ kcal} \cdot \text{mol}^{-1}$$

$$\Delta_f H°(ADN) = -36 \text{ kcal} \cdot \text{mol}^{-1}$$

在1.4节中表明,具有 $C_aH_bN_cO_d$ 组成的特定炸药的内能 U 和焓 H 遵循如下关系:

$$H = U + \Delta nRT$$

式中:Δn 为气体物质摩尔数的变化;R 为理想气体常数。NG和ADN的 Δn 分别为-8.5和-6,因此:

$$\Delta_f U°(NG) = -311.8 \text{ kJ} \cdot \text{mol}^{-1} = -1373.0 \text{ kJ} \cdot \text{kg}^{-1}$$

$$\Delta_f U°(ADN) = -71.8 \text{ kJ} \cdot \text{mol}^{-1} = -579.0 \text{ kJ} \cdot \text{kg}^{-1}$$

4.2.2 爆轰参数

现有各种不同的代码可用于含能材料爆轰参数的计算(如 TIGER、CHEE-TAH、EXPLO5 等)。这里将重点讨论其中一种代码的应用,即程序 EXPLO5。此程序基于化学平衡和稳态的爆轰模型为基础。该程序中,对于气体爆轰产物,使用 Becker-Kistiakowsky-Wilson 状态方程(BKW EOS),而对于固体碳则使用 Cowan-Fickett 状态方程[52-55]。爆轰产物平衡组成的计算则由修正的 White-Johnson-Dantzig 自由能量最小化技术完成。该程序旨在实现在 C-J 点的爆轰参数计算。理想气体方程如下:

$$pV = nRT$$

理想气体常数 R 使我们在已知摩尔量 n 和体积 V 的条件下计算特定温度 T 对应的理想气体压力 p。

这个方程不足以计算爆轰压力,因为实际情况与理想气体的行为有很大的偏差。Becker-Kistiakowsky-Wilson 状态方程(BKW-EOS)包含体积常量 k 并考虑了气态组分分子的残余体积:

$$\frac{pV}{RT} = 1 + xe^{\beta X}, \quad x = \frac{k}{VT^a}$$

通过与试验数据的比较(经验拟合)获得 α 和 β 参数。然而,对于极低温度,压力会变得无限大。Cowan 和 Fickett 开发了 Becker-Kistiakowsky-Wilson 状态方程:

$$\frac{pV}{RT} = 1 + xe^{\beta X}, \quad x = \frac{k \sum X_i k_i}{V(T+\theta)^a}$$

其中 $(\delta p/\delta T)_V$ 保持正值。体积常数替换为气态成分 i 的摩尔分数 X_i 和几何余容 k_i 乘积的加权总和。凭借经验,调整计算结果使之匹配试验数据,从而获得 Becker-Kistiakowsky-Wilson-Neumann 参数 α、β、κ 和 θ。

但是,此方程不适用于固体。对于此类情况,Cowan 和 Fickett 提出了包含因子 $p_1(V)$、$a(V)$ 和 $b(V)$ 的多项式状态方程,这就是固体类介质的 Cowan-Fickett 状态方程为

$$p = p_1(V) + a(V)T + b(V)T^2$$

$$\eta = \frac{V°(T°)}{V} = \frac{\rho}{\rho°}$$

$p(V)$ 图显示了炸药的绝热冲击曲线,也称为 Hugoniot 曲线或 Hugoniot 绝热曲线。可以计算未反应炸药以及反应产物的冲击绝热曲线。C-J 点表示满足 C-J 条件的点,反应产物的绝热冲击曲线与瑞利(Raleigh)线相切线,可由以下方程

描述：
$$p-p_0=p_0^2 U^2(V_0-V)$$
式中：ρ_0 为未反应炸药的材料密度；u 为冲击速度；V、V_0 为比体积。

Raleigh 线在 $p(V)$ 图中是一条斜率为 D^2/V^2 的直线,连接 (V_0,p_0)、(V_1,p_1) 和 (V_2,p_2)。在瑞利线与反应产物冲击绝热曲线相交的点,两个函数的斜率是相同的,并且以下关系是有效的,其中 U 是产物的速度。
$$\frac{\partial p}{\partial V}=\frac{D^2}{V^2}=\frac{U^2}{V^2}$$

在爆轰稳态模型的假设下,EXPLO5 程序能够计算爆轰参数以及 C-J 点处系统的化学成分。计算中,BKW 状态方程适用于气体,其中 X_i 是第 i 种气态组成的摩尔分数,k_i 是第 i 种气态爆轰产物的摩尔余容:
$$\frac{pV}{RT}=1+xe^{\beta X}, \quad x=\frac{k\sum X_i k_i}{V(T+\theta)^\alpha}$$

$\alpha=0.5, \beta=0.176, \quad \kappa=14.71, \quad \theta=6620$ (EXPLO5 V5.03)

$\alpha=0.5, \quad \beta=0.096, \quad \kappa=17.56, \quad \theta=4950$ (EXPLO5 V5.04)

对于固体碳,假设碳以石墨形式存在,则 Cowan-Fickett 状态方程具有以下形式：
$$p=p_1(V)+a(V)T'+b(V)T'^2$$

其中： $T'=T/11605.6\,\text{K}$

$p_1(V)=-2.467+6.769\eta-6.956\eta^2+3.040\eta^3-0.3869\eta^4$

$a(V)=-0.2267+0.2712\eta$

$b(V)=0.08316-0.07804\eta^{-1}+0.03086\eta^{-2}$

材料压缩系数 $\eta=\dfrac{V^\circ(T^\circ)}{V}=\dfrac{\rho}{\rho^\circ}$

根据 White-Johnson-Dantzig 的最小自由能原则,能够确定平衡状态爆轰产物的组成。爆轰产物的热力学参数(如焓、熵、自由焓、自由能)可以使用基于 $H_T^\circ-H_0^\circ$ 的公式计算。系数 C_0、C_1、C_2、C_3、C_4 为文献值[56-57]。
$$H_T^\circ-H_0^\circ=C_0+C_1T+C_2T^2+C_3T^3+C_4T^4$$

EXPLO5 程序按照冲击绝热曲线计算产物的状态参数,从特定炸药的密度 ρ_0 开始,然后以任意选择的步长将密度增加到约 $1.5\rho_0$。然后,在冲击绝热曲线上确定 C-J 点,在该点处爆速具有最小值(此最小值 $D_{\min}$ 由 Hugoniot 冲击绝热曲线的一阶求导函数的最小值确定,见图 4.2)。一旦 C-J 点确定,则可以使用两者的关系计算爆轰参数。

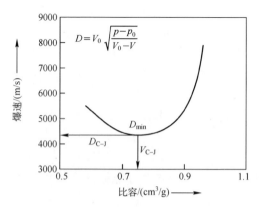

图 4.2 爆速随爆轰产物比容的变化

流体动力学爆轰理论能够在质量、比冲和能量守恒规律的基础上,关联并分别独立计算压力和体积。

$$\frac{D}{V_0} = \frac{D-U}{V}$$

$$\frac{D^2}{V_0} + p_0 = \frac{(D-U)^2}{V} + p$$

$$U_0 + D^2 + p_0 V_0 = U + \frac{1}{2}(D-U)^2 + pV$$

由此可知,爆速和冲击前沿的速度可以用如下方程表示:

$$D = V_0 \sqrt{\frac{p-p_0}{V_0-V}}$$

$$U = (V_0-V) \sqrt{\frac{p-p_0}{V_0-V}}$$

表 4.10 总结了由 EXPLO5 程序计算 NG、TNT 和 RDX 的爆轰参数,以及相应的试验数据。

有时候,"爆炸热"和"爆轰热"这两个词经常被混淆并对等使用,这是错误的。爆炸热与爆轰热都是反应热,但是在不同条件下得到的。在爆轰中,反应热量对应于 C-J 点处的反应热,称为爆轰热。在恒体积燃烧条件下获得的反应热通常被称为"燃烧热"或"爆炸热"。值得注意的是,"完全燃烧热"通常用于表示氧气气氛下的恒定体积燃烧。

表 4.10 通过计算和试验确定的爆轰参数

炸药	密度/$(g \cdot cm^{-3})$	方法	$D/(m \cdot s^{-1})$	p_{C-J}/GPa	T_{ex}/K	$Q_{C-J}/(kJ \cdot kg^{-1})$
NG	1.60	试验	7700	25.3	4260	—
		EXPLO5	7819	24.2	4727	−6229
TNT	1.64	试验	6950	21.0	—	—
		EXPLO5	7150	20.2	3744	−5087
RDX	1.80	试验	8750	34.7	—	—
		EXPLO5	8920	34.5	4354	6033
HNS	1.65	试验	7030	21.5	—	—
		EXPLO5	7230	21.2	4079	−5239
PETN	1.76	试验	8270	31.5	—	—
		EXPLO5	8660	31.1	4349	5889

4.2.3 燃烧参数

使用 4.2.1 节中列出的计算热力学数据,不仅能够计算爆轰参数,也能够计算对火箭推进剂最重要的燃烧性能参数。很多种程序均可以做此类计算,从这里我们回到前面讨论过的 EXPLO5 程序重点介绍燃烧性能参数的计算。

含能材料的燃烧是一个不可逆的过程,该过程中主要形成气态以及少量的固体燃烧产物。等压和等容是燃烧涉及的两个边界情况。在一个等压燃烧中,燃烧过程不会损失任何热量(绝热的)并且在恒定压力下进行,同时燃烧产物处于化学平衡(如火箭推进剂)。在一个等容燃烧中,假定燃烧过程不会损失任何热量(绝热的)并在恒定体积中进行,燃烧产物处于化学平衡(如发射药)。

对于火箭推进剂,假定各种气体在大气或者空间中自由膨胀,p 为常数($\Delta U = Q_p - p\Delta V$),因此该过程是恒压的。对火箭推进剂性能进行理论计算时,有如下假设:

(1) 燃烧室和喷嘴喉部的压力是恒定的;
(2) 能量和动量守恒适用;
(3) 燃烧室中燃烧产物的速度等于零;
(4) 凝聚相和气态介质之间没有温度和速度滞后;
(5) 扩散型喷管(图 4.3)中发生等熵膨胀(一个反应过程中的熵不变,即 $S = \text{const}$ 或 $dS = 0$)。

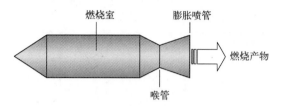

图 4.3　具有膨胀喷管的火箭燃烧室的示意图

对于火箭推进剂来说,其最为重要的性能参数是推力 F 和比冲 I_{sp}^*。正如前面章节所述,平均推力和比冲存在下列关系式:

$$\bar{F} = I_{sp} \frac{\Delta m}{\Delta t}$$

推力 F 可以简化为

$$F = \frac{dm}{dt} v_e + (p_e - p_a) A_e$$

式中:v_e 为燃烧气体在扩散型喷嘴末端的最终速度;P_e、P_a 分别为膨胀喷嘴末端的压力和大气压力;A_e 为膨胀喷嘴末端的横截面。因此,可以把比冲表达为

$$I_{sp} = \frac{F}{\frac{dm}{dt}} = v_e + \frac{(p_e - p_a) A_e}{\frac{dm}{dt}}$$

我们可以使用 EXPLO5 程序计算不同压力燃烧室中,火箭推进剂在恒压条件下的下列性能参数:

(1) 恒压燃烧热 $Q_p (kJ \cdot kg^{-1})$;
(2) 恒压燃烧温度 $T_c (K)$;
(3) 燃烧产物的组成;
(4) 喷喉的温度和压力;
(5) 喷喉的流速;
(6) 膨胀喷嘴末端的温度($p_e = 0.1\ MPa$);
(7) 比冲。

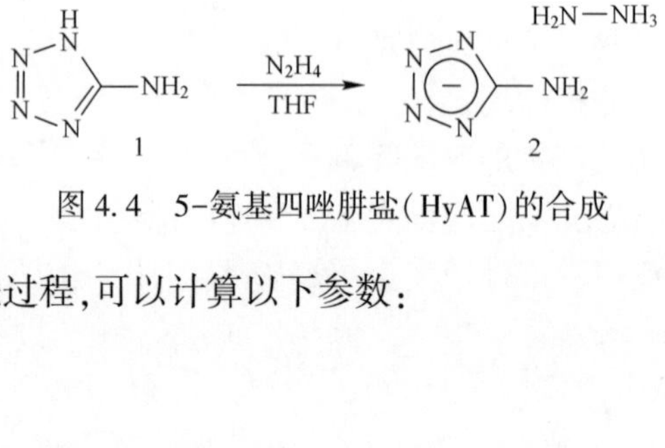

图 4.4　5-氨基四唑肼盐(HyAT)的合成

对于等容燃烧过程,可以计算以下参数:

(1) 等容燃烧热 $Q_v(kJ \cdot kg^{-1})$；
(2) 封闭系统中的总压力(Pa)；
(3) 燃烧产物的组成；
(4) 比能量：$F=nRT_c(J \cdot kg^{-1})$，T_c 为等容燃烧温度。

5-氨基四唑肼盐(HyAT)基推进剂是目前正在研究的一种新型推进剂(图 4.4)[58]，5-氨基四唑肼盐可由 5-氨基四唑和肼反应制备。表 4.11 为利用 EXPLO5 程序计算的燃烧室压力 4.5 MPa 条件下，由 HyAT 与氧化剂 ADN 组成的火箭推进剂的性能参数。

表 4.11　HyAT/AND 配方在 4.5 MPa 压力下的计算燃烧参数

ADN	HyAt	$\rho/(g \cdot cm^{-3})$	$\Omega/\%$	T_c/K	I_{sp}/s
10	90	1.573	−65.0	1863	227
20	80	1.599	−55.0	1922	229
30	70	1.625	−44.9	2110	236
40	60	1.651	−34.8	2377	246
50	50	1.678	−24.7	2653	254
60	40	1.704	−14.6	2916	260
70	30	1.730	−4.5	3091	261
80	20	1.756	+5.6	2954	250
90	10	1.782	+15.7	2570	229
AP	Al	—	—	—	—
70	30	2.178	−2.9	4273	255

我们可以看到，与 AP 和 Al 组成的化学计量混合物相比，配比为 70∶30 的 HyAt 推进剂的比冲大约高出 5 s。因此，新燃料 HyAT 与绿色 ADN 的结合使用将会比较有意义。

对于发射药的等容燃烧，我们可以认为比能量 f_E 或冲力($f_E=nRT$)、燃烧温度 $T_c(K)$、余容 $b_E(cm^3 \cdot g^{-1})$ 和压力 $p(Pa)$ 是最重要的参数。此外，为了避免烧蚀问题，燃气产物需要较大的 N_2/CO 比例。发射药的装填密度远不如在高能炸药中那般重要。对比表 4.12 中 M1、EX-99 与新开发的基于偶氮四唑三氨基胍盐(TAGzT)的高氮发射药(HNP)和基于联四唑三氨基胍盐(TAG_2BT)的发射药 NICO，发现这几种发射药配方性能非常接近，高氮发射药配方 HNP 和 NICO 具有较高的 N_2/CO 比例，有利于降低对炮管的烧蚀(表 4.13 和图 4.5)。值得一提的是，HNP 和 NICO 在性能上类似于 NILE(不敏感、低烧蚀发射药：40% RDX、32%GUDN、7%乙酰柠檬酸三乙酯、14%纤维素乙酸丁酸酯、5%羟丙基纤维素、2%增塑剂)。

表 4.12 发射药组成

发射药配方	成　　分	比例/%(质量分数)
M1	NC(13.25)	86
	2,4-DNT	10
	邻苯二甲酸二丁酯(DBP)	3
	二苯胺(DPA)	1
EX-99	RDX	76
	醋酸纤维素	12
	BDNPA/F[①]	8
	NC(13.25)	4
High-N-1	RDX	56
	TAGzT	20
	醋酸纤维素	12
	BDNPA/F	8
	NC(13.25)	4
HNP	RDX	40
	TAGzT	20
	FOX-12/GUDN	16
	醋酸纤维素	12
	BDNPA/F	8
	NC(13.25)	4
NICO	RDX	40
	TAG$_2$-BT[②]	20
	FOX-12/GUDN	16
	醋酸纤维素	12
	BDNPA/F	8
	NC(13.25)	4

① 2,2-二硝基丙醇缩甲醛/2,2-二硝基丙醇缩乙醛(50/50);
② 5,5′-双四唑三氨基胍盐。

表 4.13　各种发射药的计算性能[①]

发射药	T_c/K	p_{max}/MPa	f_E/(kJ·g^{-1})	b_E/(cm^3·g^{-1})	N$_2$/CO(质量比)
M1	2834	259.1	1.005	1.125	0.23
EX-99	3406	324.9	1.257	1.129	0.71

续表

发射药	T_c/K	p_{max}/MPa	f_E/(kJ·g^{-1})	b_E/(cm^3·g^{-1})	N$_2$/CO(质量比)
High-N-1	2922	304.2	1.161	1.185	0.95
HNP	2735	284.8	1.088	1.181	1.05
NICO	2756	289.6	1.105	1.185	1.03

① 装填密度 0.2 g·cm^{-3}。

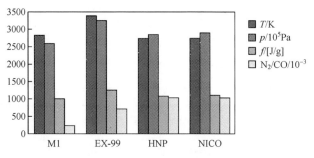

图 4.5 各种发射药的计算性能
(HNP=High-N-2, NICO=TAG2-BT-High-N-2)

在内弹道学领域最常用的方程是 Nobel-Abel 方程,如下所示:

$$p(v-b_E)=nRT$$

式中:b_E 为余容;n 为摩尔数;R 为气体常数。余容是一个常数,它考虑了分子的物理尺寸和任何分子间作用力。

如果有最大压力下使用不同负载密度的试验测试结果(操纵压力炸弹),力 f_E 和余容 b_E 可以按如下方式计算:

$$f_E=\frac{p_2}{d_2}\cdot\frac{p_1}{d_1}\cdot\frac{d_2-d_1}{p_2-p_1}$$

$$b_E=\frac{\dfrac{p_2}{d_2}-\dfrac{p_1}{d_1}}{p_2 p_1}$$

式中:f_E 为力;b_E 为余容;p_1 在较低密度 d_1 处的最大压力;p_2 在较高密度 d_2 处的最大压力;d_1 为较低的装载密度;d_2 为更高的装载密度。

假设粉末发生燃烧的温度等于爆炸温度 T_{ex},以及考虑到燃烧后的比体积 V 和电荷密度 d 相等,则下面公式成立:

$$\frac{p_{max}}{d}=b_E p_{max}+f_E$$

EXPLO5 还可用于计算推发射药气体产物的热力学性质,在考虑最大压力、比能量和余容时,误差通常小于5%(装载密度约 0.2 g·cm^{-3})。当一旦确定了合适的发射药配方,药柱的设计就成为一个重要问题。图 4.6 显示了一些典型的药柱设计,分别用于递减、中性和渐进燃烧。

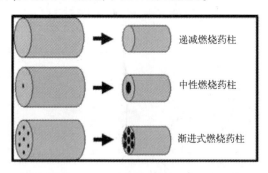

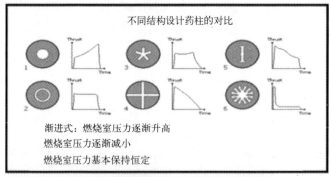

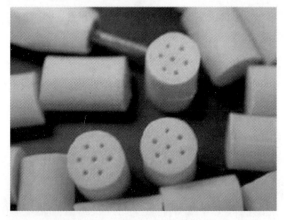

图 4.6　固体药柱设计(上两图)和 HNP 发射药的药粒(长度为 0.14 cm,外直径为 0.152 cm,内直径为 0.076 cm,网距为 0.04 cm)

身管内的压力-时间曲线和峰值压力非常重要。发射药药柱结构应设计为只需几毫秒就达到所需的峰值压力,让弹丸具备理想的速度。如果药柱的表面积随着燃烧的进行而开始减少,则称为递减燃烧(圆柱药柱)。如果药柱的表面积在燃烧过程中保持恒定,我们称为中性燃烧(管状药柱)(图 4.6)。如果使用多孔药柱,例如,七孔形药柱,则由七孔产生的表面积增长速率会超过由外围燃烧而导致的表面积减少。因此,燃烧过程中燃烧室压力会增加(渐进式燃烧)。在坦克炮等高性能身管武器使用的发射药中,具有多孔几何形状的药柱很常见。

4.2.4 新型固体火箭推进剂的理论评价

几乎所有固体火箭助推器用推进剂都是基于铝(燃料)和高氯酸铵(AP,氧化剂)的混合物。

全球对高能量密度材料(HEDM)的兴趣不断增长,LMU 课题组目前正在开发新的具有正氧平衡值(见 4.1 节)的高能材料[59]。

当前工作的目标是通过化学合成获得可能替换 AP 的氧化剂,应用于战术导弹火箭发动机。这些新的氧化剂的合成方法、感度、热稳定性、与胶黏剂的相容性和分解路径目前正在研究中。在以下示例中,我们想在理论上评估亚硝酰(NO^+)和硝酰(NO_2^+)草酸盐作为固体火箭推进剂潜在成分的可行性。获得了中性分子$(ON)O_2C—CO_2(NO)$ 和 $(O_2N)O_2C—CO_2(NO_2)$ 的全优化分子结构(图 4.7)。

图 4.7 $(ON)O_2C—CO_2(NO)$ 和 $(O_2N)O_2C—CO_2(NO_2)$ 的优化分子结构
(a) $(ON)O_2C—CO_2(NO)$;(b) $(O_2N)O_2C—CO_2(NO_2)$。

表 4.12 列出了基于 CBS-4M 方法的固态中性分子及其盐的计算生成能(见 4.2.1 节)。此外,从表 4.14 可以看到,对于 NO_2,共价键形式比离子形式能量上更有利,两者在能量上相差 26.9 kcal·mol^{-1}。而对于 NO,其离子形式比共价键形式能量上更有利,两者在能量上相差 10.5 kcal·mol^{-1}。这种含共价型 NO_2 化合物到硝酰离子盐的转变可以归因于 NO^+ 增加的晶格能,$\Delta H_L(NO^+ - NO_2^-) = 31.4$ kcal·mol^{-1}。(NO 和 NO_2 的在电离电势上的差异是微小的,分别为 215 kcal·mol^{-1} 和 221 kcal·mol^{-1}。)

表 4.14　固态生成能 ($\Delta_f U°$)

参　　数	$\Delta_f H°(s)/$ (kcal·mol^{-1})	Δn	$\Delta_f U°(s)/$ (kcal·mol^{-1})	$M/$ (g·mol^{-1})	$\Delta_f U°(s)/$ (kJ·kg^{-1})
$(NO_2)_2(O_2C—CO_2)$	-86.6	-5	-83.6	180.0	-943.2
$(NO)_2(O_2C—CO_2)$	-107.0	-4	-104.6	148.0	-2957.1
$O_2N-O_2C—CO_2—NO_2$	-113.5	-5	-110.5	180.0	-2568.5
$ON-O_2C—CO_2—NO$	-96.5	-4	-94.1	148.0	-2660.2

对于固体火箭推进剂,燃烧产物在太空(或大气)自由膨胀,可以假定压力恒定,因此,以下方程是一个很好的近似,即恒压燃烧过程可以表达为

$$\Delta U = Q_p - p\Delta V$$

在研究中,假设在环境大气层中发射火箭发动机($p=0.1$ MPa),战术导弹通常符合此情形。

以下燃烧性能的计算是在恒压条件下进行的,假设燃料在没有任何环境热损失(即绝热的)燃烧,燃烧产物形成化学平衡。火箭性能的理论计算基于以下假设：

(1) 燃烧室压力和横截面面积是恒定的;

(2) 能量和动量守恒方程成立;

(3) 燃烧室中燃烧产物的速度等于零;

(4) 冷凝和气态介质之间没有温度和速度滞后;

(5) 喷嘴中的膨胀是等熵过程。

可以从喷嘴中燃烧产物的膨胀来分析火箭发动机推进剂的理论特性。计算火箭理论性能的第一步是计算燃烧室中的参数,下一步是计算喷嘴中的膨胀过程。假定通过喷嘴的膨胀是等熵过程($\Delta S = 0$)。EXPLO5 和 ICT 程序代码可提供下列优化：

(1) 冻结流(在通过喷嘴膨胀期间,燃烧产物的成分保持不变,即等于燃烧室中的组成);

(2) 平衡流(化学平衡定义了喷嘴中所有阶段燃烧产物的组成都处于平衡状态)。

冻结性能是基于燃烧产物的成分保持不变(冻结),而平衡性能是基于假定喷管膨胀过程的瞬时化学平衡。

比冲 I_{sp} 是推进剂单元质量的比冲(冲量 = 质量×速度,或力×时间)。比冲是一个重要的火箭推进剂性能参数,可以解释为燃烧气体脱离膨胀喷管时的有效排气速度。

$$I_{sp} = \frac{\overline{F} \cdot t_b}{m} = \frac{1}{m}\int_0^{t_b} F(t)\,dt$$

式中：F 为与时间相关的推力 $F(t)$ 或平均推力 $\overline{F}$；t_b 为发动机的燃烧时间；m 为推进剂的质量。因此，比冲 I_{sp} 的单位是 $N \cdot s \cdot kg^{-1}$ 或 $m \cdot s^{-1}$。

通常将比冲 I_{sp} 除以 g_0（标准重力 $g_0 = 9.81\ m \cdot s^{-2}$），这样 I_{sp}^* 就以 s 为单位。

$$I_{sp}^* = \frac{I_{sp}}{g_0}$$

比冲 I_{sp}^* 也可以定义为以下方程：

$$I_{sp}^* = \frac{1}{g}\sqrt{\frac{1yRT_C}{(y-1)M}},\quad y = \frac{C_p}{C_v}$$

表 4.15 总结了含铝配方推进剂的计算性能参数，其中 Al 含量各不相同，以实现氧平衡接近于零，同时表 4.15 包含了 AP/Al 配方的相关性能以方便进行对比。

表 4.15　零氧平衡含铝配方的燃烧性质（固态火箭发动机）

配　方	O_2N—O_2C—CO_2—NO_2∶Al = 0.70∶0.30	$(NO)_2(O_2C$—$CO_2)$∶Al = 80∶20	AP∶Al = 0.70∶0.30
条件	恒压过程	恒压过程	恒压过程
p/MPa	7	7	7
$\rho/(g \cdot cm^{-3})$	1.93	1.82	2.18
Ω/%	-2.0	-0.6	-2.8
$Q_p/(kJ \cdot kg^{-1})$	-6473	-5347	-6787
$T_{comb.}$/K	4642	4039	4290
I_{sp}^*/s	223	220	243

最后，表 4.16 显示三个优化配方均衡膨胀的计算比冲（共价 O_2N—O_2C—CO_2—NO_2/Al，离子 $[NO]_2[O_2C$—$CO_2]$/Al 和 AP/Al）。表 4.16 的结果如图 4.8 所示。

表 4.16　基于 EXPLO5 和 ICT 的含铝配方计算比冲

配方	O_2N—O_2C—CO_2—NO_2∶Al = 0.70∶0.30		$[NO]_2[O_2C$—$CO_2]$∶Al = 80∶20		AP∶Al = 0.70∶0.30	
	Ⅰ		Ⅱ		Ⅲ	
软件	EXPLO5	ICT	EXPLO5	ICT	EXPLO5	ICT

续表

配方	O_2N—O_2C—CO_2—NO_2:Al =0.70:0.30		$[NO]_2[O_2C$—$CO_2]$:Al =80:20		AP:Al=0.70:0.30	
	Ⅰ		Ⅱ		Ⅲ	
条件	恒压		恒压		恒压	
p/MPa	7		7		7	
ρ/(g·cm^{-3})	1.82		1.74		2.13	
Ω/%	-1.8		-0.5		-2.85	
I_{sp}^*/s(冻结)	223	206	220	215	243	229
I_{sp}^*/s(平衡)	226	245	225	230	247	257

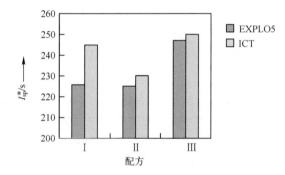

图 4.8 不同配方比冲的计算值(Ⅰ 为 O_2N—O_2C—CO_2—NO_2/Al,
Ⅱ 为 $(NO)_2(O_2C$—$CO_2)$/Al,Ⅲ 为 AP/Al)

从表 4.15 和图 4.8 中可以发现,通常 EXPLO5 和 ICT 计算的比冲之间基本一致,且 ICT 程序预测的性能稍高一些。很明显共价 O_2N—O_2C—CO_2—NO_2/Al 的配方的性能比使用离子$(NO)_2(O_2C$—$CO_2)$/Al 配方的性能更好。共价 O_2N—O_2C—CO_2—NO_2/Al 的配方的比冲只比 AP/Al 配方的比冲略低。因此可以得出结论,O_2N—O_2C—CO_2—NO_2 是一种有前景的新氧化剂,因其不含有高氯酸盐以及环境友好,可用于固体火箭发动机配方。

上述讨论清楚揭示了共价型化合物草酸二硝酸酯是潜在的高能氧化剂,并有可能在固体推进剂中替换 AP 使用。为了评估其热力学和动力学稳定性,对其转化为 CO_2 和 NO_2 的分解过程进行了计算。反应焓 $\Delta H=-56.5$ kcal·mol^{-1},这表明草酸二硝酸酯是热力学不稳定的,易于分解为 CO_2 和 NO_2。

$$O_2N—O_2C—CO_2—NO_2(s) \rightarrow 2CO_2(g)+2NO_2(g), \quad \Delta H=-56.5 \text{ kcal·mol}^{-1}$$

为了评估共价型分子 O_2N—O_2C—CO_2—NO_2 的动力学稳定性,在 B3LYP/6-31G* 水平上计算其二维势能超曲面。如图 4.9 所示,O_2N—O_2C—CO_2—NO_2

同时解离成 CO_2 和 NO_2 具有相对较高的活化能垒。图 4.10 所示过渡态能垒高于 $O_2N—O_2C—CO_2—NO_2$，两者相差 37.1 kcal·mol^{-1}(CBS-4M)。有趣的是，与 Hammond 的推测相符，过渡状态更多地位于高能量的起始材料一侧。

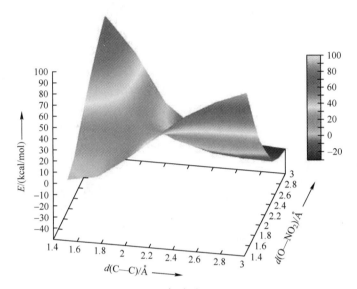

图 4.9　B3LYP/6-31G * 水平下，$O_2N—O_2C—CO_2—NO_2$
解离为 CO_2 和 NO_2 的势能超曲面(见彩插)

图 4.10　在 CBS-4M 理论水平下，$O_2N—O_2C—CO_2—NO_2$
分解为 CO_2 和 NO_2 的过渡态结构

在 B3LYP/6-31G(d) 水平计算了 $O_2N—O_2C—CO_2—NO_2$ 优化结构的静电势 (ESP)。图 4.11 显示了在 B3LYP 理论水平上评估的电子密度为 0.001 e/$bohr^3$ (1 bohr≈0.53 Å) 等值面的静电势。颜色范围从 -0.06 到 +0.06 hartree (1 hartree≈2625.5 kJ/mol)，绿色表示极缺电子区域，$V(r)$>0.06 hartree，红色表示富电子区域，$V(r)$<-0.06 hartree。最近 Politzer 和 Murray 等证实[60-65]，分子表面的计算静电式通常与材料的感度有关，这一发现也得到 Rice 等的广泛使用。在任何点 r 的静电势由以下方程给出，其中 Z_A 是原子核 A 于 R_A 处的电荷。

$$V(r) = \sum \frac{Z_A}{|R_A - r|} - \int \frac{\rho(r')}{|r' - r|} dr'$$

Politzer 等表明撞击感度可以表示为一种函数,这种函数是正负表面电势强度异常逆转的扩展。在大多数硝基(—NO_2)和硝酸酯(—O—NO_2)体系中,正电势区域比负电势区域强,这与通常的情况相反。这种较强正电区域和较弱负电区域之间的非典型不平衡与撞击感度有关。O_2N—O_2C—CO_2—NO_2的计算静电电位(图 4.11)显示硝基基团(—NO_2)上为强正区域,这个正电区域延伸到O—NO_2区域(O—NO_2键)。此外,在相对较弱的C—C键也有一个强正区域。这与O—NO_2和C—C键的不稳定性相符,也解释了该键为什么容易断裂。相比之下,游离草酸分子中的化学键不显示任何正电区域。

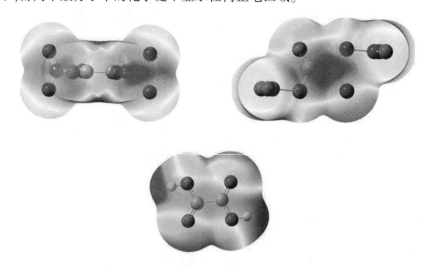

图 4.11　B3LYP/6-31G * 水平下,O_2N—O_2C—CO_2—NO_2和HO_2CCO_2H分子的静电势(0.001 e·$bohr^{-3}$等值面)(红色:非常负,橙色:负,黄色:略微负,绿色:中性,蓝绿色:略微正,蓝色:正,深蓝:非常正)(见彩插)

从该计算研究中,可以得出以下结论:

(1) 研究了共价型和离子型草酸衍生物作为固体火箭发动机中含能材料或氧化剂的可行性,这些化合物都不可能是好的高爆炸药。然而,共价型草酸二硝酸酯(O_2N—O_2C—CO_2—NO_2)被认为是一种潜在的高能氧化剂。

(2) O_2N—O_2C—CO_2—NO_2/Al 配方(80∶20)的计算比冲可与常规 AP/Al(70∶30)配方相媲美,重要的是它不含有毒的高氯酸盐或任何卤素。

(3) O_2N—O_2C—CO_2—NO_2倾向于分解成CO_2和NO_2。单分子解离的反应能垒(过渡态)在 CBS-4M 理论水平计算为 37 kcal·mol^{-1}。

(4) $O_2N—O_2C—CO_2—NO_2$ 的计算静电势表明在 $0.001\,\text{e}\cdot\text{bohr}^{-3}$ 等值面上 $O—NO_2$ 和 $C—C$ 键区域为强正电区域,表明这些键相对较弱。

(5) 本研究的结果可以为开展合成研究提供基础,在实验室规模上制备草酸二硝酸酯 $O_2N—O_2C—CO_2—NO_2$,并开展试验评估其热稳定性等特性。

4.2.5 利用EXPLO5计算单基、双基和三基推进剂的发射药性质

为阐明单基、双基、三基发射药的不同性质,并与新型高含氮发射药进行对比,在等容燃烧的假设下,我们使用 EXPLO5 程序计算了相关的燃烧参数。表 4.17 总结了相关结果。

从表 4.17 中的计算结果可以清楚地看到发射药性能方面的总体趋势。虽然双基发射药的性能要比单基配方好得多(更高的推力和压力),燃烧温度也高得多(超过 360 K),这导致烧蚀问题更严重。另外,三基推进剂性能在单基和双基推进剂之间,同时燃烧温度仅略高于单基推进剂(高达 137 K)。

表 4.17 恒容条件下单基、双基、三基发射药以及新型高氮发射药的性能参数(EXPLO5)

配方	真密度/$(\text{g}\cdot\text{cm}^{-3})$	装填密/$(\text{g}\cdot\text{cm}^{-3})$	f_E/$(\text{kJ}\cdot\text{g}^{-1})$	b_E/$(\text{cm}^3\cdot\text{g}^{-1})$	$T_{com.}$/K	p_{max}/MPa	N_2/CO
NC(12.5)	1.66	0.2	1.05	1.08	3119	267.4	0.26
NC∶NG (50∶50)	1.63	0.2	1.21	1.02	3987	303.5	0.59
NC∶NG∶NQ (25∶25∶50)	1.70	0.2	1.13	1.06	3256	287.5	1.25
TAGzT∶NC (85∶15)	1.63	0.2	1.09	1.22	2525	287.5	6.07

含 85%TAGzT 和 15%的 NC 的高氮发射药配方,在所有配方中具有最低的燃烧温度(比单基推进剂低近 600 K)。此外,新型高氮发射药配方的预估性能与三基发射药相似(相同的最大压力)。同样重要的是,新型高氮发射药配方(N_2/CO)比从三基推进剂的 1.25 增加到 6.07。这一点以及显著降低的燃烧温度有助于大幅减少烧蚀问题。初步验证了 TAGzT 基发射药在 105 大口径榴弹炮中的应用性能,结果表明炮管的使用寿命可能增加 4 倍。因为炮管寿命的增加大大降低了发射系统的成本,这使得高氮发射药配方的高成本合理化。

伊朗马莱克-阿什塔尔理工大学的 M. H. Keshavarz 等发表了可预测各种炸药性能的经验的、数字的、半经验的和量子化学方法。可预测炸药的各种性能,如爆轰性能,以及撞击、摩擦和静电感度等安全性能,此外还包括热稳定性、

密度、熔点以及反应焓等基础物化性能[66-80]。

4.2.6 半经验计算(EMDB)

从含能材料分子结构可靠地预测其性能与热化学性质是非常理想的。相关的热化学平衡软件,如 CHEETAH、ICT 和 EXPLO5 以及 EDPHT 等基于校准经验方法的经验软件,已经被用于不同含能材料的性能和热化学性质计算。

EMDB_1 是含能材料领域的一个新的软件包,用于计算不同单质炸药或含能配方的 30 多个物理化学和爆轰参数(包含 C、H、N、O、F、Cl、Al、Br、I 和 S 元素的化合物)。与其他计算软件不同的是,EMDB 代码不需要密度或生成焓作为输入,而是在分子结构的基础上对性能进行预估。

EMDB 的前身是 EDPHT[81]程序的改进版本。从功能、方法和外观来看,EMDB 是 EDPHT 的改进、更新和高级继承。根据最新文献,许多相关性已进行了修改和升级,与 EDPHT 代码获得的预测值相比,用 EMDB 获得的结果有更高的准确度和精度。

这里,我们要关注爆速(VOD)计算的结果,这些结果都基于相关试验数值使用 EMDB、EXPLO5 和 CHEETAH 代码来计算。我们还使用 EMDB 代码计算撞击和摩擦感度,并将计算值与测量值进行比较。所有计算过程都使用 EXPLO5_6.03 和 EMDM_1.0[82]代码在桌面计算机进行。CHEETAH_8.0 计算的结果取自文献[83]。

表 4.18 汇总了 10 种炸药的计算爆速和试验爆速。涉及的几种新合成的炸药分子结构如图 4.12 所示。计算和测量的爆速值对比表明,两者具有较好的一致性。热力学程序(CHEETAH 和 EXPLO5)以及经验代码(EMDB)预测的 VOD 值相比试验值只差几个百分比。

表 4.18 计算和测量的爆速

炸药	密度/ (g·cm^{-3})	爆速(m·s^{-1})[①]				
		EMDB_1.0	EXPLO5_6.03	CHEETAH_8.0	LASEM	实测
TNT	1.65	7230(+3%)	6878(−2%)	7192(+2%)	6990±230	7026±119
HNS	1.74	7620(+6%)	7209(±0%)	7499(+4%)	7200±210	7200±71
NTO	1.93	8080(−3%)	8601(+3%)	8656(+4%)	8300±250	8335±120
RDX	1.80	8670(−2%)	8919(+1%)	8803(±0%)	8850±190	8833±64
E-CL-20	2.04	9600(±0%)	9882(+3%)	9833(+3%)	9560±240	9570
TKX-50	1.88	9140(−3%)	9995(+6%)	9735(+3%)	9560±280	9432

续表

炸药	密度/($g \cdot cm^{-3}$)	爆速($m \cdot s^{-1}$)①				
		EMDB_1.0	EXPLO5_6.03	CHEETAH_8.0	LASEM	实 测
BDNAPM	1.80	8090	8220	8171	8630±210	—
BTNPM	1.93	9020	9348	9276	9910±310	—
TKX-55	1.84	7860	7666	7548	8230±260	—
DAAF	1.75	7960(-2%)	8163(+1%)	8124(±0%)	8050±260	8110±30

① 括号中的百分数是计算的与测量的 VOD 值的偏差。

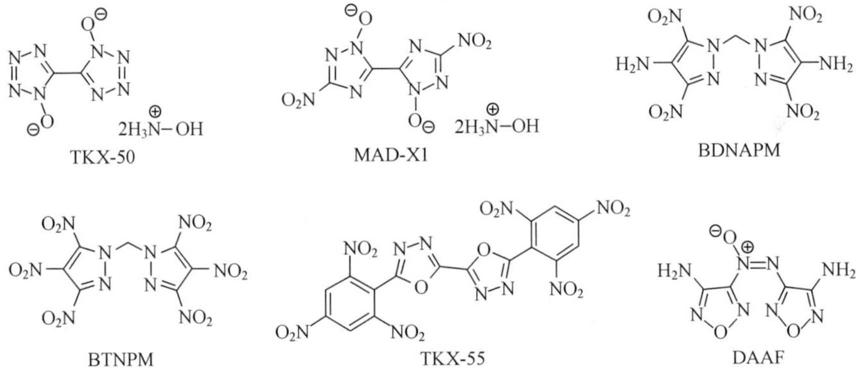

图 4.12 一些最新炸药的分子结构

表 4.19 总结了撞击感度和摩擦感度的计算值(EMDB)和测量值。这些值只能使用 EMDB 代码进行预测,不能使用任何热力学程序进行预估。EMDB 预测了所涉及化合物感度方面的正确趋势:非常敏感(BTNPM)撞击感度、中等敏感(RDX)撞击感度和不敏感(NTO)撞击感度。此外,使用 EMDB 代码也能预测摩擦感度的正确趋势。

表 4.19 撞击感度和摩擦感度[85]的测量值与计算值(EMDB)对比

炸 药	IS/J(测量值)	IS/J(EMDB_1.0)	FS/N(测量值)	FS/N(EMDB_1.0)
TNT	15	33	>353	210
HNS	5	20	>240	227
NTO	>120	39	>353	144
RDX	7.5	5	120	156
ε-CL-20	4	3	48	128
TKX-50	20	15	120	82
BDNAPM	11	39	>360	166

续表

炸　药	IS/J(测量值)	IS/J(EMDB_1.0).	FS/N(测量值)	FS/N(EMDB_1.0)
BTNPM	4	3	144	160
TKX-55	5	12.5	>360	229
DAAF	7	17	>360	175

热力学程序(EXPLO5 和 CHEETAH)和经验代码(EMDB)都能预测爆速值,且与试验数据非常吻合。此外,EMDB 代码可以预测相转变热化学数据等更多的物理参数。

第 5 章　含能材料的起爆

5.1　简　介

含能材料可以使用不同的外界刺激(如热或冲击波)来起爆,其被点燃后经历爆燃和燃烧转爆轰过程,最终实现爆轰的自持传播,或者使用强烈的冲击波直接使其发生爆轰,如图 5.1 所示。点燃含能材料时,如果周围环境的线性热量损失小于通过放热反应产生的热量,含能材料则在其特征的燃点被点燃。

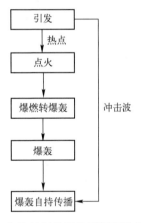

图 5.1　含能材料从引发到爆轰的整个过程

通常来讲炸药的起爆主要是一个热作用过程。炸药的点燃或起爆可以通过 200~600 cm^{-1} 低频振动模式的冲击作用来实现,然而我们发现通过冲击波来起爆炸药时也会伴随强烈的由绝热压缩引起的升温现象。如果外界刺激是撞击、摩擦等机械力或静电力,通常认为机械能或者静电能先转化为热能,形成"热点"。炸药中 0.1~10 μm 大小的气孔在绝热压缩过程中被迅速地加热,由此起爆炸药。"热点"的形成可以源自液体炸药中的气泡也可以是固体炸药中存在的气孔,原始压力(p_1)和压缩时的最终压力 p_2 之间的压力差越大,则温度跳跃越大。

$$T_2 = T_1 \left(\frac{p_2}{p_1}\right)^{\frac{\gamma-1}{\gamma}}$$

除了气孔外,热点形成的另一种可能源自很小的非常硬的晶体或针状晶体,外界机械力对晶体施加的能量会使具有相同符号的电荷更靠近在一起,当晶体破裂时会再次释放能量,并可能导致热点的形成。然而,并非每个热点都会点燃甚至最终引起炸药的爆炸,当能量传递到周围环境中就不会导致炸药的起爆。通常,热点的温度至少为 430℃才可能引起猛炸药的爆炸。另外,液体炸药(如 NG)可能通过溶解气体产生气泡形成热点,并通过绝热压缩来起爆。热点存在的平均时间仅为 $10^{-5} \sim 10^{-3}$ s。

当含能材料晶体在一起摩擦时,由于摩擦热的存在以及含能材料晶体低的导热性而形成热点,因此通常认为在撞击时,大多数起爆药是由晶体间摩擦引起的热点所起爆的。对于猛炸药,冲击作用会导致形成热点,这些热点大多源自晶体之间的气泡的绝热压缩,这样的热点仅能存在大约 10^{-6} s。

如果要实现键断裂以及随后的放热分解和爆轰,则必须将热点的热能有效地转移到适当的分子振动模式,称为"泵浦"过程。最初断开的一个或多个键被称为触发键。热点能量的任何形式的消散(如通过扩散)将减少"泵浦"过程发生的可能性。Kamlet 认为围绕触发键(C—NO_2、N—NO_2、O—NO_2 等)的自由旋转会降低含能材料敏感性,因为这些能量原本可能转移至使触发键断裂的振动模式。此外,Kamlet 还认识到触发键断裂后的分解步骤的重要性,例如,通过硝基自由基实现的硝胺自催化分解。

粒径较小的炸药敏感度降低是因为它们的热点较小,需要较高的温度去点燃。值得注意的是,即使是均质、无缺陷炸药晶体(实际上并不存在)也可能发生爆炸。事实上如果存在有效的非谐耦合将能量从晶格引导到临界分子振动中,则会发生这种情况。最后,考虑 TATB 的情况,其以极低的敏感性而闻名。TATB 的一个显著特点是硝基和氨基基团之间形成的分子间和分子内强且广泛的氢键作用。从其分子结构可以预料,并且这一点已通过 X 射线衍射证实。分子间氢键在晶体中产生二维层状结构,使得 TATB 具有相对较高的热导率。依据热点理论,二维层状结构是一个降低其敏感性的因素,因为它可以通过热扩散更快地消耗其能量,这也是 TATB 需要较高温度引发分解的原因。另外,基于 DFT 计算结果,强分子间氢键增加硝基旋转的势垒。根据 Kamlet 的推理,这应该具有提高 TATB 敏感性的作用,因为它减少了旋转产生的能量损失,并使更多的能量可用于关键的 NO_2 振动模式。因此认为 C—NO_2 均裂是 TATB 引发中的第一步。

5.2　含能材料的点燃和起爆

含能材料的点燃尤其是起爆可以通过多种方式实现,根据含能材料能量的输出形式不同,其引发装置称为雷管(冲击波)或点火器(火焰),如图5.2所示。点燃含能材料最简单的方法是直接由火焰点燃,过去通过导火索来点燃黑火药实际上用的就是这种方法。火焰作为一种简单的引发方式仍被用于起爆含能材料,如工业火雷管,如图5.3A所示。另一种类似于火焰的方法是通过热量点燃含能材料,图5.3B和图5.3C。被电流加热的桥丝与起爆药直接接触,也可以先与烟火药接触,然后通过火焰引发起爆药,后面这种被称为电点火头,也是目前雷管中最常见的起爆方法。此外,还有一种雷管无须使用起爆药,即无起爆药雷管NPED,利用烟火药点燃PETN后经历燃烧转爆轰。NPED也是电点火头式雷管一种,但是由于没有敏感的起爆药而提供了更高的安全性。

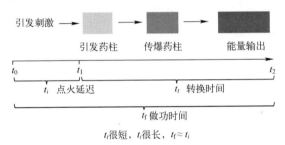

图5.2　含能材料引发链

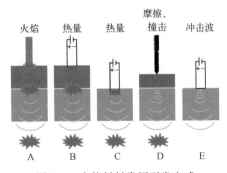

图5.3　含能材料常用引发方式

炸弹、手榴弹的起爆,发射药的点燃通常通过冲击或摩擦脉冲来实现的(图5.3D)。与所需的输出无关,起爆药或点火药必须对摩擦表现出很高的感度以确保可靠的引发。但是高的感度给爆炸物的处理带来了难度,并增加了意外引爆的风险。对于 M55 针刺雷管,通常将基于叠氮化铅的配方作为针刺药,而叠氮化铅作为起爆药。仅发生爆燃的冲击火帽,则使用了基于斯蒂芬酸铅(SINOXID、NOL-60)和无铅(SINTOX)配方。为了获得更好的可燃性,通常添加四氮烯来增加其摩擦感度。爆炸桥丝(EBW)和爆炸箔片雷管(EFI)是相对安全且非常可靠的电雷管(图 5.3E),EFI 也称为冲击片雷管。Luis Alvarez 和 Lawrence Johnston 在曼哈顿项目期间,由于需要精确且高度可靠的火工品而发明了爆炸桥丝电雷管,其起爆脉冲是由细桥丝爆炸所形成的冲击波。金丝或铂金丝被大电流迅速加热(这种大电流由高压电容器提供)。当金属蒸发时,桥线的电阻迅速增加,电流减小,此时仍有大量电流流过高密度金属蒸气,加热持续一定程度导致金属蒸气的爆炸性膨胀,该冲击波最终引发了起爆药,实际应用中的起爆药是 PETN。EBW 较经典的灼热桥丝、针刺雷管的优点是其精确且一致的作用时间,偏移时间小于 $0.1\ \mu s$。但是,所有上述起爆装置都存在一些缺点,针刺雷管或撞击雷管所含材料对摩擦和冲击极为敏感,存在意外引发的风险。电雷管易受静电放电、电磁干扰和腐蚀的影响,相对可靠安全的 EBW 和 EFI 的一个缺点是所需电源的体积庞大。

5.3 含能材料的激光起爆

由于常规引爆方式的缺点,研究人员自 20 世纪 60 年代末和 70 年代初开始了一种新的点火和引爆方式的研究。俄罗斯科学家 Brish、美国科学家 Menichelli 等首次通过激光照射成功地起爆了 PETN 和叠氮化铅的样品。叠氮化铅的起爆由钕玻璃激光器($\lambda = 1060\ nm$)作为照射源,输出功率为 10 MW,脉冲长度为 $0.1\ \mu s$,能量为 0.5 J,激光脉冲在样品表面的功率密度高达 $8\ MW \cdot cm^{-2}$。为了起爆 PETN,必须聚焦激光束以增加表面的功率密度。Brish 等还采用红宝石激光器($\lambda = 694\ nm$)进行了进一步研究,并讨论了四种可能的起爆机理:

(1) 激光冲击,这可以排除在外,因为所施加的光压比冲击波爆炸所需的压力低几个数量级。

(2) 电击穿不能完全排除在外,但不能解释激光试验的所有观察结果。

(3) 光化学引发可以用多量子光电效应来解释,但是引发的可能性低,并且未观察到激光波长(1064 nm 或 694 nm)与引发阈值之间的依赖性。因此,光化学引发似乎不是激光引发的适当机制。

(4) 光热引发或简称为热引发可以解释所有试验结果,激光辐射加热炸药并导致样品内部压力增加。样品的快速加热导致炸药分解,将光能转换为冲击波能。

Brish 的试验中使用激光束直接照射炸药样品,而 Menichelli 则在玻璃窗上涂覆了 1000 Å 厚的铝膜,激光束照射这种膜时通过金属的蒸发产生类似于 EBW 的冲击波,产生的冲击波能够直接起爆猛炸药。Menichelli 的工作中使用了 Q 开关模式的红宝石激光器($E = 0.8 \sim 4.0\,\text{J}, \tau = 25\,\text{ns}$)来成功起爆 PETN、RDX 和特屈儿。

由于大的尺寸,这些固态激光器(红宝石和钕玻璃)的实际使用受到非常大的限制。尽管固态激光器仍用于相关研究,但商品化的激光二极管(半导体激光器)的出现为含能材料的起爆和点火提供了新的途径。Kunz 和 Salas 最早于 1988 年报道了使用二极管激光器起爆炸药和烟火药的研究。他们使用功率为 1 W,波长为 830 nm,脉冲持续时间为 $2 \sim 10\,\text{ms}$ 的 GaAlAs 二极管激光器点燃高氯酸五胺(5-氰基-2H-四唑)钴(Ⅲ)(CP)以及钛和高氯酸钾的混合物(Ti/$KClO_4$)。未聚焦的激光束通过光纤(直径为 100 μm)直接耦合到炸药表面。在激光辐照下 CP 和 Ti/$KClO_4$ 以未掺杂和掺杂形式(炭黑、石墨和激光染料)进行测试。此外,试验中还考虑了不同粒径和装药密度的影响。Kunz 和 Salas 的工作表明激光激发阈值受到材料吸收强度的强烈影响。CP 在 830 nm 处的吸收强度比 Ti/$KClO_4$ 混合物低很多,因此需要更高的能量才能点燃(Ti/$KClO_4$:$E_{\text{crit.}}$ = 3 mJ,CP:$E_{\text{crit.}}$ = $6 \sim 7\,\text{mJ}$)。用 0.8%的炭黑掺杂 CP 会产生与 Ti/$KClO_4$ 相似的吸收强度($\alpha \approx 0.8$),并且临界阈值可以降低到与 Ti/$KClO_4$ 相似的 3 mJ。此外,吸光强度测试结果表明,粒径和装药密度会影响吸光强度,随粒径的减小和装药密度的增加而增加,尽管这对临界阈值的影响很小。一个可能的原因是装药密度的增加同时也增加了导热系数,并且与此相关点火阈值。尽管二极管激光器相对便宜,体积小并且安全性可靠,但是与固态激光器相比,二极管激光器的输出功率要低得多。过去含能材料的激光二极管起爆具有较长的作用时间,因此不适合替代诸如 EBW 之类的作用时间很短的电雷管。

以激光辐射作为点火和起爆源的各种试验研究始于 20 世纪 70 年代,包括推进剂、烟火药和亚稳态分子间复合物(MIC)的激光点火或起爆,激光波长、气压或掺杂剂对引发阈值的影响研究,激光起爆雷管以及激光起爆机理的认识研究。激光辐射引发的无起爆药雷管 NPED 已取得显著进展,使用冲击片雷管原理,包含对激光敏感的点火装药(PETN/石墨/Al 混合物)。点火装药驱动着一块薄金属板(称为飞片)高速运动,高速飞片通过撞击起爆低密度 PETN($\rho = 0.7\,\text{g}\cdot\text{cm}^{-3}$),紧接着起爆两个密度更高的药柱,即为密度 $1.0\,\text{g}\cdot\text{cm}^{-3}$ 的 PETN 和密度为 $1.6\,\text{g}\cdot\text{cm}^{-3}$ 的 RDX,系统示意图如图 5.4 所示,其预作用时间在毫秒范围内。

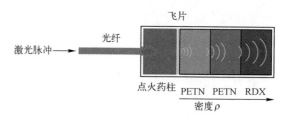

图 5.4 激光驱动飞片起爆示意图

对激光辐射敏感的含能配合物(ECC)是近期的重要研究方向之一。关于 ECC 在激光辐射下的行为研究始于 CP 及其潜在替代物高氯酸四胺-顺-双(5-硝基-2H-四唑)钴(Ⅲ)(BNCP)。Bates 早在 1986 年就已经报道了 BNCP(图 5.5 和图 5.6)具有起爆能力,从那时起 BNCP 就作为起爆药得到了广泛的研究,BNCP 可以通过电子设备或激光照射激发并能够发生快速的燃烧转爆轰。BNCP 具有出色的能量特性,例如,$1.97 \text{ g} \cdot \text{cm}^{-3}$ 的密度以及 $8.1 \text{ km} \cdot \text{s}^{-1}$ 的计算爆速。随着更强大的二极管激光器的出现,BNCP 的激发延迟时间可以大大减少,有可能达到 $4\sim5 \text{ μs}$ 的理想值。

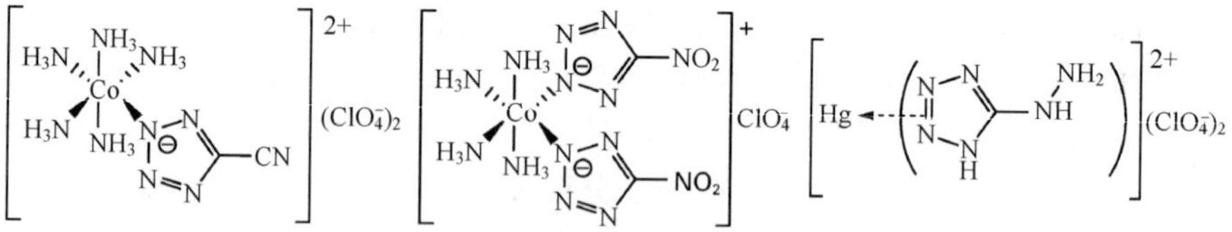

图 5.5 三种激光起爆含能材料(CP、BNCP 和 HTMP)的分子结构

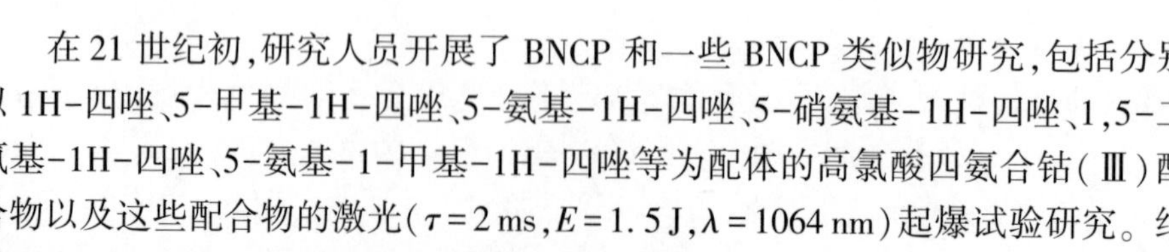

图 5.6 BNCP 的合成路线

在 21 世纪初,研究人员开展了 BNCP 和一些 BNCP 类似物研究,包括分别以 1H-四唑、5-甲基-1H-四唑、5-氨基-1H-四唑、5-硝氨基-1H-四唑、1,5-二氨基-1H-四唑、5-氨基-1-甲基-1H-四唑等为配体的高氯酸四氨合钴(Ⅲ)配合物以及这些配合物的激光($\tau=2 \text{ ms}, E=1.5 \text{ J}, \lambda=1064 \text{ nm}$)起爆试验研究。结果只有以 5-硝基-2H-四唑、5-氨基-1H-四唑以及 1,5-二氨基-1H-四唑为配体的配合物在激光下可以被顺利起爆。

为了获得短的起爆延迟时间,需要添加掺杂剂以增加 CP、BNCP 或其类似钴(Ⅲ)配合物在近红外区域的吸收率。各种肼基唑类化合物作为配体的金属配合物是一类对激光辐照具有高敏感性的炸药。这种配体优点是唑类具有高的正生成焓,以及肼基低的电离势。研究人员研究了以下肼基唑作为高氯酸汞(Ⅱ)配合物中的配体,包括 3-肼基-5-氨基吡唑、3-肼基-5-氨基吡啉酮、3-肼基-4-氨基-1,2,4-三唑、3-肼基-4-氨基-5-甲基-1,2,4-三唑、3-肼基-4-氨基-5-巯基-1,2,4-三唑和 5-肼基-1H-四唑[84]。图 5.4 中的 5-肼基-1H-四唑汞(Ⅱ)高氯酸盐配合物 HTMP 在所研究的唑类化合物中表现出最高的激光辐照敏感度($\tau=30\,\mathrm{ns}$,$E=1\times10^{-5}\,\mathrm{J}$)。此外,合成了以 3-肼基-4-氨基-1,2,4-三唑(HATr)为配体的 4 种高氯酸盐金属配合物 $[\mathrm{M(HATr)_2}](\mathrm{ClO_4})_2$(M 为 Co、Ni、Co、Cd)并对其激光起爆性能进行了研究。结果显示,所有的配合物均被成功起爆,并确定了其临界引发能。通过引发能量和电离电势之间的相关性解释了相关数值的顺序:

E:Cu(1.1×10^{-5} J)<Cd(5.03×10^{-4} J)<Ni(5.75×10^{-4} J)<Co(1.36×10^{-3} J)

I_1+I_2:Cu(28.02 eV)>Cd(25.90 eV)>Ni(25.78 eV)>Co(24.92 eV)

Ilyushin 等提出了上述配合物分解初期的机理化学:

$2\,\mathrm{ClO_4^-}+\mathrm{M^{2+}}\longrightarrow\mathrm{ClO_4}\cdot+\mathrm{M^+}+\mathrm{ClO_4^-}$

$\mathrm{ClO_4^-}+\mathrm{M^+}\longrightarrow\mathrm{ClO_4}\cdot+\mathrm{M^0}$

通过金属阳离子和高氯酸阴离子之间的激光诱导氧化还原反应产生高活性自由基 $\mathrm{ClO_4}\cdot$,该自由基随后氧化有机配体。金属的电离电势越高其对应的金属阳离子越容易被还原。尽管该机理与试验数据相吻合且解释了电离电势如何影响起爆能量阈值,但它不符合许多研究人员提出的热机理。且 Ilyushin 等提出的机制无法解释像炭黑这样的吸光颗粒对起爆阈值的影响。

迄今为止的研究结果表明,尽管激光起爆的机理本身和影响参数仍未完全理解,但激光引发似乎是一种热作用机理。例如,Ilyushin 等指出,对于各种钴(Ⅲ)配合物,光学性质和激光起爆阈值之间似乎没有依赖性,这对于光热过程而言似乎是不合理的。热引发机制是指激光被吸收并转换为热,在较低的激光功率($10^{-1}\sim10$ W)下,炸药在加热到自动点火温度后会经历 DDT。根据文献,爆炸物在较高功率(约 10^2 W 或更高)下冲击起爆,并且不再发生 DDT。Hafenrichter 等根据功率密度描述了激光起爆含能材料的 4 种形式:

(1) 功率密度低,在自动点火之前达到稳态温度,没有点火发生;

(2) 功率密度更高($\mathrm{kW\cdot cm^{-2}}$),尽管由于材料的导热性会带走大量能量,含能材料仍然会发生点火,延迟时间大约为毫秒级;

(3) 在更高的功率密度($MW \cdot cm^{-2}$)下,在大量热量散失之前,含能材料迅速达到自燃温度,点火延迟时间为微秒级别;

(4) 在极高的功率密度($GW \cdot cm^{-2}$)下,含能材料在表面激光烧蚀引发的冲击作用下点火,点火延迟时间约为纳秒。

可以将第(2)种方式与起爆药或烟火药的桥丝起爆进行比较,而第(4)种形式的高激光功率密度使其可以通过激光辐射直接冲击起爆猛炸药,该激光功率密度是通过功率至少为 100 W 的固态激光器获得的,相比之下,激光二极管仅能提供的功率为 1~10 W。更强大的二极管激光器已取得逐渐发展,小尺寸和低成本使其在应用中变得越来越有吸引力。与传统的电雷管起爆方式相比,激光起爆方式具有许多优势,因此有必要将其与灼热桥丝雷管、爆炸桥线雷管和爆炸箔雷管进行比较。

表 5.1 列出了几种电雷管和典型激光起爆雷管(Nd:YAG 固态激光器和 GaAlAs 或 InGaAs 二极管激光器)的比较。灼热桥丝雷管生产便宜,是制造最多的电雷管之一。灼热桥丝雷管在低电流(约 5 A)和电压(约 20 V)下工作,因此仅需一个小电流源。然而,因为其阈值低容易受到静电放电等电脉冲的影响而发生意外早爆。此外,冲击波的产生需要使用对热和机械刺激极度敏感的起爆药。根据不同的应用,灼热桥丝雷管毫秒级别作用时间长且不太稳定是可以接受的。EBW 和 EFI 的作用时间较灼热桥丝雷管明显更快且标准偏差很小(低至 25 ns)。此外,这两种类型的雷管都不含有极度敏感的起爆药,因此大大提高了安全性。但是,EBW 和 EFI 的主要缺点是它们的电源体积庞大且需要笨重的电缆,这使得它们的应用受到很大限制。激光点火和起爆具有一些优点,例如,装置内对含能材料的高度隔离,这是用电雷管无法实现的。电脉冲引起的意外早爆几乎是不可能发生的,这是因为意外产生的电流不会引发超过起爆阈值的激光脉冲。此外,由于不含有易于腐蚀的桥丝,因此大大降低了起爆失败的风险。激光起爆所需的电流值在灼热桥丝电雷管的电流范围内,但是其作用时间却可以媲美 EBW 的作用时间。另外,固态激光器可直接引发 RDX 等猛炸药,这提供了新的应用可能性,并使安全性大大提高。尽管固态激光器提供了相当高的输出功率,且具有类比于 EBW 和 EFI 的功能,但与二极管激光器相比,其体积相对较大。商品化的二极管激光器的尺寸只有几毫米,可以以相对较低的成本生产以符合应用需求。

表 5.1 几种电雷管和典型激光起爆雷管的比较

参 数	灼热桥丝雷管	爆炸桥丝雷管	炸药箔雷管	Nd:YAG 激光器	二极管激光器
电流/A	5	500	3000	$10 \sim 10^2$	10

续表

参　　数	灼热桥丝雷管	爆炸桥丝雷管	炸药箔雷管	Nd:YAG 激光器	二极管激光器
电压/V	20	500	1500	$1\sim10^2$	2
功率/W	1	10^5	3×10^6	$\geqslant 10^2$	$1\sim10$
作用时间/s	10^{-3}	10^{-6}	10^{-7}	$10^{-7}\sim10^{-6}$	$10^{-6}\sim10^{-3}$
引发药	LA、LS、PETN	PETN	PETN、HNS	PETN、RDX、HMX、Tetryl	BNCP、CP、烟火药

最后,基于上述分析,利用二极管激光器对炸药进行激光起爆是未来非常有前景的方法。由于二极管激光器的功率有限,含能材料可能会由于热效应点燃并经历燃烧转爆轰,这与含能材料在大功率固态激光辐射下而发生的冲击作用起爆是有区别的。

5.4　电　雷　管

雷管通常用于起爆高能炸药,其输出为强烈的冲击波,雷管有 4 种基本类型,即电雷管(包括 EBW、EFI 和灼热桥丝雷管)、非电雷管、瞬发雷管以及延期雷管。与雷管不同的是,点火具输出的是火焰,常用于点燃固体推进剂及其他可燃物。EBW 和 EFI 最初是为核武器的军事应用而开发的。尽管仍不如灼热桥丝雷管应用广泛,但它们现在已用于许多非军事用途,如爆炸焊接、石油勘探、采矿等。EBW 是在 20 世纪 40 年代为曼哈顿项目发明的,目的是能够获得与核装置同时性,EFI 由劳伦斯利弗莫尔国家实验室在 1965 年发明。EBW 和 EFI 都是直接起爆猛炸药的雷管,需要高振幅但持续时间短的电脉冲才能引发。二者的区别在于 EBW 中的猛炸药直接与桥丝接触,并由桥丝的爆炸冲击起爆。而在 EFI 中,爆炸箔气化产生的等离子体会加速小飞片穿过加速膛,猛炸药由飞片的高速动能起爆,炸药不直接与爆炸箔接触。尽管 EBW 和 EFI 看上去比灼热桥丝雷管装置复杂得多,但其优势也是显而易见的,例如,更为安全和不敏感、可靠、更好的精度、重复性以及瞬时性。

图 5.7 中列出了典型的灼热桥丝雷管和爆炸桥丝雷管的比较结果。两者在结构上主要区别于桥丝,EBW 通常使用金或铂丝,灼热桥丝雷管使用高电阻材料,如 Cr-Ni 合金。在 EBW 中,与桥线接触的猛炸药通常是 PETN,也可以是 RDX 或铝热剂,灼热桥丝雷管中通常包含与桥丝接触的高度敏感的叠氮化铅或斯蒂芬酸铅。在 EBW 中,桥丝爆炸直接起爆炸药而不经历任何爆燃过程,灼热桥丝雷管也是如此。

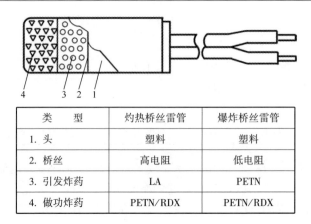

类 型	灼热桥丝雷管	爆炸桥丝雷管
1. 头	塑料	塑料
2. 桥丝	高电阻	低电阻
3. 引发炸药	LA	PETN
4. 做功炸药	PETN/RDX	PETN/RDX

图 5.7 灼热桥丝雷管和爆炸桥丝雷管的比较[85]

自20世纪80年代初以来,EFI就被作为一种安全可靠的方法用于起爆爆炸序列中不敏感的猛炸药。EFI的结构示意图如图5.8所示,背板可以是刚性介电材料,如塑料、蓝宝石等,爆炸箔可以由任何导体(如Cu或Al)制成。飞片通常是聚酰亚胺材料,加速膛通常由绝缘材料制成,其直径等于爆炸箔的长度,约为0.2 mm,将背板、爆炸箔、飞片和加速膛压到一个子组件中,并夹在通常为HNS的炸药药柱上。在实际使用中,高电流脉冲使爆炸箔的狭窄部分瞬间汽化爆炸形成极高的压力,这个压力在背板材料的限制下将飞片剪切出小圆盘,小圆盘通过加速膛后达到每秒几千米的速度撞击在炸药药柱上并将药柱起爆。

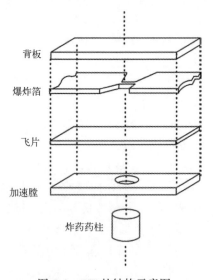

图 5.8 EFI 的结构示意图

总而言之,对 EBW 和 EFI 雷管而言,由于电流对导体的加热速度超过其热量的扩散能力都会发生爆炸。EFI 的明显优势在于能够起爆 HNS,而 EBW 通常使用热稳定性较差以及感度相对高的 PETN 或 RDX。表 5.2 总结了传统灼热桥丝雷管、爆炸桥丝雷管和爆炸箔电雷管最重要的区别。

表 5.2 三种电雷管电流特性的比较

类 型	灼热桥丝雷管	爆炸桥丝雷管	爆炸箔电雷管
电流/A	5	500	3000
电压/V	20	500	1500
能量	0.2	0.2	0.2
功率/W	1	10^5	$3 \cdot 10^6$
作用时间/μs	1000	1	0.1

第 6 章 炸药的试验表征

6.1 感　度

正如第 5 章中所述,含能材料通常由热过程引发。然而,机械或静电刺激也会引发爆炸。因此,了解爆炸物感度的确切数值是很重要的。必须确定重要的感度值包括撞击感度、摩擦感度、静电感度(ESD)以及热感度。

欧盟官方公报(OJEC)以及联合国《关于危险货物运输的建议书》"13.4.2 Test 3(a)(ii):BAM drop hammer"等国际标准中要求测试固体、液体或膏体物质对撞击、摩擦和热刺激的响应程度。

固体、液体或胶质炸药的撞击感度可以通过落锤法进行测定。落锤仪主要由带底座的铸钢块、圆钢砧、固定在钢块上的圆柱光滑导杆以及带有固定和释放装置的落锤组成。其中铸钢块用于吸收重锤落下造成的冲击波,两根导杆各通过 3 个支架固定在圆柱上,可调试米尺用于精确测量落锤高度。

在实际测试中,将要测试的样品(约 40 mg)放入由两个钢辊、一个空心钢圈和一个用于固定的中心定位环组成的柱塞组件中(图 6.1),并将组件放置在一个小的砧座上。撞击能量(质量、加速度与距离的乘积)可通过改变下落高度

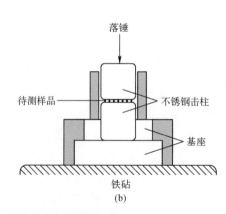

(a)　　　　　　　　　　　　(b)

图 6.1　落锤仪及结构示意图

(0.1~1 m)和质量(0.1~10 kg)来调节。能引起至少 1/5 样品爆炸的最小能量即为最小撞击能量。重要的是,对于相同物质而言,较小的晶体通常对撞击更为钝感,因此在确定晶体的撞击感度时,必须给出晶体的粒度。

BAM 规定的摩擦感度的测试方法为:将样品置于 25 mm×25 mm×5 mm 的粗瓷板上,并将该板夹紧在摩擦装置的移动平台上(图 6.2)。测定可引起试样起爆的瓷板与静止瓷栓(10 mm×15 mm)(曲率半径 10 mm)之间的摩擦力。13 个不同配重使得仪器可以满足摩擦力在 0.5~360 N 范围内的测试(注:在杆的端点施加的力正比于支点和力的作用点之间杠杆臂的长度),因此本试验方法既适用于敏感的起爆药,也适用于不敏感的猛炸药。瓷板在瓷栓下前后移动的过程中,测定引起至少 1/6 样品点燃、变黑、发出破裂声或爆炸的最小摩擦力。和上文中关于撞击感度的讨论一样,应对样品进行筛分,得到具有均匀且确定的晶体尺寸的样品进行测试,以获得准确的摩擦感度。

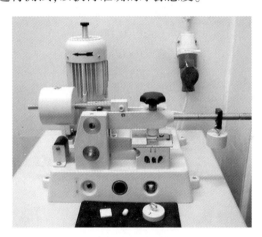

图 6.2 BAM 摩擦感度测试装置

静电释放是引起含能材料意外爆炸最常见且最没有特征的原因之一。因此,在含能材料研发、制造、加工、装载或销毁过程中,必须获得含能材料静电感度的可靠数据。ESD 可以通过 ESD 测试装置来确定。通过电容电阻 C(单位:F)和负载电压 U(单位:V)的改变,可以施加不同的火花能量(通常在 0.001~20 J 之间,见图 6.3):

$$E = 1/2CU^2$$

ESD 测试对于安全处理爆炸物特别重要,因为人体可以带电(取决于衣服的类型和湿度等),在放电时会形成火花。对于人体而言,各物理量的参考值约为:

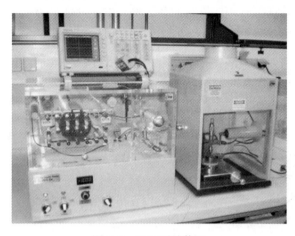

图 6.3　ESD 测试装置

$$C = 0.0001 \sim 0.0004 \, \mu F$$
$$U = 10000 \, V$$
$$E = (0.005 \sim 0.02) \, J$$

如图 6.4 所示，ESD 值受粒径的影响很大，样品粉末越细，ESD 感度值越高。因此必须在测量之前仔细筛分样品。通常，将 ESD<0.1 J 的化合物归为敏感化合物，将 ESD>0.1 J 的化合物归为不敏感化合物。

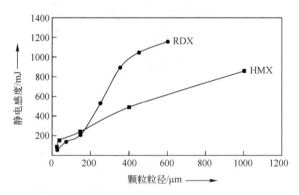

图 6.4　RDX 以及 HMX 粒度与静电感度的关系

表 6.1 总结了部分起爆药和猛炸药的撞击感度值、摩擦感度值和静电感度值。依据联合国危险货物运输指南，表 6.2 根据撞击感度和摩擦感度对物质敏感程度进行了分类。

第6章 炸药的试验表征

表6.1 典型起爆药以及猛炸药的撞击感度、摩擦感度以及静电感度

名 称	IS/J	FS/J	ESD/J
Pb(N$_3$)	2.5~4	0.1~1	0.005
TNT	15	>353	0.46~0.57
RDX	7.5	120	0.15~0.20
β-HMX	7.4	120	0.21~0.23
PETN	3	60	0.19
NQ	>49	>353	0.60
TATB	50	>353	2.5~4.24

表6.2 联合国危险货物运输指南的分类标准

分 类	IS/J	FS/N
不敏感	>40	>360
轻微敏感	35~40	360
敏感	4~35	80~360
非常敏感	<4	10~80
极度敏感		<10

由于安全处理的要求,有必要对物质进行详尽地分类,必须确定其热稳定性。DSC数据中可以获得含能化合物或含能配方的热稳定性指标(见图2.33,2.5.2节)。钢管试验(或克南试验)专门用于评估物质的运输安全性。在该测试中,将物质在钢管中(内径:24 mm,长度:75 mm,壁厚:0.5 mm,容量:25 mL)填充至距离上边缘15 mm后,用排气板封闭钢管,排气板的孔口为1.0~20 mm。钢管通过两部分的螺纹闭合装置连接到排气板上,然后用4个燃烧器同时加热钢管。物质燃烧时压力增加,随后的爆炸将套管破坏成至少4个小碎片时,排气板的孔口直径称为临界直径。图6.5为克南试验装置示意图,图6.6展示了一些测试的结果。

根据联合国标准,所有含能材料根据其潜在危险/危害可分为四大类,汇总结果如表6.3所示。

表6.3 联合国危险物质等级分类

危险等级	潜在危害
1.1	爆炸并形成破片
1.2	—

续表

危险等级	潜在危害
1.3	大火
1.4	中等程度火焰

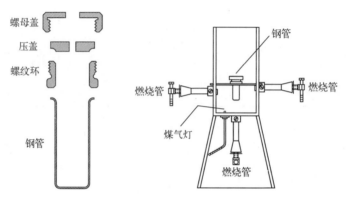

图 6.5 克南试验装置示意图

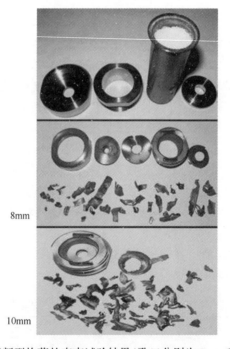

图 6.6 某新型炸药的克南试验结果(孔口分别为 8 mm 和 10 mm)

6.2 长期稳定性

DSC 测试(差示扫描量热法)可在仅使用少量物质的情况下快速研究物质的热稳定性,这在处理危险样品时尤为重要。DSC 测量通常使用 5℃·min^{-1} 的加热速率来初步表示物质的热稳定性和分解温度(请参阅 2.5.2 节)。

然而,使用其他测量方法来研究物质的长期稳定性也是非常有必要的。例如,可以使用等温量热仪,研究某种物质在一定温度下(如低于分解温度 30℃)于 48 h 或更长时间的热稳定性。也可以在选配压力传感器存在下通过压力变化研究样品池中含能物质或含能物质混合物的稳定性。

图 6.7 为不同加热速率下 1-甲基-5-硝胺基四唑铵的 DSC 曲线图,图 6.8 展示了 FlexyTSC 安全量热仪中不同物质等温时的长期稳定性测试曲线图。

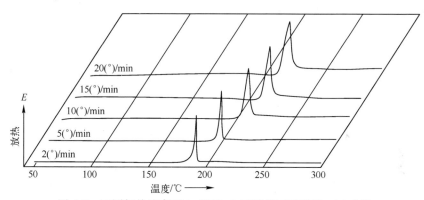

图 6.7 不同加热速率下 1-甲基-5-硝胺基四唑铵的 DSC 曲线

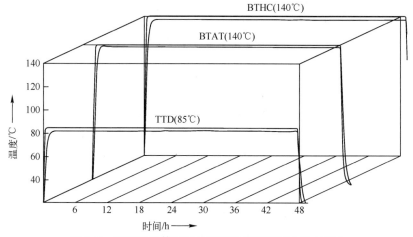

图 6.8 不同物质等温时的长期稳定性测试曲线(48 h)

为了明确地确定一种物质或多种物质混合物的热稳定性，通常需要确定热流 P。如果物质在某特定温度下 7 天内热流量不超过 $300\,\mu W \cdot g^{-1}$，可以认为其在该温度下具有好的热稳定性。如图 6.9 所示，在 89℃ 的温度下对二氨基四唑硝酸盐（diaminotetrazolium nitrate）（HDAT 硝酸盐，图 6.10）进行此研究，可以观察到该物质在该温度下具有较好的热稳定性。

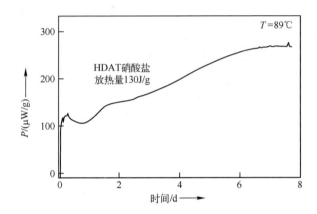

图 6.9　二氨基四唑硝酸盐在 89℃ 下的热流曲线

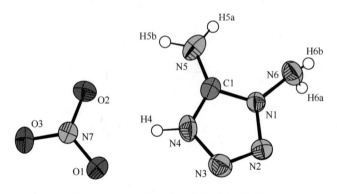

图 6.10　二氨基四唑硝酸盐的分子结构

75℃ 试验是一种可用于评估物质长期热稳定性的简单方法，特别是对于起爆药。将一定量（如 100 mg）的物质密封在空气气氛的玻璃安瓿瓶中，并将安瓿瓶放在烘箱中，设置温度，放置 100 h 后打开安瓿瓶，称量剩余的物质质量，并用 IR、MS、GC-MS 等手段分析生成的气态分解产物。当分解损失的质量不超过原始样品质量的 2% 时，则为通过测试。

6.3 钝感弹药

"不敏感弹药"(IM,见 STANAG 4439)这一术语用于描述处理过程特别安全、难以意外引发,与此同时又兼具能量和可靠性,可以满足完成任务所需要求的弹药。弹药的钝感特性可以通过测试分为 6 类(表 6.4)。对每种物质进行分类需要进行 6 项测试,测试的结果范围从"不反应"到"完全爆轰"。表 6.5 简要总结了这些测试。由于钝感弹药领域的重要性,北约成立了一个弹药安全信息分析中心(MSIAC)。

表 6.4 不敏感弹药分类

分 类	标 准
NR	不反应
V	燃烧
IV	爆燃
III	爆炸
II	部分爆轰
I	完全爆轰

表 6.5 不敏感弹药试验

模拟场景	试验简称	测试过程	不敏感弹药允许的响应
手枪射击	BI	3 发 12.7 mm 子弹以 850 m·s^{-1} 的速度撞击	燃烧
破片武器攻击	FI	5 个 16~250 g 的碎片以 2350 m·s^{-1} 速度撞击	燃烧
弹药库、飞机、舰船失火	FCO	快烤试验,模拟燃料着火过程(图 6.11)	燃烧
临近弹药库、车辆失火	SCO	慢烤试验,升温速度 3.3℃·h^{-1}	燃烧
聚能射流冲击	SCI	聚能射流冲击的作用	无爆轰
弹药库、车辆、飞机发生爆炸	SR	对附近炸药爆炸的反应(殉爆试验)	无爆轰

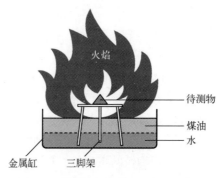

图 6.11 快烤试验(FCO)布置示意图

6.4 隔 板 试 验

隔板试验用于确定对冲击波的感度[86]。隔板试验装置(图 6.12)用于测量材料在聚碳酸酯管中,在导爆管约束环境下传播爆轰波的能力。隔板试验可以确定能导致被测炸药完全爆轰的最小冲击波压力。起爆药柱产生已知压力的冲击波作用于所研究的炸药。冲击波是否导致炸药完全爆轰,可以根据炸药爆轰后产生的力学效应来推断:钢板上的开孔、见证板上的凹痕深度或铜柱的压缩程度。在隔板试验中,间隔介质(通常是水)会阻止颗粒的飞散及其造成的直接热传递,充当了热过滤器的作用。因此,冲击波是传递到炸药的唯一能量。

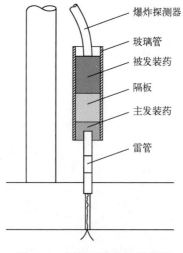

图 6.12 隔板试验装置示意图

如果其他因素恒定,则爆轰传递的可能性主要取决于被起爆药柱的感度和起爆药柱的起爆能力。隔板试验方法是基于给定质量的被起爆药柱和起爆药柱,确定两个药柱之间发生传爆的距离。

图 6.12 为隔板试验装置的示意图。典型的起爆药柱是 10 g RDX(含 0.6 g PETN),介质是水(或空气),这些物质被限制在一个约 20 mm 直径的有机玻璃管内。在这样的试验装置中,苦味酸起爆的极限距离为 25~27 mm,特屈儿为 21~23 mm。相比之下,TNT(冲击感度较低)的起爆距离只有 7~8 mm,极其钝感的化合物 FOX-12 在同样条件下直至 2 mm 才有反应。

6.5 分　　类

实验室中合成的新型含能材料必须先进行各种稳定性测试,将其初步分类(危险品临时分类(IHC))且危险等级至少为"1.1 D"(参阅 6.1 节)时,才可以送往其他机构进行进一步分析。表 6.6 总结了这些材料必须通过的测试(UN 3a~UN 3d)及其要求,测试结果为"+"时表示该物质未通过测试。

当样品未通过 UN 3c,但 DSC 测试显示其具有热稳定性,则必须额外进行测试 UN 4a,如果在 UN 4a 测试中该物质是热不稳定的,则不能运输。当样品未通过测试 UN 3a、UN 3b 或 UN 3c,则必须进行测试 UN 4b(ii)(表 6.7)。只有样品通过测试 UN 3a~UN 3d 或 UN 4a~UN 4b(ii)时,才可以签发初步运输许可。

表 6.6　临时风险分类所需 UN 测试 UN 3a~UN 3d

UN 测试	测　试	测试条件	结果为"+"的判据
UN 3a	撞击感度	5 次测试,如果 1/2 及以上为"+",结果为"+"	≤3.5 J
UN 3b	摩擦感度	5 次测试,如果 1/5 为"+",结果为"+"	≤184 N 明火、火焰、爆炸声、破裂声
UN 3c	热稳定性	75℃,48 h	颜色变化、爆炸、燃烧;质量变小(吸湿除外);自加热最大 3℃
UN 3d	小尺寸燃烧测试(图 6.13)	碎屑浸泡在煤油中,不密封	爆炸或爆轰

表 6.7　临时风险分类所需 UN 测试 UN 4a~UN 4b(ii)

UN 测试	测　试	测试条件	结果为"+"的判据
UN 4a	含能材料的热稳定性	75℃,48 h	颜色变化、爆炸、燃烧;质量变小(吸湿除外);自加热最大 3℃
UN 4b(ii)	自由跌落(图 6.14)	12 m 高的自由落体	着火、爆炸或爆轰

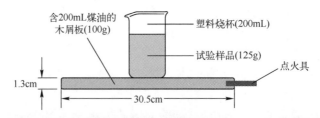

图 6.13 小尺寸燃烧测试(UN 3d)的试验装置

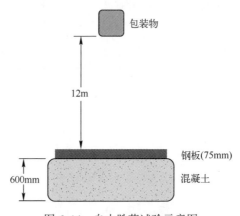

图 6.14 自由跌落试验示意图

6.6 特劳茨尔试验

铅块膨胀试验(或特劳茨尔试验)是一种确定炸药猛度的方法。在该试验中,用锡箔纸包裹 10 g 炸药,然后将其放入大型铅缸(直径 20 cm,长 20 cm)的中央钻孔(深 125 mm,直径 25 mm)中。将带有电引信的雷管插入炸药的中心,剩余的空间填满石英砂(图 6.15 和图 6.16)。爆炸后,通过注水确定爆炸产生的空腔体积,再减去空腔的初始体积(61 cm³)得到铅块的体积膨胀值。典型炸药的铅块体积膨胀值为(每 10 g 炸药,单位:cm³):PETN 520、RDX 480、TNT 300、AP 190、AN 180。

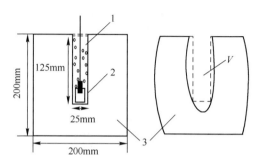

1—沙箱;2—被试样品;3—铅块(开口的原始体积)。

图 6.15　特劳茨尔试验示意图

图 6.16　特劳茨尔试验前(a)后(b)铅块对比

最近,Keshavarz 等在特劳茨尔铅块体积膨胀的基础上,提出了一种预测单质炸药和含 $C_aH_bN_cO_d$ 高能材料混合物的做功能力和功率指数的新模型[87]。

优化后的关系式如下:

$$\Delta V_{\text{Trauzl}} = 578.8 - 175.4(a/d) - 88.88(b/d) + 140.3(V+) - 122.4(V-)$$

式中:$V+$ 和 $V-$ 分别为提升校正函数和降低校正函数。

硝基和硝胺基是含能材料中的两种重要取代基。常用炸药爆轰过程中释放的能量主要来自燃料原子(碳和氢)的氧化,在爆轰反应的初始阶段,硝基可以提供氧原子。相反,羰基和羟基中的氧则不会导致能量的提升,因为它们在反应中解离与结合所对应的能量是相等的。换句话说,硝基和硝胺基可以通过增加 Q_{det} 的值来增加含能分子的做功能力。对于脂肪族含能化合物而言,基于 a/d 和 b/d 预测的 ΔV_{Trauzl} 值是偏低的,因此必须引入提升参数,即 V+,用于校正 ΔV_{Trauzl} 的预测值。表 6.8 中给出了分子基团相应的 V+ 值。

强的分子间作用力,特别是氢键,可以降低含能化合物的能量,增加其热力学稳定性。芳香型含能化合物中的—COOH、—OH、—NH$_2$等极性基团使 Q_{det} 值降低。相应地,这些含能材料基于 a/d 和 b/d 预测的做功能力有所偏高。因此,上述关系式中应包含用于校正 ΔV_{Trauzl} 预测值的降低参数 V-。此外,—NH$_2$、—CO—、—NH—基团可以导致分子间氢键的形成,在含能分子中存在该基团时,则需要引入降低参数 V-。表 6.8 中给出了常见官能团所对应的 V- 值。表 6.9 给出了一些含能化合物试验和计算得到的铅块体积膨胀值。

表 6.8 含能分子中常见官能团所对应的校正函数 V+ 和 V-

官能团类型	V+	V-
R—(ONO$_2$)$_x$,x=1,2	1.0	—
R—(ONO$_2$)$_x$,x≥3	0.5	—
R—(NNO$_2$)$_x$,x=1,2	0.5	—
Ph—(NO$_2$)$_x$,x≤1,2	0.8	—
H$_2$N—C(C=O)—NH—R	—	1.0
Ph—(OH)$_x$/Ph—(ONH$_4$)$_x$	—	0.5x
Ph—(NH$_2$)$_x$/Ph—(NHR)$_x$	—	0.4x
Ph—(OR)$_x$	—	0.2x
Ph—(COOH)$_x$	—	0.9x

表 6.9 单质炸药计算铅块膨胀体积与实测值   单位:cm^3/10 g

单质炸药	试 验 值	计 算 值
NQ	302	313
NG	520	541
HMX	428	472

续表

单质炸药	试 验 值	计 算 值
PETN	520	517
TATB	175	168
TNT	300	300
HNS	301	330
RDX	480	472

第 7 章 炸药的特殊性质

7.1 聚能装药

聚能装药是通过装药外形设计,使其毁伤效能较集中的炸药装药[88]。圆柱形的炸药装药爆炸时,可产生较宽但深度中等的炸坑(图7.1);与其不同,聚能装药由一端具有锥形凹槽的轴对称圆柱形药柱和安装在凹槽中心的雷管组成,其起爆后可产生较深但较窄的爆坑(图7.1)。在聚能装药的锥形凹槽中安装金属药型罩(如铜制或钨制药型罩)可使得炸坑的深度进一步加深、宽度进一步变窄。炸药爆炸产生的超高压驱动药型罩向轴心运动,随后破碎。破碎的药型罩形成了沿轴向运动的高速金属射流(图7.2)。组成射流的金属主要来源于药型罩的最内层,射流的温度低于金属的熔点。带有药型罩的现代聚能装药可穿透厚度达装药直径7倍以上的装甲。

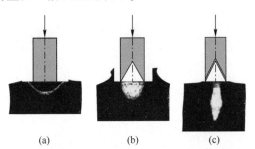

图7.1 传统圆柱形炸药装药(a)、聚能装药(b)及安装金属药型罩的聚能装药(c)

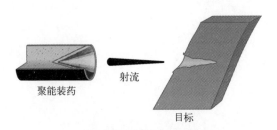

图7.2 装有金属药型罩的聚能装药形成金属射流

第7章 炸药的特殊性质

理想情况下,金属药型罩主要采用高密度的塑性金属。因此,铜是最常见的药型罩材料。钨和钽因其具有非常高的密度,也在药型罩中得到了应用。贫铀虽然在动能弹中获得了应用,但并未广泛用作药型罩的材料。此外,钽和贫铀的自燃特性还有利于进一步提升金属射流穿透装甲钢后造成的毁伤效果。

射流的速度取决于聚能装药所用高能炸药配方的猛度和药型罩内顶角的大小。内顶角越小,射流的速度越快。然而,如果内顶角过小,可能导致射流分叉,甚至形不成射流。因此,需要综合考虑内顶角与射流速度的关系,选择合适的内顶角大小(一般为 40°~90°)。在任何条件下,大部分射流以超声速运动。其中,射流尖端的速度可达 $7~12\ km\cdot s^{-1}$;射流尾部的速率较慢,可达 $1~3\ km\cdot s^{-1}$;杵体的速度更慢,一般低于 $1\ km\cdot s^{-1}$。高速度和药型罩材料的高密度赋予了金属射流很高的动能。当射流击中目标,将会对目标表面产生巨大的压强。速度为 $10\ km\cdot s^{-1}$ 的射流作用于目标表面的压强可达 200 GPa。射流穿透过程中也承受着巨大的压强,因此可认为其具备流体动力学的特性(图 7.3)。在如此高的压强下,射流和装甲均可当作不可压缩流体处理以获得更好的近似(如果忽略材料的强度)。因此,依据流体力学定律,射流穿透目标(装甲钢板)的行为与流体类似。弹丸穿透目标的行为与其飞行速度的关系见表 7.1。

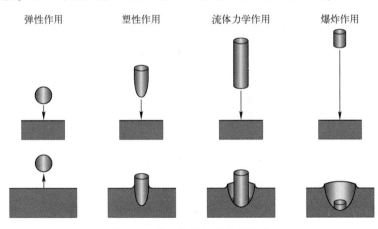

图 7.3 弹丸与目标的作用方式

表 7.1 弹丸穿透目标的行为与其飞行速度的关系

弹丸飞行速度/(km·s⁻¹)	作 用 特 性	发 射 方 式
<50	弹性作用、塑性作用	机械发射、气枪
50~500	塑性作用	机械发射、气枪

续表

弹丸飞行速度/(km·s^{-1})	作 用 特 性	发 射 方 式
500~1000	塑性作用或是流体作用,目标材料表现出较大黏度	火药枪
3000~12000	流体作用,目标材料可看作液体	爆炸加速
>12000	爆炸作用,碰撞的固体材料升华	爆炸加速

由于金属射流的形成需要一定的时间和空间,大部分聚能装药都有较长的弹道帽以确保炸高满足要求。当弹道帽击中目标时,主装药起爆,此时装药距目标表面仍留有足够的距离供射流形成。然而,若炸高过大,金属射流会发生分离(因为其尖端和尾部速度不同),并最终破碎形成小颗粒,导致穿深显著减小。图 7.4 显示了炸药对于装有金属药型罩的典型聚能装药的穿深的影响。由于射流运动速度很快,聚能装药的运动速度相对不重要。其优点在于不需要大型的发射平台,有利于改善系统的机动性。聚能装药常用于反坦克导弹的战斗部,也常用于身管武器弹丸、枪榴弹、地雷、小型炸弹、鱼雷以及多种空基、陆基和海基导弹。图 7.5 是装有金属药型罩的聚能装药的示意图。

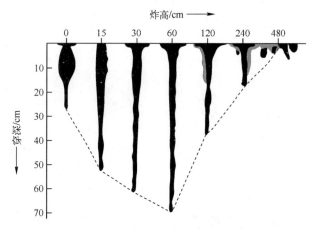

图 7.4 炸高对于装有金属药型罩的典型聚能装药穿深的影响(直径:10 cm;长度:18 cm)

药型罩最常见的形状是圆锥形,内顶角为 40°~90°。内顶角不同,则射流的质量分布与速度分布均不同。内顶角过小可能导致射流分叉,甚至使射流无法形成。这可归因于射流的瓦解速度大于某一特性阈值,该阈值通常略高于射流罩材料中的声速。射流罩可以使用多种材料制造,包括玻璃以及不同金属。目前最大穿深是由高密度、易延展的金属构成的药型罩达到的,最常见的例子就是铜。对于现代反装甲武器来说,药型罩也使用钽。

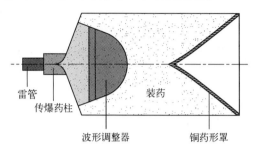

图 7.5 装有金属药型罩的聚能装药的示意图

早期的反坦克武器使用铜作为药型罩材料。随后,在 20 世纪 70 年代,研究发现钽作为药型罩材料性能优于铜,这是因为其密度很高,且在高应变率下有很好的延展性。其他的高密度金属以及合金则在成本、毒性、放射性(贫铀)或是延展性等方面存在问题。

使用纯金属制造药型罩有利于获得最大穿深,这是因为它们具有非常好的延展性,这可抑制射流运动过程中瓦解成离散颗粒。在制造药型罩用金属方面,铼也表现出一定的潜力。例如,铼是目前已知的密度最大的元素之一,也是沸点最高的元素之一。铼是一种延展性好、塑性好的银色金属。延展性好意味着铼可被拉成细丝,塑性好则意味着铼可被压成薄片。铼的密度为 $21.02\,\mathrm{g\cdot cm^{-3}}$,熔点为 3180℃,沸点为 5630℃。上述数值在现有的化学元素中都是最高的。

铼具有很高的密度,这对于一种金属来说是不寻常的。加热升温的过程中,金属存在一个由塑性向脆性转变的温度点。这意味着,当温度低于转变温度时,易于对金属进行加工。而当温度高于转变温度时,难以对金属进行加工,这是因为此时金属呈现出脆性,弯曲或是塑造等均会使其破裂。铼特殊的高延展性意味着它可以承受多次加热处理而不破裂。

具有大广角的锥形药型罩以及顶角大于 100°的盘形或碟形药型罩不能形成射流,而是会产生爆炸成型弹丸或爆炸成型侵彻体(EFP)(图 7.6)。爆炸成型弹丸的产生源于药型罩材料的动态塑性流动,运动速度为 $1\sim3\,\mathrm{km\cdot s^{-1}}$。爆炸成型弹丸的目标穿深远小于射流,但是其在目标表面形成的穿孔直径大于射流,可使更多装甲向内脱落。

炸药爆轰波驱动延展性金属(如铜、钽等)制成的盘形或碟形药型罩变形,形成密实的高速弹丸,该弹丸常称作杵体(图 7.7);爆轰产物的推动作用也在杵体的形成中起到了次要作用。杵体(速度均匀的弹丸)以约 $2\,\mathrm{km\cdot s^{-1}}$ 的速度飞向目标。与传统的聚能装药相比,爆炸成型弹丸的优点主要在于其在大炸高时有较好的毁伤效能,可达装药直径的数百倍(对于实弹来说,可达100 m)(图 7.8)。

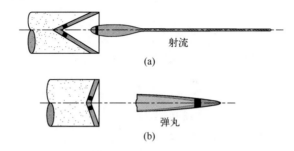

图 7.6　聚能装药(a)与爆炸成型弹丸(b)的对比

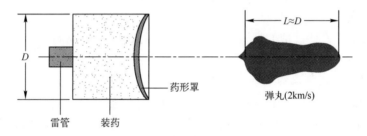

图 7.7　可产生爆炸成型弹丸的装药设计

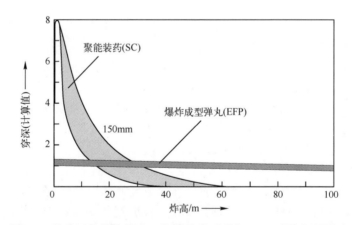

图 7.8　炸高对聚能装药(SC)与爆炸成型弹丸(EFP)的穿深的影响

　　破片杀伤战斗部是一种特殊的聚能装药战斗部,其爆炸可形成破片。在多爆炸成型弹丸战斗部中,周向装有许多锥形或球缺的爆炸成型弹丸(图 7.9),其产生的破片为圆柱形分布,适用于打击空中的目标。

第7章 炸药的特殊性质

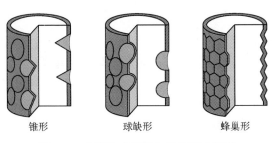

锥形　　　　球缺形　　　　蜂巢形

图 7.9　多爆炸成型弹丸战斗部示意图

炸药透镜是一种非常特殊的聚能装药,它能影响穿过它的爆轰波的结构,与光学透镜使穿过其的光发生折射很相似。炸药透镜通常需要使用多种炸药装药,不同装药组成一定的特殊结构可以改变穿过透镜的爆轰波结构。为实现这一功能,组成炸药透镜的不同装药的爆速应该不同。

例如,为将呈球形对外扩张的爆轰波阵面转变为呈球形向内汇聚的波阵面,若高爆速炸药和低爆速炸药间仅有单一界面,那么该界面应为双曲面。很多爆炸透镜,特别是一些早期的透镜,由两种爆速相差较大的装药(爆速在 5000~9000 m·s^{-1} 范围内)组成,而不是使用隔板。再次强调,选择正确的炸药装药组合(一种高爆速炸药和一种低爆速炸药)可获得呈球形向内汇聚的爆轰波阵面,如图 7.10 所示。

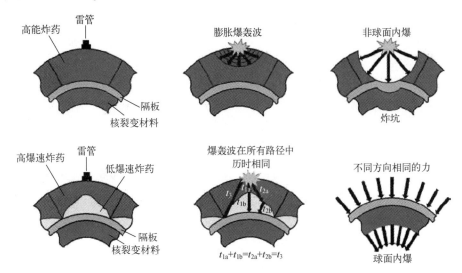

图 7.10　由两种高能炸药组成的爆炸透镜爆炸时,呈球形对外扩张的
爆轰波阵面(上图)和呈球形向内汇聚的爆轰波阵面(下图)
(其中一种炸药的爆速较高,另一种炸药的爆速较低。)

通常来说,爆炸发生时,爆轰波阵面从爆心沿所有方向呈球形对外扩张。因此,对于球形汇聚的波阵面来说,需要调整爆轰波的结构以使其能同时到达核心表面各点(内部蓝色区域,由充当容器的阻挡层包覆)。这可利用爆炸透镜实现。

雷管安置在炸药透镜的最外层,与高爆速炸药接触。爆速较低的炸药则被高爆速炸药包裹在内。两种不同炸药装药的形状非常关键,因为它们必须按照同样的规律反射爆轰波。低爆速炸药装药的内表面是球形的,与球形的核心接触。两种装药间的界面为一个圆点的锥面。利用两种炸药的爆速值,可以计算出所需炸药界面的形状。爆炸透镜可用于将化学爆炸的能量汇聚在核心的表面。

起爆后,高爆速炸药装药的爆轰波在装药中快速传递,直至低爆速炸药。随后,爆轰波引爆低爆速炸药,爆轰波以相对较慢的速度在低爆速装药中继续传递。爆轰波抵达两种装药界面上不同点的时刻是不同的。爆轰波首先抵达的是核心表面上距离雷管最近的一点,最后抵达的是距离雷管最远的一点。由于在爆轰波传递到核心表面距雷管最近一点的路径上,低爆速炸药的含量较高,这意味着爆轰波需要更长的时间进行传递。与此相反,在爆轰波传递到核心表面距雷管最远一点的路径上,高爆速炸药的含量较高,这意味着爆轰波传递得更快。通过计算两种不同炸药的含量,可以确保爆轰波延不同路径传递至核心表面所需时间是相同的(约 10~15 ms)。这要求爆轰波的形状与球面内爆一致,可使爆轰波在同一时刻抵达核心表面各点。如果各方向上的力是相同的,核心将被均匀压缩。

使用高能炸药的各种内爆装药面临的最大挑战是确保对称性,同时避免形成射流以及导致过早爆轰的不稳定性,因为射流与不稳定性会减弱能量释放。

击穿目标的另一种方法是使用动能弹药(KE)。"动能"意味着动能弹药的毁伤能量源于其高动能 $\left(\int T = \frac{1}{2}mv^2\right)$。因此,大质量($m$)和高飞行速度($v$)是弹芯所需要的。根据 Bernoulli 方程,穿深 P 和弹芯的长度 L 与动能弹密度 ρ_P 和目标密度 ρ_T 的关系式如下:

$$P \sim L\sqrt{\frac{\rho_P}{\rho_T}}$$

常数 η 取决于弹芯的速度 v_P。对于飞行速度为 1600 m^{-1} 的典型弹芯,$\eta \approx 0.66$:

$$P = \eta L\sqrt{\frac{\rho_P}{\rho_T}} = 0.66 \times L\sqrt{\frac{\rho_P}{\rho_T}}, \quad v_P = 1600 \text{ m} \cdot \text{s}^{-1}$$

第 7 章 炸药的特殊性质

由于目标的密度一般为 $7.85\,\mathrm{g\cdot cm^{-3}}$(装甲钢),仅弹芯的速度、密度和长度能影响穿深。表 7.2 归纳了弹芯材质(密度)对穿深的影响。很明显,从战略角度看,密度高、可自燃的贫铀适合制造弹芯。

需要指出的是,不断地延长弹芯的长度也存在一些问题,这是因为长弹芯需要使用尾翼进行稳定以避免旋转,还需要确保击中目标时的命中角正好是 0°(图 7.11)。(北约标准规定的命中角是弹芯轨迹与目标表面垂线的夹角。命中角为 0°意味着弹芯垂直击中目标表面。)上文所述的聚能装药相对较小、运动速度相对较慢,因此不需要大型的发射平台;而动能弹药则通常需要配备大型、机动性相对较差的发射平台以提供其所需的高速度。这使得使用聚能装药的弹药特别适合在直升机等高机动平台上发射。但是,使用聚能装药的弹药飞行速率比动能弹低,这使得其在战斗中易受到攻击。

表 7.2 弹芯材质(密度)对 80 cm 长、飞行速度为 $1600\,\mathrm{m\cdot s^{-1}}$ 的弹芯穿深的影响

弹芯材质	弹芯密度/(g·cm^{-3})	穿深/cm
装甲钢	7.85	53
钨	19.3	83
贫铀(DU)	19.0	82
钽	16.7	77

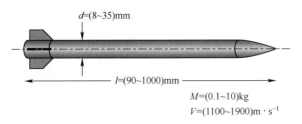

图 7.11 典型的尾翼稳定动能弹

7.2 爆 速

在 7.1 节关于聚能装药的论述中已指出,主装药的猛度是非常重要的参数。猛度值 B 是装填密度 ρ、炸药的比能量 F 以及爆速 D 的函数:

$$B = \rho F D$$

炸药的比能量可以依据以下状态方程计算：

$$F = p_e V = nRT$$

因此，可以得出结论，对于聚能装药来说，高能炸药的装填密度和爆速（更准确地说是格尼速度，见 7.3 节）与其性能密切相关。

在 4.2.2 节中，我们讨论了爆速和爆压的理论计算方法。本节将主要讨论爆速的试验测试技术。现有高能炸药爆速可达 $10000\ m \cdot s^{-1}$，测量爆速并不是一件容易的事。目前，测量爆速的方法有多种[88]。其中，大部分的方法主要利用爆炸所产生的光信号进行测量。依据所使用的测量设备的不同，爆速测量方法可以分为光学法和电学法两类。

光学法主要利用不同类型的高速相机（距离-时间曲线）进行测量，而电学法，主要利用不同类型的速度传感器结合电子计数器或是示波器进行测量。近年来，光纤技术也被广泛用于测量爆速。利用光纤，可以实现伴随着波阵面的光信号的收集和传输。光信号可利用光学手段（高速纹影相机）探测，也可利用高速光电二极管将其转变为电信号并使用超快信号探测技术（高速存储示波器或多通道分析仪）进行探测。光纤也可用于将信号从试验装置传输至检测设备，其长度可超过 20 m。一般来说，爆速测量中常用芯部直径为 1 mm、黑色塑料包覆层直径为 2.2 mm 的低衰减、高柔性光纤。对于非约束炸药装药，光纤应插入装药中，插入深度为装药直径的 2/3。对于约束炸药装药，光纤则通过金属或是塑料壳体上的孔插入，并与壳体的内表面相接触（见图 7.12 和图 7.13）。

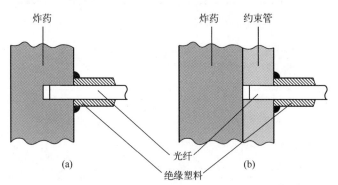

图 7.12　非约束炸药装药与约束炸药装药的光纤安装位置
(a) 非约束炸药装药；(b) 约束炸药装药。

图 7.12 和图 7.13 展示了使用高速纹影相机或高速光电二极管/示波器进行爆速测量的试验布置。

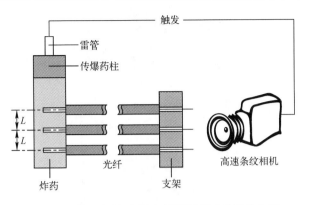

图 7.13 使用光纤/条纹相机测量爆速的试验布置

如上所述,利用上升时间为 10 ns 的高速光电二极管将光信号转变为电信号,并通过高速示波器(图 7.14)或多通道分析仪(图 7.15)检测,这是一种测量爆速的实用方法。

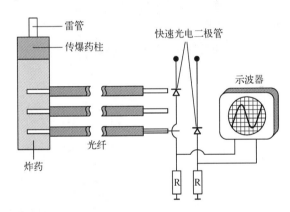

图 7.14 使用光纤/高速光电二极管/示波器测量爆速的试验布置

对于化学实验室中的爆速测量(室内测量),建议在爆炸罐中进行试验(图 7.16)。样品制备一般如下:采用压装或熔铸工艺将炸药装入直径大于其临界直径的金属或塑料封闭管中,将管的一头密封。管子上开有至少两个孔(孔的数量多些更好,用于平均值的计算),用于插入光纤,孔的间距约为 1 英寸(2.54 cm)。图 7.17 和图 7.18 给出了实用光纤法测量爆速的试验布置,试验中需要注意以下几点:

图 7.15 多通道爆速分析记录仪(VOD)

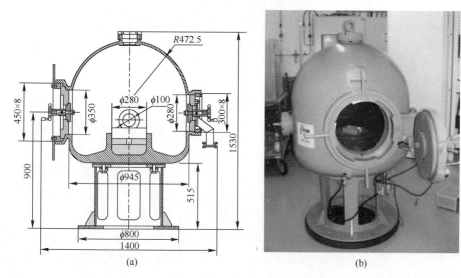

图 7.16 KV-型爆炸罐的设计图(a)与照片(b)
(可用于最大 250 g TNT 当量样品的测量)

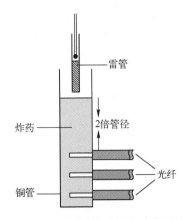

图 7.17　光纤法测量爆速的试验装置示意图

图 7.18　光纤法测量爆速的试验装置照片

(1) 待测炸药在管中的装填密度应该是确定的、数值应准确。

(2) 封闭管的直径应大于炸药的临界直径。对于很多传爆药来说,可选 1 英寸作为初步试验的封闭管直径;对于起爆药来说,一般试验用封闭管的直径需远小于 1 英寸(如 5 mm)。在任何情况下,都推荐采用不同直径的封闭管进行爆速测量,逐渐增大管径,以确保管径大于炸药的临界直径。

(3) 雷管与距离最近的光纤的距离至少应大于管径,最好大于管径的 2 倍,以确保关键收集到的是稳定爆轰波的信息,同时确保光纤收集到的是待测炸药的信息而不是雷管的信息。

表 7.3 和图 7.19 给出了一种新型高能炸药(NG-A)的理论计算爆速(EX-

PLO5、见4.2.2节)和实测爆速(光纤法结合多通道分析仪)受装填密度的影响关系。理论爆速和实测爆速吻合很好,说明测量精度较高(时间分辨率:±0.1 s;爆速测量精确度:±0.2%;爆速测量上限:10000 m·s^{-1}),也证实理论计算参数的选择是正确的。

表7.3　装填密度对NG-A计算爆速和实测爆速的影响

装填密度/(g·cm^{-3})	D/(m·s^{-1})(实测值)	D/(m·s^{-1})(计算值)
0.61	4181	4812
1.00	6250	6257

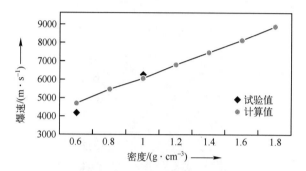

图7.19　装填密度对NG-A计算爆速和实测爆速的影响

7.3　格尼模型

正如在7.1节(聚能装药)中所讨论的,决定特定形状的炸药装药(炸药、手榴弹)爆炸时金属破片飞行快慢的不是炸药的爆速,而是格尼速度。1943年,罗纳德·W. 格尼(Ronald W. Gurney)研究了这个问题。格尼指出,金属壳体的质量(M)和炸药的质量(C)与破片飞行速度间存在一个简单的关系。格尼在Aberdeen提出的格尼模型采用了如下假设:

(1) 炸药爆炸释放的全部能量都转化为了爆炸气体产物与金属破片的动能;

(2) 壳体变形与破碎所消耗的能量可以忽略不计;

(3) 爆炸过程中,炸药瞬间转变为高压下的均一,且组成不变的气体产物;

(4) 气体爆炸产物的扩张过程中密度均匀,扩张速度呈线性变化;

(5) 炸药爆炸释放的能量不断转化为动能,直至破片的飞行速度稳定不变(图7.20),从此时开始可以计算格尼速度。

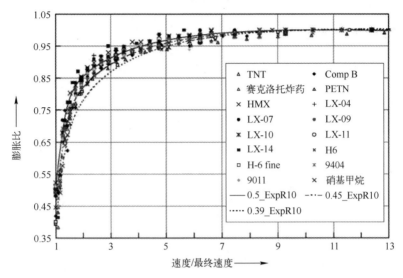

图 7.20　16 种不同炸药(铜壳体)起爆后归一化破片速度与膨胀体积的关系,破片的最终速度设为 1

破片速度与装药的形状密切相关,不同的装药结构如图 7.21 所示。对于管状装药(管状装药可作为大多数炸弹和导弹的战斗部的近似)有如下关系:

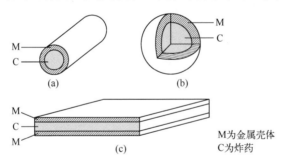

图 7.21　管状结构(a)、球状结构(b)和三明治结构(c)装药示意图

$$\frac{V}{\sqrt{2E}} = \left(\frac{M}{C} + \frac{1}{2}\right)^{-0.5}$$

式中:常数 $\sqrt{2E}$ 为格尼速度($km \cdot s^{-1}$),其数值由炸药的性质决定。

球状装药的起爆装置安装在装药的中心,其可用作手榴弹与集束炸弹的近似,有如下关系:

$$\frac{V}{\sqrt{2E}} = \left(2\frac{M}{C} + \frac{3}{5}\right)^{-0.5}$$

对称三明治结构的装药(如反应装甲)则遵从如下关系:

$$\frac{V}{\sqrt{2E}} = \left(2\frac{M}{C} + \frac{1}{3}\right)^{-0.5}$$

格尼速度是炸药性能的决定性参数。正如第 3 章所论述的，Kamlet 和 Jacobs 引入了能将 $C_aH_bN_cO_d$ 炸药的爆速和爆压与爆热 Q（单位：cal·g^{-1}）关联起来的参数 Φ，如下式所示：

$$\Phi = N\sqrt{MQ}$$

式中：M 为气态爆轰产物的分子质量（单位：g·mol^{-1}）；N 为每克炸药产生的气态爆轰产物的物质的量（适用于装药密度 $\rho > 1$ g·cm^{-3}）。

为进一步简化格尼速度表达式，Hardesty 和 Kamlet 等提出了下列公式：

$$\sqrt{2E} = 0.6 + 0.54\sqrt{1.44\Phi\rho}$$

因此

$$\sqrt{2E} = 0.877\Phi^{0.5}\rho^{0.4}$$

2002 年，A. Koch 等提出，炸药的格尼速度 $\sqrt{2E}$ 和爆速（D = VoD）可用如下的简单关系式描述：

$$\sqrt{2E} = \frac{3\sqrt{3}}{16}D \approx \frac{D}{3.08}$$

因此，对于单质炸药或是混合炸药配方来说，如果密度 ρ 和爆速 D 已知（表 7.4），可通过简单的近似关系式获得格尼速度 $\sqrt{2E}$。

表 7.4 不同炸药的格尼速度 $\sqrt{2E}$ 与爆速间的关系

炸 药	装药密度 ρ/(g·cm^{-3})	D/(km·s^{-1})	$\sqrt{2E}$/(km·s^{-1})
A-3 配方[①]	1.59	8.14	2.64
B 配方[②]	1.71	7.89	2.56
HMX	1.835	8.83	2.87
octol(75/25) 配方[③]	1.81	8.48	2.75
PETN	1.76	8.26	2.68
RDX	1.77	8.70	2.82
tetryl	1.62	7.57	2.46
TNT	1.63	6.86	2.23
Tritonal 配方[④]	1.72	6.70	2.18

① 含 88%的 RDX 和 12%的胶黏剂与增塑剂；
② 含 60%的 RDX、39%的 TNT 以及 1%的胶黏剂；
③ 含 75%的 HMX 和 25%的 RDX；
④ 含 80%的 TNT 和 20%的 Al。

在格尼速度预估方面的最新进展是由 Locking(BAE)提出的下列公式[89]：

$$EG = \sqrt{2E} = \frac{D}{f_x}, \quad f_x = 18.0467(1+1.3\rho_x/1000)/\rho_x^{0.4}$$

2008 年，研究人员提出了一种简单的预估 $C_aH_bN_cO_d$ 炸药(密度 ρ 的单位为 $g \cdot cm^{-3}$)格尼速度的方法，其基于下式：

$$\sqrt{2E}(km \cdot s^{-1}) = 0.404+1.020\rho-0.021c+0.184(b/d)+0.303(d/a)$$

表 7.5 列出了一些用两种不同方法得到的格尼速度。然而，该方法不适用于不含氢的炸药，因此推荐仅将其用于炸药的初步分类。

表 7.5 利用方法 A：$\sqrt{2E}=D/3.08$(见表 1.1)和方法 B：
$\sqrt{2E}=0.404+1.020\rho-0.021c+0.184(b/d)+0.303(d/a)$
得到的不同炸药的格尼速度 $\sqrt{2E}$

炸 药	装药密度 ρ/($g \cdot cm^{-3}$)	D/($km \cdot s^{-1}$)	方法 A $\sqrt{2E}$/($km \cdot s^{-1}$)	方法 B $\sqrt{2E}$/($km \cdot s^{-1}$)
HMX	1.835	8.83	2.87	2.90
PETN	1.76	8.26	2.68	2.97
RDX	1.77	8.70	2.82	2.87
tetryl	1.62	7.57	2.46	2.41
TNT	1.63	6.86	2.23	2.42

当然，格尼速度也可以通过试验测定破片的飞行速度来确定。因此，可以得出结论：上文讨论的公式可用于格尼速度的预估，但格尼速度还与其他参数有关，如壳体材料(特别是它的密度)。表 7.6 中的数据则体现了这一点。

表 7.6 壳体材料对实测格尼速度 $\sqrt{2E}$ 的影响

炸 药	$\sqrt{2E}$(铁)/($m \cdot s^{-1}$)	$\sqrt{2E}$(铜)/($m \cdot s^{-1}$)
A-3 炸药	2416	2630
B 炸药	2320	2790
octol(75/25)炸药	2310	2700
TNT	2040	2370
tetyl	2209	2500

如图 7.22 所示,仅当壳体材料的表面密度高于某一阈值(大约 $1\,\text{g}\cdot\text{cm}^{-2}$)时,密度一定的炸药的格尼速度随壳体材料密度的提高不再变化。

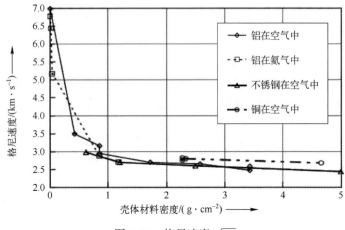

图 7.22　格尼速度 $\sqrt{2E}$

Joe Backofen 最近发现,格尼速度不仅与炸药的性能、壳体材料的质量以及装药的形状有关,它还与材料的其他性质密切相关(见表 1.2 和图 7.21)。因此,他提出一个两步模型以描述格尼速度:第一步为瞬态的爆轰波控制步骤;第二步为气体动力学步骤。

Short 等针对 $C_a H_b N_c O_d$ 炸药的圆筒试验,通过最小二乘法拟合,利用爆轰产物推测壁面速度,相应公式如下[90]:

$$v_{\text{壁面}} = 0.368 \times \varphi^{0.54} \cdot \rho^{0.84} (R-R_0)^{(0.212-0.065\times\rho)}$$

$$\varphi = N \cdot M^{1/2} \cdot Q^{1/2}$$

式中:$v_{\text{壁面}}$ 为壁面速度($\text{km}\cdot\text{s}^{-1}$);$R-R_0$ 为实测半径增大值(cm);ρ 为装填密度($\text{g}\cdot\text{cm}^{-3}$);$N$ 为单位质量炸药产生的气态爆轰产物的物质的量;M 为气态爆轰产物的平均分子质量;Q 为单位质量炸药的爆热。

以下介绍一种通用弹药的格尼速度计算方法。

MK80 系列通用弹药是一系列航弹的总称,其毁伤作用基于压力和破片。该系列航弹的所有型号都具有优化的空气动力学外形,可用于高速战斗机挂载。MK80 系列航弹主要由弹头(TNT、B 炸药、tritonal 炸药等)、一个或数个引信(位于航弹头部或尾部)以及包括稳定翼等的尾翼组件组成。一般来说,该系列航弹的炸药装药量接近总弹重的一半。

MK84 航弹(图 7.23)是 MK80 系列中最新型的航弹。其弹长为 3.8 m,弹径为46 cm;在格尼速度的计算中,可将其按照圆柱体处理。MK84航弹的总质量为907 kg,装药量为430 kg。

图7.23　MK84航弹

假设MK84航弹的430 kg装药为Tritonal炸药(组成为80%TNT和20%Al),计算可得其爆速D为$6.70\text{ km}\cdot\text{s}^{-1}$;其密度$\rho$为$1.72\text{ g}\cdot\text{cm}^{-3}$,根据下式可计算其格尼速度:

$$\sqrt{2E} = \frac{3\sqrt{3}}{16}D \approx \frac{D}{3.08}$$

计算得其格尼速度为

$$\sqrt{2E} = 2.175\text{km}\cdot\text{s}^{-1}$$

因此,如果将该航弹按照圆柱体处理,破片的飞行速度可以近似为

$$\frac{v}{\sqrt{2E}} = \left(\frac{M}{C} + \frac{1}{2}\right)^{-0.5}$$

$$v = \sqrt{2E}\left(\frac{M}{C} + \frac{1}{2}\right)^{-0.5}$$

$$v = 2.175\text{ km}\cdot\text{s}^{-1}\left(\frac{477\text{ kg}}{430\text{ kg}} + \frac{1}{2}\right)^{-0.5} = 3.5\text{ km}\cdot\text{s}^{-1}$$

7.4　平板凹痕试验与破片速度

平板凹痕试验是用于评价雷管能量输出的标准方法。在平板凹痕试验中,雷管安装在具有一定硬度和厚度的金属板上。雷管激发后在金属板上留下的凹痕的深度可作为衡量雷管威力的标准。

小药量冲击反应性测试(SSRT测试)与平板凹痕试验的原理类似。在小药量冲击反应性测试中,使用商业化雷管起爆待测炸药(图7.24),测量其在铝块上留下的凹坑的深度;可使用细沙(SiO_2)填满凹坑,从而获得凹坑的体积,并将体积与炸药的威力相联系(图7.24、表7.7)。

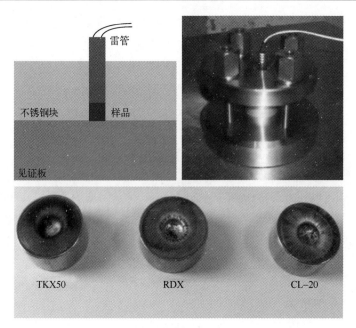

图7.24 小药量冲击反应性测试(SSRT测试):试验装置示意图(左上图)、试验装置照片(右上图)以及不同炸药在铝块表面产生的凹坑

表7.7 三种高能炸药(RDX、CL-20和TKX-50)的SSRT测试结果

炸 药	炸药质量/mg	凹坑中SiO_2的质量/mg
RDX	504	589
CL-20	550	947
TKX-50	509	857

在一定程度上,凹坑的深度与冲量密度$\int p \cdot dt$(图7.25、图7.26)成正比,冲量密度定义为单位面积$A(m^2)$上的冲量$I(kg \cdot ms^{-1})$。

$$凹坑深度 \propto \int p \cdot dt (N \cdot m^{-2} \cdot s = kg \cdot m^{-1} \cdot s^{-1})$$

$$冲量:I=mv(kg \cdot ms^{-1})$$

$$冲量密度:I_D=\frac{I}{A}(kg \cdot m^{-1} \cdot s^{-1})$$

然而,通常传爆药的爆轰(在传爆序列中,雷管作用于传爆药上)受到瞬态的冲击脉冲而不是一段时间的持续压力脉冲控制,但是雷管的威力则与瞬态的冲击脉冲相关。

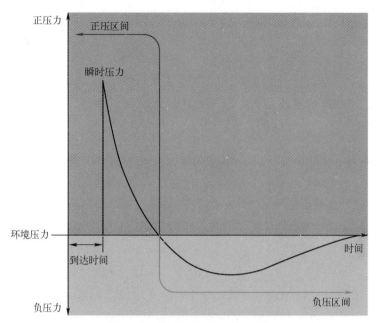

图 7.25　典型的压强-时间曲线

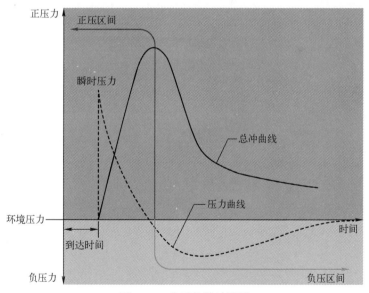

图 7.26　典型的脉冲波形

注意：两块运动的金属一旦接触，就会产生冲击脉冲（爆轰波或压力波）。冲击脉冲的频率位于超声波区域，一般在 36 kHz 附近。冲击脉冲的振幅与撞击的速度成正比。

已有研究发现,当猛炸药的体积超过某一阈值后,继续增大其体积并不会改变飞片的飞行速度,但会增大凹坑的深度。这是因为,凹坑的深度主要受压力脉冲的时间积分影响(图7.25、图7.26)。然而,更大体积的炸药样品的爆炸性能参数是一样的,因此它只能以同样的速度驱动飞片。因此,对于评价雷管的起爆能力来说,计算或是测定破片的速度是一种更好的方法,因为瞬态冲击脉冲的大小与其破片加速能力成正比。

研究人员使用一维爆炸流体动力学计算程序 EP 获得了不同炸药装药的金属破片加速特性(图7.27、图7.28 和图 7.29)[91]。通过计算,针对多种新型炸药和标准炸药,获得了非常全面的炸药爆炸特性以及爆轰波对隔板的作用特性之间的关系。计算结果显示,在很宽的起始条件(黏度、惰性胶黏剂)范围内,与多种现有的炸药相比,新型炸药 TKX-50 和 MAD-X1 具有更好的爆炸性能,对各种隔板的爆轰波作用效果也更强;其中,与目前应用最为广泛的军用炸药 RDX 相比,优势更为突出。最近,Lorenz 等发明了一种精确测定新型高能炸药爆速、爆压和膨胀能量的新技术。该测试技术被称为圆盘加速试验(DAX 试验),试验的初始条件为稳定爆轰,装药的几何尺寸符合二维流体动力学模拟结果[92]。

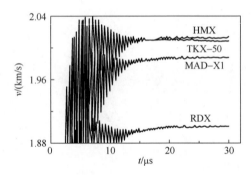

图 7.27　HMX、TKX-50、MAD-X1 与 RDX 的非约束装药的飞片加速特性

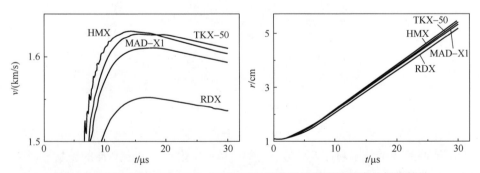

图 7.28　HMX、TKX-50、MAD-X1 与 RDX 装药对圆筒形钽外壳的加速特性

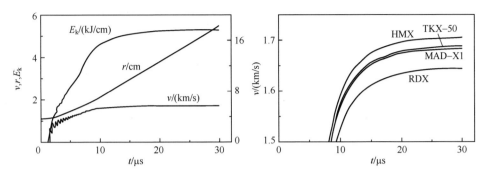

图 7.29　TKX-50 多孔装药对圆筒的加速特性以及 HMX、TKX-50、
MAD-X1 与 RDX 多孔装药对圆筒的加速特性

将电子探针与激光测速仪结合,利用圆盘加速试验(DAX)可以获得爆速、C-J 面压力、爆轰能量(相对体积膨胀 2~3)。图 7.30 显示了 DAX 测试仪的示意图。使用 PBX9407 型炸药(94%RDX、6%VCTFE)可以为现有的以及大部分新型炸药的圆盘加速试验提供稳定爆轰环境,直至爆轰波前沿到达管口。

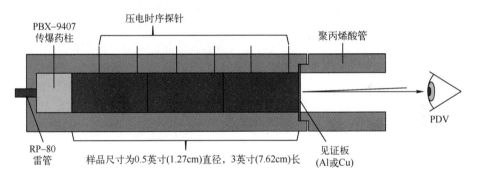

图 7.30　DAX 测试仪的示意图。用于测量金属薄片加速特性的 PDV 测试仪
安装在 100 mm 长的聚丙烯酸延长管的末端,使用光纤与 PDV 的探测器连接

DAX 中的圆盘加速特性是炸药爆炸特性的主要判据,主要利用 PDV 测速仪进行测量。对圆盘的加速特性进行深入分析,可以获得精确的 C-J 面压力、爆炸气体产物能量。

图 7.31 为典型 DAX 的圆盘轨迹数据(速度-时间曲线)。圆盘在起始阶段的运动为自由表面的"跳跃",其速度可达材料运动速度的 2 倍。随后,圆盘在管内反射波的作用下持续加速。这对于炸药爆炸驱动的薄膜或是薄片来说,是一种常见情况。在爆轰波阵面后随时间变化的压力波(泰勒波),在圆盘内产生系列压缩和舒张波,表现为见证盘的后表面的加速和减速现象。图 7.32 为归一化后的压缩和反射波的位置-时间曲线。

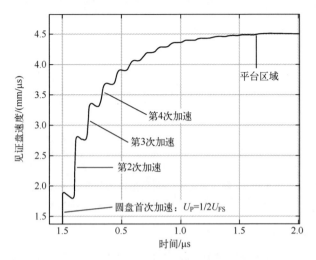

图 7.31　典型 DAX 的圆盘轨迹数据

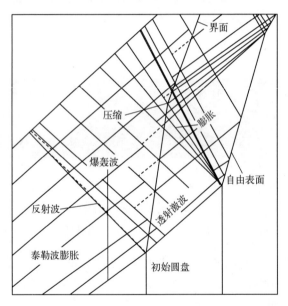

图 7.32　归一化后的压缩和反射波的位置-时间曲线

图 7.33 为两种不同材质厚度的见证盘的速度-时间曲线。在"平台"区域（2 μs 左右），铜盘的动能比铝盘高 33%。这显示更重的圆盘与炸药爆轰能量间耦合更好。圆盘的速度受到扩张气体产物的内能变化控制，但能量释放与圆盘加速的耦合效果与圆盘质量有关。

利用压电探针所测数据以及爆轰管上安装的探针间的距离，可以直接获得爆速(图7.30)。然而,爆压(C-J面压强)一直是一个难以测量的参数。这是因为尽管压强的测量精度可以很高,但是反应区的边界不易确定。一种解决方式是根据下式依据密度和爆速估计 C-J 面压强:

$$p_{\text{C-J}} \approx \frac{1}{4}\rho_0 D_v^2$$

然而,这一近似的精确度并不是很高,文献[92]里已报道了更精确的办法。

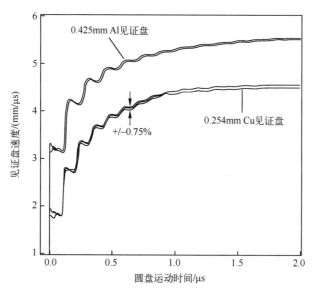

图7.33 两种不同材质厚度的见证盘的速度-时间曲线

7.5 水下爆炸

炸药爆炸产生的压力波在一定介质中向四周传播,依据介质的不同,可以分为水下爆炸和空气爆炸两类。

炸药水下爆炸的独特性质可归因于水中的高声速,这意味着压力波在水中传播的速度可达空气中速度的4倍。此外,因为水的密度大于空气,压缩率小于空气,爆炸所产生的破坏性能量可以在水下高效传播较远的距离。水下爆炸重要的特性是其爆轰波以及气泡脉动效应。

在爆炸过程中,炸药快速转化为高温、高压的气态产物。如果爆炸发生在水下,还伴随着复杂的物理化学过程。然而,若仅考虑爆炸造成的损伤,水下爆炸的复杂过程可认为是爆轰波(图7.34)和爆轰气态产物的气泡脉动效应(图7.35、图7.36)所导致的。爆炸产生的爆轰波迅速传播,作用于爆心周围的水中。在爆轰波前沿,压力急速升至峰值,随后呈指数下降至水静压。与爆轰波相比,爆轰气体产物的压力脉冲运动速度要慢很多。在爆炸后的起始阶段,处于高压状态下的爆轰气体产物的扩张使得气泡快速向外扩张。但由于水的惯性,气泡扩张会使其压强低于平衡压强,直至其周围的水压使得水流停止运动。随后,由于爆心周围的水压较高,将压缩气泡使其收缩。类似地,这一过程也不会在气泡压强与水压平衡时停止,而是会将气态爆轰产物压缩至更高压强。在此之后,第二个脉冲出现,该脉冲为声脉冲,不产生爆轰波。上文所描述的气泡扩张-收缩振荡也被称为气泡脉冲(气泡瓦解),多次重复。由于能量损失,每次气泡脉冲均弱于前一次。此外,因浮力作用,上述气泡脉冲过程还伴随着气泡向水面的跃升运动。

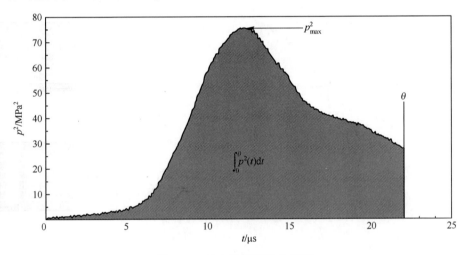

图 7.34　冲击能量当量 E_s 计算

水下爆炸测试广泛用于不同炸药能量释放效率的比较,也是一种测量炸药猛度和膨胀能的简便手段。该方法有如下假设:

(1) 水下爆炸的爆轰波能量可评价其破坏其他材料的能力(μs 量级);

(2) 水下爆炸的气泡能可评价其膨胀能力(ms 量级)。

爆轰波能是指水下爆炸产生的压缩能量。在水下爆炸测试中,对在一定距离处测得的 $p^2(t)$ 曲线下的面积进行积分,可获得爆轰波能。假定炸药爆炸的总能量为爆轰波能和气泡能的总和。此外,爆轰波脉冲指的是爆轰波压力的变化率。通过水下爆炸测试,还可以获得爆轰波脉冲,这也是炸药性能的一个重要评价参数。通过测定距爆心一定距离处,一定时间间隔内 $p(t)$ 曲线下的投影面积,可获得爆轰波脉冲。

用于评价炸药性能的水下爆炸试验特征参数包括:

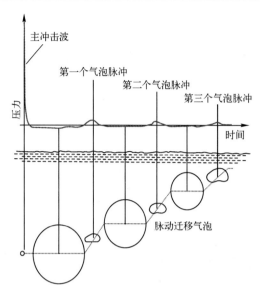

图 7.35 水下爆炸后气泡的脉冲运动以及向水面的运动示意图

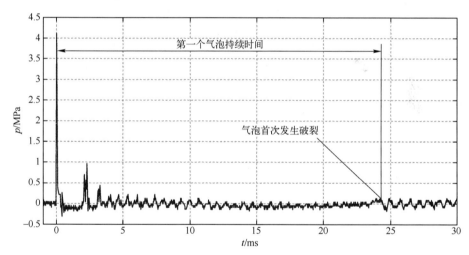

图 7.36 气泡的能量当量($E_B = T_b^3$)

1. 爆轰波

(1) 峰值超压 p_m;

(2) 时间常数 θ(压强降至 $p_m \cdot e^{-1}$ 所需时间);

(3) 超压(压强高于静水压)随时间的变化规律($p(t)$);

(4) 爆轰波曲线的脉冲 I 大小,脉冲大小可由下式计算:

$$I = \int_0^t p(t)\mathrm{d}t \qquad (7.1)$$

式中:$p(t)$为超压(压强高于静水压)随时间的变化;p_0为静水压;积分的上限一般为5θ。

(5) 能流密度。

爆轰波的能流密度E(爆轰波波阵面后方单位面积的能量或是爆轰波在单位面积上做的功)服从下式:

$$E = \frac{1}{\rho_0 C_0}(1 - 2.422 \times 10^{-4} p_m - 1.031 \times 10^{-8} p_m^2 I) = \int_0^t p^2(t)\mathrm{d}t \qquad (7.2)$$

式中:$\rho_0 C_0$为水的声阻抗(ρ_0为水的密度,C_0为水中的声速);-2.442和-1.031两个常数考虑了爆轰波后修正;t一般为5θ。

2. 第一个气泡的振荡

(1) 第一个气泡脉冲的最大压强p_B;

(2) 第一个气泡的相持续时间T_1;

(3) 气泡最大半径$A_{\max}$。

由于水下爆炸测试具有系列优点(包括成本低、试验易开展以及利用其可获得大量丰富的数据),该测试方法已经实现标准化,被用于比较不同雷管的起爆能力。通过测量水中产生的爆轰波的超压,可以获得一次爆轰波能量以及气泡能。欧洲标准中,对于水下爆炸给出了公式用于计算一次爆轰波能量和气泡能。

一次爆轰波能量E_{SW}可用下式计算:

$$E_{SW} = \frac{4\pi R^2}{\rho_W C_W}\int_{t_0}^{t_0+\theta} p^2(t)\mathrm{d}t \qquad (7.3)$$

式中:R为雷管与压强传感器间的距离;ρ_W为水的密度;C_W为水中的声速;t_0为爆轰波产生时间;θ为压强传感器的信号达到$p_m \cdot \mathrm{e}^{-1}$的时间。

一次爆轰波与连续压力波间的时间间隔用于计算气泡能E_{BW}。

$$E_{SW} = \frac{A\sqrt{(BH+C)^5}}{M_{HE}} t_b^3 \qquad (7.4)$$

式中:A、B、C为与试验条件相关的常数;H为雷管的插入深度;M_{HE}为炸药质量;t_b为爆轰波峰值与气泡开始瓦解间的时间间隔。

假设无边界效应,所谓的 Willis 公式可用于计算气泡在第一阶段脉冲中的气泡能t_b[7]:

$$t_b = \frac{1.135\sqrt[3]{E_{SW}}\sqrt{\rho_W}}{\sqrt[6]{p_h^5}} = \frac{1.135\sqrt[3]{E_{SW}}\sqrt{\rho_W}}{\sqrt[6]{(\rho_W gh+101325)^5}} \qquad (7.5)$$

式中：ρ_h 为装药所在深度的总静水压；g 为重力加速度。

爆炸总能量 E 为爆轰波能量与气泡能的总和。

$$E = E_{SW} + E_{BW} \tag{7.6}$$

爆轰波能当量 E_s：

$$E_s = \int_{t_0}^{t_0+\theta} p^2(t)\,\mathrm{d}t \tag{7.7}$$

气泡能当量 E_B：

$$E_B = t_b^3 \tag{7.8}$$

第8章 静电势与撞击感度间的关系

8.1 静 电 势

本书 4.2.2 节与 4.2.3 节已提到,量子力学方法可以在试验数据缺失的情况下预估材料的性能参数。除炸药的性能参数外,研究人员也在努力实现利用量子力学从头计算、第一性原理计算等计算炸药的感度,尤其是在尚未合成的炸药分子的感度预估方面。这意味着,研究人员将来可以避免将精力放在感度过高、难以应用的含能分子的合成上。此外,利用感度预估,可以提高含能材料合成试验的安全性、降低项目成本,有利于项目达到特定目标。与计算机计算相比,化学实验室中的合成研究需要更多的投入、周期更长,因此成本也更高。正如 6.1 节中已讨论的,对于高能物质来说,撞击感度是评价其感度特性的最重要指标之一。在这里有必要再次重复,尽管用于测定材料撞击感度的落锤法属于机械法,但是材料的起爆也可能是因热点导致的,即热导致的爆炸。Peter Politzer、Jane Murray 和 Betsy Rice 等的研究[93-95]显示,对于共价分子化合物,孤立分子的静电势(ESP)与凝聚相材料的性质密切相关。

对于特定分子等值面(一般为 $0.01\,\mathrm{e\cdot bohr^{-3}}$ 的等值面),其静电势由下式定义:

$$V(r) = \sum_i \frac{Z_i}{|R_i - r|} - \int \frac{\rho(r')}{|r' - r|}\mathrm{d}r'$$

式中:Z_i、R_i 分别为原子 i 的电量和配位(位置);$\rho(r)$ 为电子密度。静电势可以利用 X 射线衍射获得,但更加常见的是利用量子化学计算。静电势(ESP)为正的区域为缺电子区域,该区域内电子密度较低。与此相反,负静电势区域为富电子区域,区域内电子密度较高。给定等值面上正、负电势的相对大小以及范围是对应化合物撞击感度的决定性影响因素。在下文,将主要介绍 $0.01\,\mathrm{e\cdot bohr^{-3}}$ 等值面。对于典型的、对撞击不敏感的有机分子来说,负静电势区域比正静电势区域小,但是其电势大于正静电势区域(图 8.1)。对撞击敏感的化合物的特性与此相反,其正静电势区域仍大于负静电势区域,但是正静电势区域的电势大于或等于负静电势区域(图 8.1)。Politzer 和 Rice 发现,化合物的撞击感度与这一异常现象有关。图 8.1 显示了苯(撞击不敏感)、硝基苯(撞击不敏感)和三硝基苯(撞击敏感)的静电势计算结果。可认为,电子密度分布越不均匀(不考虑因供电取代基和吸电取代基的原子上电荷导致的极端情况),相应化合物对撞击越敏感。此外,在芳香族化合物中,与对撞击不敏感的材料相比,对撞击敏感的材料的芳香环上存在较强的缺电子区域(正静电势更大)。看上去,与对撞击不敏感的同类物质相比,对撞击敏感的化合物的结构中心的缺电子性更强(正静电势更大)。在对撞击敏感的化合物的 C—NO_2 键上,也存在正静电势区域。

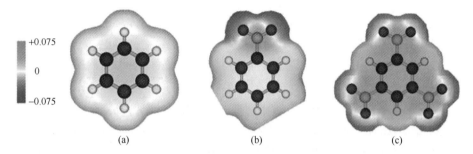

图 8.1　苯(a)、硝基苯(b)和三硝基苯(c)0.001 电子 $bohr^{-1}$ 超表面上的静电势图;
图片的色码由+0.075(绿色)到-0.075(红色)(见彩插)

除定性的结论外(图 8.1),研究人员也在撞击感度的定量表征,特别是有机氮氧化合物撞击感度的定量表征方面,开展了系列工作。在这方面,在 C—N 键"中点"的平均静电势 V_{Mid}(kcal·mol^{-1})或是分子中所有 C—N 键的平均电势 V_{Mid}^* 扮演了重要角色。

$$V_{Mid} = \frac{Q_C}{0.5R} + \frac{Q_N}{0.5R}$$

$$V_{Mid}^* = \frac{1}{N} \sum_{i=1}^{N} \left(\frac{Q_C}{0.5R} + \frac{Q_N}{0.5R} \right)$$

对于有机氮氧化合物,Rice 等提出了 V_{Mid}^* 与 $h_{50\%}$(美国广泛应用 $h_{50\%}$ 表征撞击感度)之间的如下关系:

$$h_{50\%} = y_0 + a \exp(-bV_{Mid}^*) + cV_{Mid}^*$$

$h_{50\%}$ 的数值直接体现了撞击感度的大小;该数值是使用 2.5 kg 落锤的落锤试验中,50%的样品爆炸的落高,单位为 cm(表 8.1)。在上式中,y_0、a、b 和 c 为常数,其数值为:a = 18922.7503 cm,b = 0.0879 kcal·mol^{-1},c = -0.3675 cm·$kcal^{-1}$·mol^{-1},y_0 = 63.6485 cm。

表 8.1 典型单质含能材料撞击感度的两种表示方法

化 合 物	$h_{50\%}$/cm	IS/J
PETN	13	3
RDX	28	7
HMX	32	8
HNS	54	13
FOX-7	126	31
NTO	291	71

在此基础上,对于其他类别的材料,通过研究也可能获得类似的关系,从而至少实现半定量的撞击感度预估。

8.2 基于体积的感度

Politzer、Murray 等发现了含能材料的撞击感度与材料晶体内分子运动的自由体积之间存在联系[93,95]。为测定自由体积,他们使用了如下公式:

$$\Delta V = V_{\text{eff.}} - V(0.002)$$

式中:$V_{\text{eff.}}$ 为从晶体密度得到的有效分子体积;$V(0.002)$ 为利用计算获得的 0.002 a.u. 轮廓包围的分子的气相密度。针对 20 种化合物,若以试验测得的撞击感度($h_{50\%}$)对 ΔV 作图,可发现硝胺化合物(▲)的感度与 ΔV 相关性不明显[图 8.2(a)]。硝胺化合物的撞击感度与其分子表面的静电势的异常不平衡间存在明显关系,这是含能化合物的特征(见 8.1 节)。这一不平衡正是 N—NO$_2$ 键较弱的症结所在,是由于电子电荷的耗散所导致的。因此,对于触发-连接-断裂在起爆中扮演关键角色的化合物(如硝胺)来说,表面电势不平衡是感度的症结所在。另外,非硝胺化合物的感度受 ΔV 影响更大[图 8.2(a)];若引入修正项,可将感度与 ΔV 直接联系起来[图 8.2(b)]。ΔV 影响感度的原因何在? 可能是因为自由体积越大,材料分子以振动或是平移方式吸收撞击引入的外来能量的能力越强。

对于非硝胺类含能化合物,基于体积的(ΔV)$h_{50\%}$ 数值可用下式预估:

$$h_{50\%} = a(\Delta V)^{\frac{1}{3}} + \beta v \sigma_{\text{tot}}^2 + y$$

式中:$a(-234.83)$、$b(-3.197)$ 和 $y(962.0)$ 为常数;$\sigma_{\text{tot}}^2 = \sigma_+^2 + \sigma_-^2$($\sigma_+^2$、$\sigma_-^2$ 和 σ_{tot}^2 分别为静电势的正方差、负方差和总方差);v 为静电平衡参数,定义为 $v = (\sigma_+^2 \sigma_-^2)/(\sigma_+^2 + \sigma_-^2)^2$。

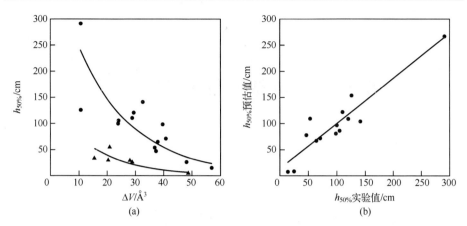

图 8.2 不同种类含能材料(硝胺化合物▲、非硝胺化合物●)撞击感度试验值($h_{50\%}$)与 ΔV 的关系图,撞击感度试验值和预估值比较(经静电势修正项校正的预估模型)

第9章 新型含能材料的设计

9.1 分　　类

正如我们在前面章节所讨论的,猛炸药(高能炸药)是以共价形式或者离子形式存在的单分子化合物。值得注意的是在这两种存在形式中,单个分子内通常同时含有氧化剂和燃料组分。以 TNT 为例,苯环上的三个硝基作为氧化剂存在,而碳氢骨架环则作为燃料。这类分子属于氧化碳骨架型物质。在 TNT 分子中,苯环上碳原子与周边原子所形成的键角为120°,甲基碳则形成109°的夹角,因此 TNT 分子内的碳原子形成典型的 sp^2 和 sp^3 杂化方式。与之不同的是张力环结构或者笼状结构,例如 CL-20,这类分子通常由于张力环的存在而蕴含较大的能量。张力环结构与非张力环结构相比较在分解为 CO、CO_2、H_2O 和 N_2 时可以释放出更多的能量(表9.1)。

表9.1　高能化合物不同设计方法概况

类　型	例　子	备　注	结　构
氧化碳骨架型	TNT、PETN、RDX	正或负生成焓,离子型或是共价型	图1.4
张力环结构	CL-20、ONC	大多为共价型,大多为正的生成焓	图1.15
高氮化合物	TAGzT、Hy-At	大多为正的生成焓,离子型或是共价型	图2.14

氧化碳骨架型和张力环或笼结构化合物的生成焓可以是正值也可以为负值。TNT 生成焓 $\Delta_f H° = -295.5 \text{ kJ} \cdot \text{kg}^{-1}$,而 RDX 则具有正的生成焓 $\Delta_f H° = +299.7 \text{ kJ} \cdot \text{kg}^{-1}$。除了氧化碳骨架型和张力环或笼结构之外的第三类高能材料通常具有正的生成焓,被称为高氮材料。高氮化合物作为高能化合物特别有趣的原因将在 9.3 节中详细讨论。

当我们研究典型碳碳、碳氮和氧氧单键、双键和三键的键能,不难发现键能由单键向三键逐渐增高。但更为重要的一个问题是同种类型的双键是否为单键键能的 2 倍,三键的稳定性是否为同类型单键的 3 倍?这意味着我们必须将键能平均化到每两个电子的键能,如图9.1 和图 9.2 所示。这样我们可以看到氮元素的特别之处,化学键所对应的键能从单键、双键到三键依次增大。N≡N

拥有惊人高的键能,这是由于当分解形成氮气时,所有富氮和多氮化合物都表现出强烈的放热分解。此外,我们可以发现与氮原子不同的是,相比较于碳碳双键和三键,碳原子更倾向于形成 C—C 单键。从热力学上看,乙炔分子会聚合生成苯并伴随热量放出,而 N≡N 绝对不会聚合成 N_4、N_6 和 N_8 等。N≡N 键较 C≡C 具有更高稳定性的原因在于氮原子尺寸更小(共价半径 N = 0.70 Å,C = 0.77 Å),还有一个原因是氮气分子中的氮原子和乙炔分子中的碳原子所具有的不同的杂化方式,氮气中 σ-(N—N) 键比乙炔分子中 σ-(C—C) 键具有更高的 p 轨道成分:

N≡N:	σ-LP(N)	64%s	36%p
	σ-(N—N)	34%s	66%p
HC≡CH:	σ-(C—C)	49%s	51%p
	σ-(C—H)C	45%s	55%p
	H	100%s	

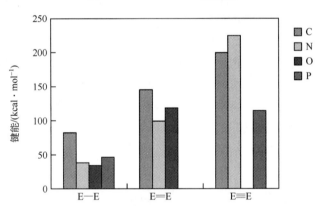

图 9.1 分别由 C、N、O、P 组成的单键、双键以及三键的键能

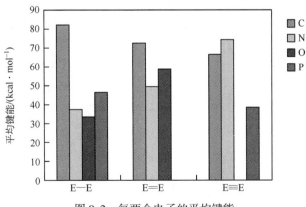

图 9.2 每两个电子的平均键能

氮氮双键和三键的平均两电子键能具有最大的差异,这意味着具有高氮含量(氮含量大于60%)以及N—N平均键级小于或者等于2的含能化合物在爆炸或火箭推进时释放大量的能量并伴随着大量氮气的生成。

9.2 全氮化合物

全氮化合物是特别有趣的,除了氮气外没有氮的其他存在形式在常规条件下(1 atm(1.01×10^5 Pa),298 K)是稳定存在的。然而,近年来,利用理论和试验方法对氮的其他含能形式的探索已经得到了重视。除了纯理论上的兴趣之外,亚稳态形式的 N_x 作为潜在的高能材料在分解时只产生氮气,这使得 N_x 分子特别有趣。计算表明,具有高能量的聚合氮分解为 N_2 释放的能量大于 $10 kJ \cdot g^{-1}$,每克凝聚相材料的能量释放量远高于当今使用的任何先进的推进剂或炸药。下面我们讨论被认为动力学稳定、热力学亚稳态的 N_x 分子的一些形式。尤其是 N_6 分子,它已经在理论上得到了最为深入的研究。研究人员通过理论计算研究了三叠氮化氮分子 $N(N_3)_3$,并进行了合成尝试,但只观察到5个当量 N_2 的形成和大量的能量的释放。N_6 最为可能的6种结构如图9.3所示,同时表9.2中也对比了 N_6 可能的6种结构与其等电子的有机碳氢化合物。在 N_6 的6种可能结构中,结构1~5可以在有机化学中找到其碳氢类似物,其中结构2、3和4为稳定结构。二叠氮结构6没有与之相对应的碳氢类似物并且属于过渡态结构。

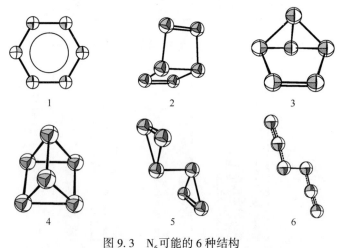

图9.3　N_6 可能的6种结构

表9.2 N_6可能的6种结构与其等电子的有机碳氢化合物汇总表[96-97]

N_6结构	点群	稳定性	释放能量/(kJ·mol^{-1})	CH类似物	点群
1	D_{6h}	不稳定	899	苯	D_{6h}
2	C_{2v}	稳定	1037	杜瓦苯	C_{2v}
3	C_{2v}	稳定	890	休克尔苯	C_{2v}
4	D_{3h}	稳定	1384	棱晶烷	D_{3h}
5a	C_{2h}	过渡态	1020	双环丙烷	C_{2h}
5b	C_{2v}	过渡态	1041	双环丙烷	C_{2v}
6a	C_1	过渡态	769	—	—
6b	C_2	过渡态	769	—	—
N_2	$D_{\infty h}$	稳定	0	乙炔	$D_{\infty h}$

因为N_6的6种结构中只有结构2、3和4为稳定结构,下文中将集中讨论这几个结构。结构3包含一个几乎预先形成的氮气单元,更深入的研究显示它在动力学上不够稳定。结构2和4的相对能量比最为稳定的氮气分子分别高1037 kJ·mol^{-1}和1384 kJ·mol^{-1},对应于14 kJ·g^{-1}和19 kJ·g^{-1}。所蕴含的能量是非常引人注目的,因为现阶段所使用的高能炸药蕴含的能量为6 kJ·g^{-1}。

此外,结构2和4都具有相对高的谐振动频率,均位于450 cm^{-1}附近。这意味着它们的分子结构刚性较强。同时,生成N_2的分解反应具有显著的活化能,该分解反应在热力学上是有利的。经过上述分析,可以总结出杜瓦苯和棱晶烷的N_6类似物是高能材料N_6的最佳候选结构。结构4似乎是最有希望制备的,因为单分子解离成3个氮气分子是对称性禁阻的(4+4+4),从而需要经历相当大的活化能。最近的量子力学计算结果表明,叠氮取代五唑可能是N_8能量超曲面上的全局最小值。叠氮取代五唑在环闭合反应(结构9到7)以及开环反应(结构9到8)具有明显的能垒,叠氮取代五唑预计具有相当的稳定性。因此,叠氮取代五唑不仅仅是N_8能量超曲面上的全局最小值,而且是现实合成目标结构。如何尝试去合成叠氮取代五唑?最有可能的路线可能是基于芳基五唑与共价型叠氮化合物的反应。图9.4和表9.3总结了三种可能的N_8结构。

$$C_6H_5-NH_2^+ \xrightarrow{NaNO_2, HCl, 0℃} C_6H_5-N_2^+Cl^-$$

$$C_6H_5-N_2^+Cl^- + AgPF_6 \longrightarrow C_6H_5-N_2^+PF_6^- + AgCl$$

$$C_6H_5-N_2^+PF_6^- + NaN_3 \longrightarrow C_6H_5-N_5 + NaPF_6$$

$$C_6H_5-H_5 + R-N_3 \longrightarrow N_5-N_3(9) + C_6H_5-R$$

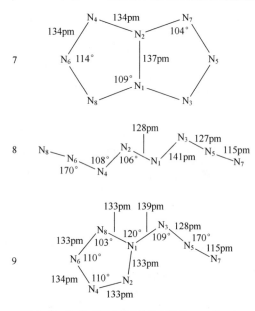

图9.4 N_8的几种可能结构(结构7、8和9)

表9.3 N_8可能结构基础信息汇总

N_8结构及对比物	点 群	稳 定 性	释放能量/$(kJ \cdot mol^{-1})$
双环无唑(7)	D_{2h}	稳定	245.1
链状N_8(8)	C_s	稳定	246.9
叠氮五唑(9)	C_s	稳定	229.7
氮气	D_{3h}	稳定	0

除了作为炸药外,多氮化合物用于火箭推进剂同样引起了人们极大的兴趣。例如,N_4和N_8分别用于火箭推进剂的预测比冲为408 s和500 s,燃烧室温度可高达7500 K。根据经验,推进剂比冲增加20 s将导致有效载荷加倍,这将是一个巨大的进步。此外,由于多氮化合物表现出无烟燃烧特性,这对于战术火箭而言是极为重要的。尽管现在已经有一些已经的高氮化合物,然而并没有被使用或是被研究的全氮化合物或聚合氮。总结的这类化合物所具有的特点为:①清洁的氮气作为唯一的气相产物;②高的正生成焓;③大的推力和爆炸威力;④非常高的理论比冲值;⑤高的反应温度(可达7500 K);⑥低特征信号;⑦对枪管的低腐蚀性。

近年来,由于钻石技术的进步带动了高压合成技术的发展,在材料合成和研究过程中可以将静压提高50倍以上,这意味着有可能获得以前无法想象的压力。地球中心的压力对应于约为 350 GPa。金刚石对顶砧可以达到的最高压力为 550 GPa。经预测利用这项技术所能达到的最大压力值约为 750 GPa。在 750 GPa 的高压下将发生金刚石的金属化,金属化导致体积的缩小会使得金刚石产生裂缝。物质的内能 U 的变化取决于温度 T 和压力 p 的变化。

$$\Delta U = T\Delta S - p\Delta V$$

由于 $T\Delta S$ 随温度变化,物质状态(固体、液体、气体)可以通过熔化或蒸发改变。但是 $p\Delta V$ 的变化更具有决定性,这是因为压力可以变化的范围要比温度大得多。表 9.4 中总结了 500 MPa、5000 MPa 和 50000 MPa 的压力对体积减小 $\Delta V = 20 \text{ cm}^3 \cdot \text{mol}^{-1}$ 的化合物所产生的影响。在 500~5000 MPa 的范围内施加静压,相对而言只是将物质压在一起并使键弯曲。这些效果也可以通过在常压下改变环境温度来实现。当压力达到 5000 MPa 时,会出现一种全新的情况:旧的键会被破坏,新的键会被形成,新的电子态会被占据,从而导致物质的物理性质发生剧烈的变化。氮气的高压研究结果是这类研究的一个亮点。N_2 由于其中的氮氮三键成为最为稳定的双原子分子。在低温以及压力下氮气可以形成凝聚态,这种固体依然含有双原子氮分子,并且是一个带隙很大的绝缘体。McMahan 和 LeSar 于 1985 年预测在高压下氮气分子中的三键应该是可以打开的从而形成由三价(即三配位)氮原子形成的固体。对于其他族元素磷、砷、锑和铋,这种类似结构在常压下已经存在。对氮气而言其转变压力应该介于 50~94 GPa 之间。单键的估计键能为 38 kcal·mol^{-1},而三键为 226 kcal·mol^{-1},两者间存 188 kcal·mol^{-1} 的差异。

表 9.4 施加压力与物质变化的关系

p/MPa	$p\Delta V$(kcal·mol^{-1})	物 质 变 化
500	2	物质压缩
5000	20	化学键扭曲
50000	200	新化学键以及电子状态的形成

2004 年 Eremets 等在 115000 MPa 和 2000 K 的金刚石对顶砧中制备了三价氮[98-100]。三价氮的晶体学数据为立方晶系,晶胞参数 $a = 3.4542(9)$ Å,形成由三价氮原子所形成的三维结构,如图 9.5 所示。110 GPa 压力下的 N—N 键长为 1.346 Å,键角为 108.8°。不过这种立方晶系聚合氮在常温常压下难以稳定存在,并在大约 42 GPa 的压力下分解回氮气分子。五唑是一种由 5 个氮原子所组成的唑类结构,尽管在过去的 100 年里人们一直努力在气态或凝聚态中寻找五唑盐,然而五唑依然难以捉摸。直到最近,Oleynik 等[101]在金刚石砧中通过激光加热叠氮化铯(CsN_3)与低温液氮混合物成功制备了含有五唑阴离子

N5⁻的固体物质。理论计算预测 CsN_3 与低温液氮这一混合物在高压下形成新化合物五唑铯盐(CsN_5)。这项工作对不寻常键类型的高氮和高能量密度物种形成中极端条件的作用提供了关键的见解。60 GPa 下两种 CsN_5 晶型的晶体结构如图 9.6 所示。这里需着重提及最近张冲等报道的关于五唑阴离子盐 $(N5)_6(H_3O)_3(NH_4)_4Cl$ 的合成与表征,这种五唑阴离子盐可以在室温下保持稳定并可以在常规条件下被制备和分离出来。

图 9.5 由单键所形成的聚合氮结构

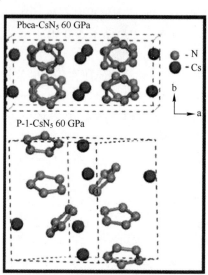

图 9.6 60 GPa 下两种 CsN_5 晶型的晶体结构

9.3 高氮化合物

获得高能化合物重要的途径之一是合成氮含量高于 60% 的化合物,同时含有硝基(—NO_2)、硝胺基(=N—NO_2,图 9.7)等氧化基团以获得最佳的氧平衡。这一点很重要,因为在原则上将氧化剂和燃料结合在同一个分子中(与混合物相反)通常会产生更高的爆轰参数,如较高的爆速和爆压。当然,新合成的化合物在感度以及热稳定性方面不应当比常用炸药 RDX 差。表 9.5 中总结了新型高氮化合物所需要具备的性质。

当然要实现所有这些目标是很困难的,尤其是当考虑到实际应用时,简单的合成过程、低成本、环境友好以及合成过程自动化都是需要考虑的因素。四唑化合物[103-104]以及三硝基乙基类化合物[105]有可能满足上述要求中的许多方面。

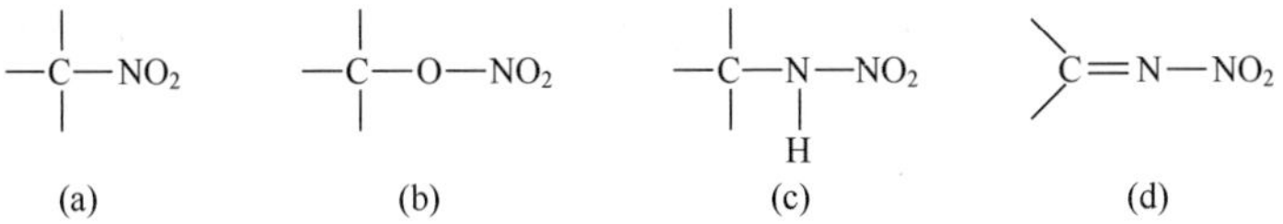

图 9.7 有助于提高氧平衡的氧化性基团

(a)硝基;(b)硝酸酯基;(c)硝胺基;(d)硝胺基。

表 9.5 新型高氮化合物所需要具备的性能参数

性能	爆速	$D>8\,500\,\text{m}\cdot\text{s}^{-1}$
	爆压	$p>34\,\text{GPa}$
	爆热	$Q>6\,000\,\text{kJ}\cdot\text{kg}^{-1}$
稳定性	热稳定性	$T_{\text{dec.}}\geqslant 180\,°\text{C}$
—	撞击感度	IS>7 J
—	摩擦感度	FS>120 N
	静电感度	ESD>0.2 J
化学性质	低吸湿性,与胶黏剂、增塑剂相容,低水溶性,燃烧无烟,长期储存稳定(>15年)	

9.3.1 四唑以及二硝酰胺化学

三唑化合物通常表现出能量不足,而五唑化合物又不够稳定,四唑类化合物通常具有理想的动力学稳定性,三唑、四唑和五唑化合物的结构分别如图 9.8(a)、(b)、(c)所示。氨基四唑(AT)以及二氨基四唑(DAT)是合成新型的高氮含能化合物非常好的起始原料。氨基四唑(AT)以及二氨基四唑(DAT)可以由图 9.9 所示的合成路线进行合成,DAT 是由氨基硫脲在酸性介质中合成的,而氨基硫脲则可以很容易由 KSCN 和水合肼进行制备。

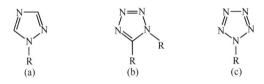

图 9.8 三唑、四唑和五唑化合物的结构

通常含能离子盐较共价型化合物具有一些优势,例如,低的蒸气压以及显著减少有毒化合物吸入引起的危害。此外,含能离子盐通常具有更高的密度、更好的热稳定性以及更大的临界直径[106-107]。然而含能离子化合物通常易溶于水以及易吸湿,这一点是不利的。因为爆速以及爆压都依赖于密度的大小,

因此化合物的密度非常重要的,这点可以从第3章中讨论的K-J方程中得到明显的体现。

$$p_{C-J}=K\rho_0^2\Phi$$
$$D=A\Phi^{0.5}(1+B\rho_0)$$

其中常数 $K=15.88, A=1.01, B=1.30$

$$\Phi=N(M)^{0.5}(Q)^{0.5}$$

式中:N为每克炸药所释放出气体的摩尔数;M为所释放出气体的平均分子量;Q为每克炸药的爆热(cal)。

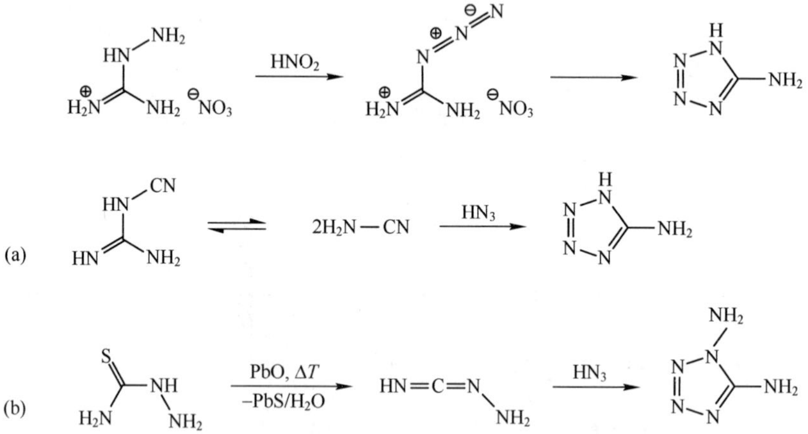

图9.9 氨基四唑(a)以及二氨基四唑(b)的合成路线

如图9.10所示,氨基四唑和二氨基四唑可以很容易转化为其高氯酸盐,再与二硝酰胺钾反应就可以制备高能化合物二硝酰胺氨基四唑以及二硝酰胺二氨基四唑,这两个化合物的晶体结构如图9.11所示。用于弹头和常用炸弹配方的高能炸药最为重要的性能是爆热、爆压以及爆速。图9.12中对比了二硝酰胺氨基四唑以及二硝酰胺二氨基四唑与RDX的性能对比。四唑化合物也是侧链取代四唑含能化合物很好的反应起始原料。例如,四唑可以与1-氯-2-硝基-2-氮杂丙烷发生烷基化反应生成多种含能衍生物(图9.13和图9.14)。

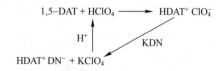

图9.10 二硝酰胺二氨基四唑盐的合成路线

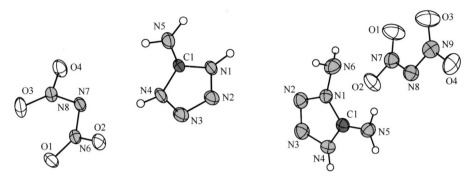

图9.11 二硝酰胺二氨基四唑盐以及氨基四唑盐的晶体结构

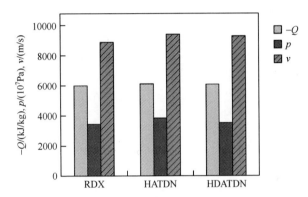

图9.12 二硝酰胺氨基四唑以及二硝酰胺二氨基四唑与RDX的性能对比

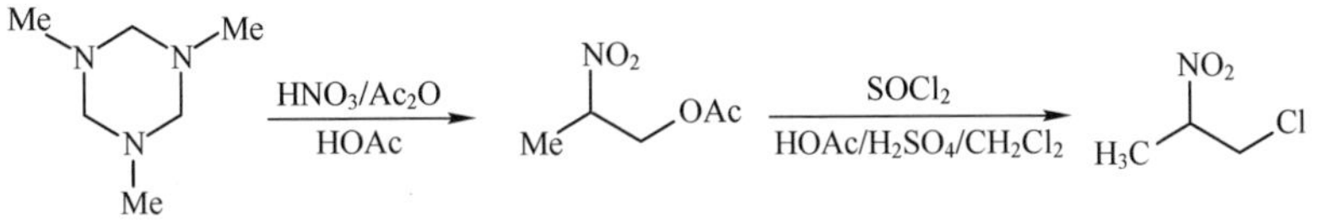

图9.13 1-氯-2-硝基-2-氮杂丙烷的合成路线

图9.13中化合物8熔点150℃,热稳定可达184℃,对撞击不敏感(IS>100J),对摩擦(FS=120N)和静电轻微敏感(ESD=0.22J)。该化合物爆速8467 m·s^{-1},爆压27.3 GPa,爆热5368 kJ·kg^{-1},均明显高于TNT,略微低于RDX。在众多的四唑衍生物中,我们仅仅对氨基四唑以及硝氨基四唑进行讨论过(图9.14)。虽然叠氮取代四唑化合物(图9.15中C)具有很高的能量,然而其极其敏感限制了实际应用。硝基四唑中性化合物较为敏感而且热稳定性有限,然而其含能离子盐较为稳定。硝基四唑最佳的合成路线是以5-氨基四唑为起始原料在相应的铜盐作用下发生反应。

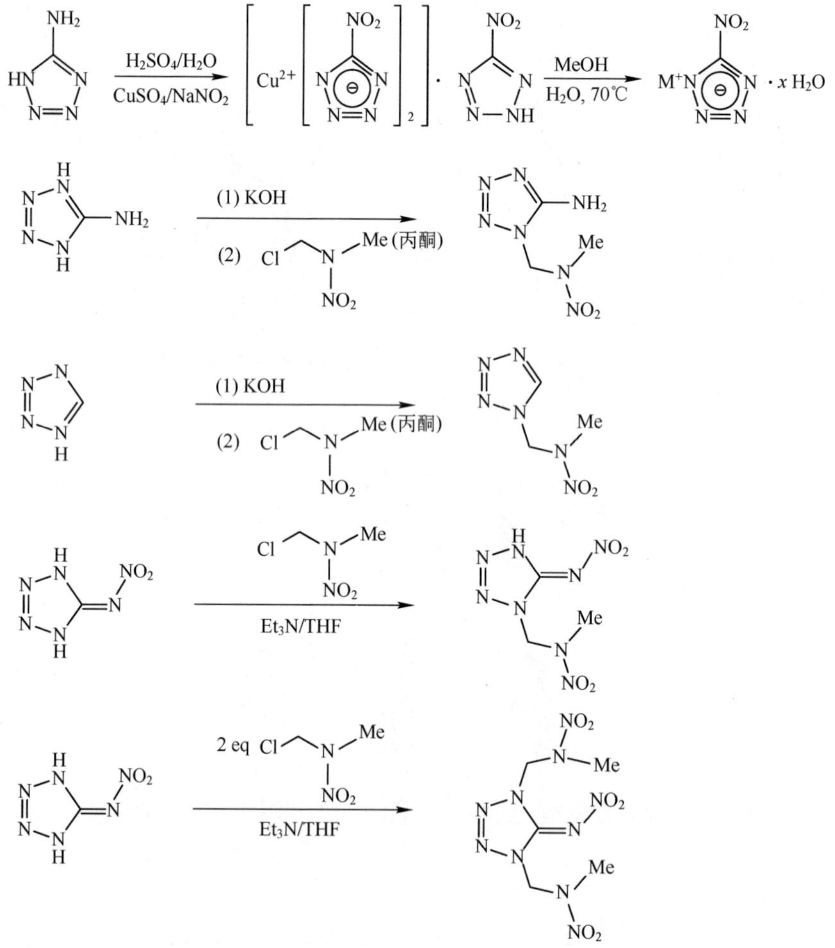

图 9.14 含不同侧链基团的四唑衍生物的合成

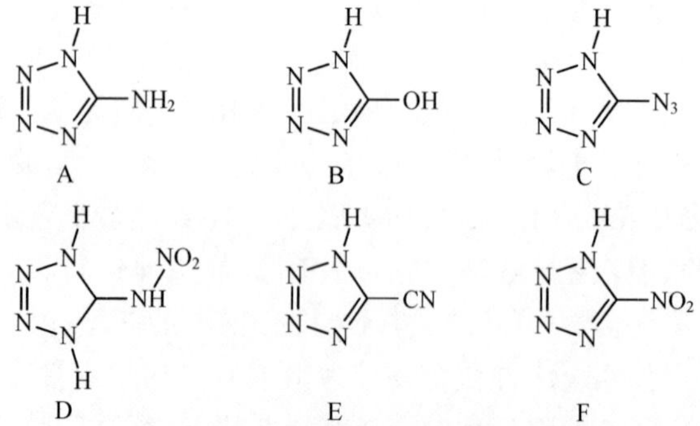

图 9.15 含不同取代基的四唑衍生物结构

尽管 5-硝基四唑银盐可以由 5-硝基四唑钠盐和硝酸银反应制得,然而 5-硝基四唑胺盐的半水合物是用于合成相应的含能离子盐(肼盐、胍盐、氨基胍盐、二氨基胍盐、三氨基胍盐)的最佳起始原料,这一化合物可以由 5-硝基四唑钠盐经硫酸酸化,萃取后与氨气反应制备,如图 9.16 所示。硝基四唑类化合物非常适合用^{15}N NMR 谱研究。图 9.17 显示了 5-硝基四唑以及 5-硝基四唑甲基化衍生物的^{5}N NMR 谱。Shreeve 及其同事最近报道了一种合成乙基桥联的中性和离子型四唑含能化合物的方法[108-109]。将 1,2-二氨基乙烷与原位生成的叠氮氰反应生成乙烷桥连四唑衍生物(图 9.18),经硝酸酸化可以得到其中性衍生物 B。衍生物 B 与水合肼反应可以生成肼盐衍生物 C,其具有非常好的热稳定性(熔点 223℃)。

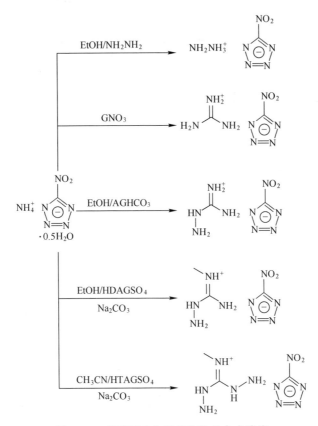

图 9.16　硝基四唑含能衍生物的合成路线

另一个非常有潜力的四唑化合物是双四唑胺(H_2BTA),其由二氰基胺钠盐与叠氮化钠反应生成[110]:

$$NaN(CN)_2 + 2NaN_3 \xrightarrow{HCl} H_2BTA \cdot H_2O \longrightarrow H_2BTA$$

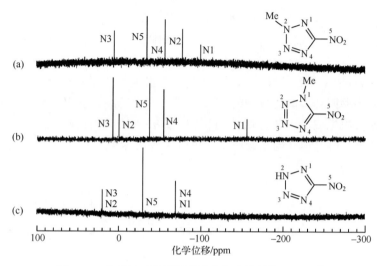

图 9.17 硝基四唑及其甲基取代衍生物的 ^{15}N NMR 谱

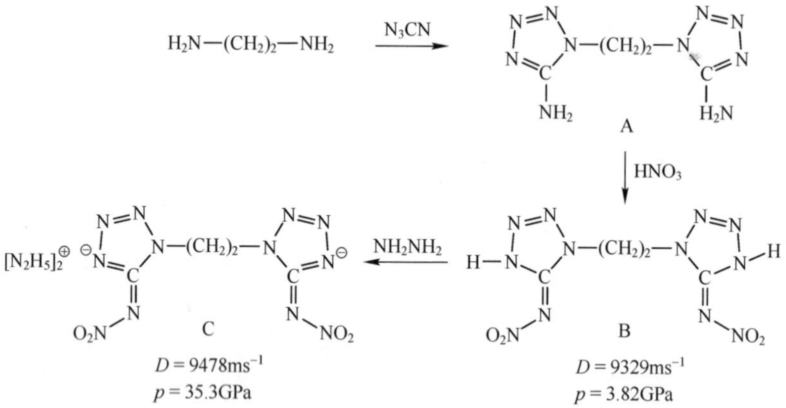

图 9.18 桥连硝胺基四唑的合成路线

其无水化合物密度 $1.86\ g \cdot cm^{-3}$，具有较好的爆轰性能（爆速 $9120\ m \cdot s^{-1}$，爆压 $34.3\ GPa$）以及低的感度（撞击感度大于 $30\ J$，摩擦感度大于 $360\ N$）。基于 H_2BTA 的含能配合物 $[Cu(H_2BTA)_2][NO_3]_2$ 也已经被报道。Charles H. Winter 等最近提出了一种合成高氮化合物的新方法，即使用多（吡唑基）硼酸酯[111]。考虑到 $[BR]_4^-$ 可以含有 4 个杂环 R，理论上讲当 R 为四唑基时最多可以释放出 8 个氮气分子。

9.3.2 四唑、四嗪以及三硝基乙基化学

通过组合富氧的三硝基乙基基团和富氮的四唑、四嗪环,研究人员合成了三种高能的三硝基乙基衍生物:三硝基乙基-四唑-1,5-二胺(TTD)、双(三硝基乙基)-四唑-1,5-二胺(BTTD)和双(三硝基乙基)-1,2,4,5-四嗪-3,6-二胺(BTAT)。

这类化合物可以由三硝基乙醇和相应的胺类化合物方便制备,例如,三硝基乙基衍生物 TTD 和 BTTD 由二氨基四唑制备而 BTAT 则由二氨基四嗪制备(图9.19)。当环境中 pH 值高于6,三硝基乙醇表现为酸的特征可以发生曼尼希反应,图9.19讨论了两种可能的反应机理。

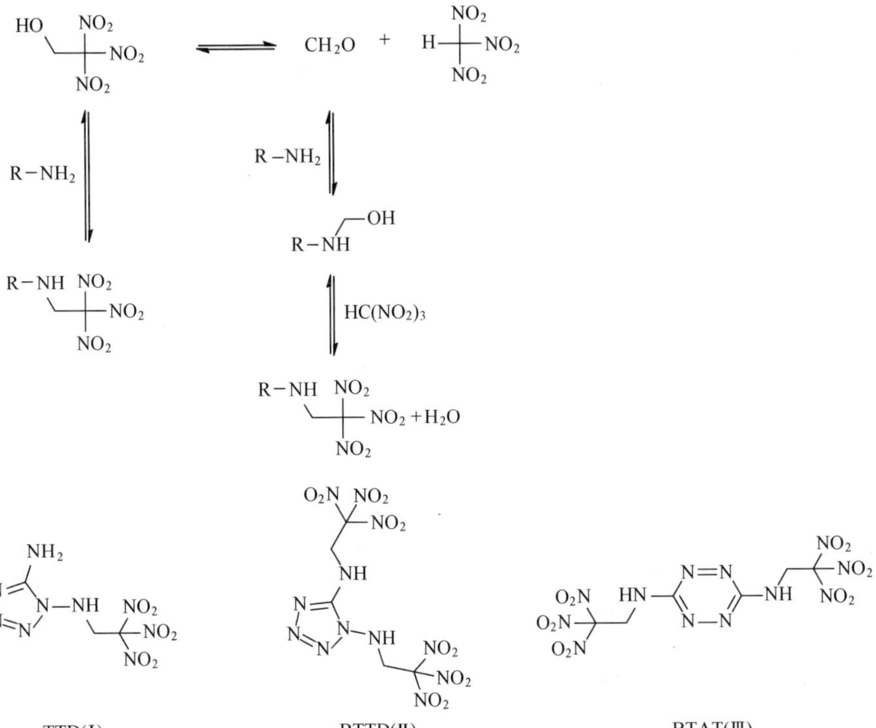

图9.19 通过曼尼希反应制备 TTD、BTTD 以及 BTAT 的合成路线

由于硝基的存在,这类化合物富含氢键在内的多种分子内、分子间相互作用,这些相互作用不但使得热稳定性得到改善,也使化合物具有高的密度。一个典型的例子是三硝基乙醇晶体中明显可见硝基之间的氮氧相互作用(图9.20)。TTD、BTTD 和 BTAT 的单晶衍射分子结构如图9.21~图9.23所示。这些化合

物密度高,由于高氮含量的四唑以及四嗪环的存在这些化合物具有正的生成焓,此外三硝基乙醇基团大大改善了分子的氧平衡,这些有利因素使这类结构具有优异的爆轰性能。

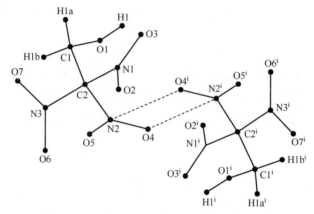

图 9.20　三硝基乙醇晶体中的分子间相互作用

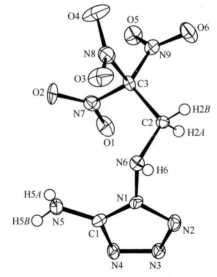

图 9.21　单晶衍射获得的 TTD 分子结构

如表 9.6 所示,TTD 和 BTAT 兼具优异的能量性能以及可接受的感度,然而 TTD 的热稳定性较差,126℃便发生分解。而 BTAT 具有相对高的热稳定性,184℃分解,且 140℃下保持 48 h 不发生分解。值得一提的是,BTAT 与 CL-20 的 CHNO 组成相同,但是其感度值较 ε 型 CL-20 显著降低,BTAT 的猛度试验中的爆炸照片如图 9.24 所示。

第9章 新型含能材料的设计

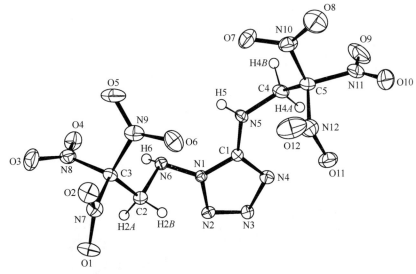

图 9.22 单晶衍射获得的 BTTD 分子结构

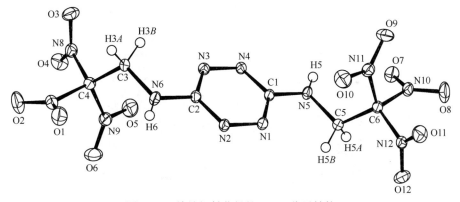

图 9.23 单晶衍射获得的 BTAT 分子结构

表 9.6 TTD、BTAT 与 RDX 的性能对比

名　　称	TTD	BTAT	RDX
分子式	$C_3H_5N_9O_6$	$C_6H_6N_{12}O_{12}$	$C_3H_6N_6O_6$
$\Omega/\%$	−15.2	−10.9	−21.6
$\Delta_f H^\circ(s)/(kJ \cdot mol^{-1})$	+356	+336	+85
$\Delta_f U^\circ(s)/(kJ \cdot kg^{-1})$	1443	852	280
$T_{dec.}/℃$	126	184	202
$\rho/(g \cdot cm^{-3})$	1.831	1.886	1.800
$D/(m \cdot s^{-1})$	9194	9261	8894

续表

名 称	TTD	BTAT	RDX
$p_{C\text{-}J}$/GPa	37.0	38.9	33.8
T_{ex}/K	4650	4867	4290
$Q_{C\text{-}J}$/(kJ·kg^{-1})	6018	6135	5875
V_0/(L·kg^{-1})	788	743	797
IS/J	30	7	7
FS/N	40	160	120

图 9.24 BTAT 猛度试验过程中的爆炸照片

三硝基甲烷和三硝基乙醇是合成多硝基含能化合物重要的起始原料(图 9.25)。以四硝基甲烷(TNM)为原料制备前驱体三硝基甲烷钾盐,经过磷酸酸化可以获得三硝基甲烷:

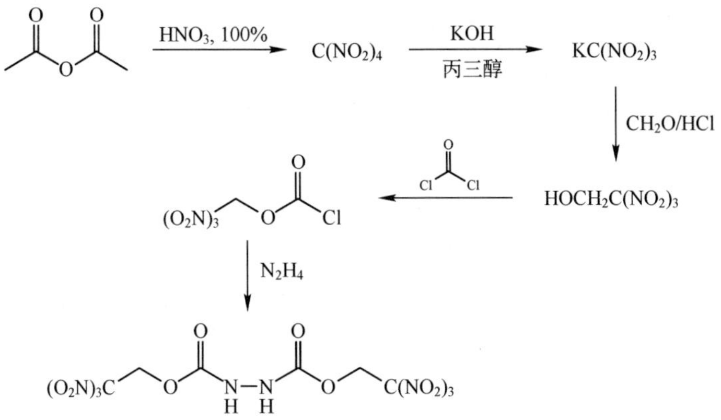

图 9.25　三硝基乙醇以及衍生物的合成路线

四硝基甲烷本身可以通过醋酸酐或异丙醇的硝化制备,需要对反应条件进行非常精确地控制,并伴随着较大的风险。在酸性条件下,三硝基甲烷与甲醛(多聚甲醛)缩合可得到三硝基乙醇(TNE)。

$$4(CH_3CO)_2O + 4HNO_3 \longrightarrow C(NO_2)_4 + 7CH_3COOH + CO_2$$
$$H-C(NO_2)_3 + H_2CO \longrightarrow HO-CH_2-C(NO_2)_3$$

TNE 与光气反应可得到相应的氯甲酸酯类化合物,其也是多硝基化合物化学的重要构建基团。在回流下搅拌 TNE、$FeCl_3$、CCl_4 和几滴水的混合物 1 h 是更好的合成多硝基氯甲酸酯的方法。

硝仿肼的合成通常是通过三硝基甲烷与肼在甲醇或是乙醚中的反应进行。

$$H-C(NO_2)_3 + N_2H_4 \longrightarrow [N_2H_5]^+[C(NO_2)_3]^-$$
$$\text{HNF}$$

9.3.3　离子液体

离子液体顾名思义是指离子所组成的液体物质,它们是液体状的离子盐,不需要溶解到溶剂中。通常,当相应的离子盐在低于100℃以下是液体时,便可以被称为离子液体。离子液体常见的阳离子有烷基咪唑阳离子、烷基吡啶阳离子、烷基铵阳离子以及烷基季膦阳离子。组成离子液体的离子的尺寸大小以及对称性严重影响了离子化合物晶格的形成,通常离子液体结构对称性差是导致其熔点低的主要原因,克服使晶体结构破坏所需的晶格能较小。

目前的研究重点是寻找富氮阳离子,以获得可用于双组元液体推进剂的离子液体。与现有的液体燃料 MMH 和 UDMH 相比,离子液体具有可忽略不计的蒸气压,可以显著降低蒸气吸入危害。初步研究表明二氰基胺阴离子 $[N(CN)_2]^-$ 与 1-丙基-3-甲基-咪唑阳离子组成的离子化合物可能是适合于液体火箭发动机的离子液体。然而该离子液体需要使用白发烟硝酸作为氧化剂,点火延迟时间为 15 ms,与之形成对比的是 MMH/N_2O_4 体系和 MMH/WFNA 的点火延迟时间分别为 1 ms 和 15 ms [112]。

除了双组元液体推进剂外,离子液体也有望在单组元推进剂中得到使用。不同的是在同一离子化合物中需同时含有氧化组分以及还原组分,或者使用氧化型离子化合物和还原型离子化合物的混合物。后一种形式的离子化合物混合物具有均一的组成,因此也可称为单组元推进剂。值得一提的是,离子化合物混合物和肼相比蒸气压低,也称为绿色推进剂。这类绿色推进剂常使用的阴离子有硝酸根离子和二硝酰胺阴离子[113]。例如,硝酸羟胺(HAN)、二硝酰胺铵(ADN)、硝酸铵(AN)和硝酸肼(HN)作为氧化型离子化合物,叠氮羟胺(HAA)、叠氮铵(AA)和叠氮肼(HA)作为还原型离子化合物。出于安全考虑通常加入 20%~40% 的水形成水溶液使用。表 9.7 中列出了此类离子盐混合物的计算比冲与含水量的关系。

表 9.7 离子盐混合物的计算比冲与含水量的关系

氧 化 剂	燃 料	I_{sp}(0% H_2O)	I_{sp}(20% H_2O)	I_{sp}(40% H_2O)
HAN	HAA	372	356	319
HAN	AA	366	342	303
HAN	HA	378	355	317
ADN	HAA	376	352	317
ADN	AA	362	335	303
ADN	HA	373	347	314
AN	HAA	349	324	281
AN	AA	366	342	303
AN	HA	359	334	293
HN	HAA	374	349	309
HN	AA	401	354	316
HN	HA	379	354	314
—	肼	224	—	—

最近,研究人员在新型的含能离子液体方面取得了一些进展,大多是基于咪唑和 1,2,4-三唑的离子化合物,基于四唑环的含能离子液体少有报道。事实上基于四唑环的含能离子液体是具有一定优势的。首先四唑是含有 4 个氮原子的五元杂环,由于氮杂环的生成焓随着氮原子的增加而增大(咪唑 58.5 kJ·mol^{-1},1,2,4-三唑 109.0 kJ·mol^{-1},1,2,3,4-四唑 237.2 kJ·mol^{-1}),因此四唑环具有

更大的生成焓。此外,四唑的分解产物碳残渣少且多为清洁的氮气。四唑化合物有多种合成方法,成本低廉且易于放大合成。

下一步,研究人员应合成并评价图9.26中所示的1,4,5-三取代四唑离子化合物。由于疏水性侧链的引入(除NH_2外),这些四唑离子化合物的熔点通常会低于100℃。在四唑环的1位和4位引入甲基、乙基、叠氮乙基和氨基,在5位引入甲基、氨基和叠氮甲基是十分有利的。理论计算表明,这些取代四唑阳离子与硝酸、二硝酰胺、高氯酸和叠氮等阴离子组成的离子化合物具有高的生成焓以及高的比冲值(图9.26)。1,4,5-三甲基四唑阳离子的计算气相生成焓为127.6 kcal·mol^{-1},其分别与硝酸、二硝酰胺、高氯酸和叠氮阴离子形成的新型离子化合物(结构如图9.27所示)的计算气相生成焓如表9.8所示。

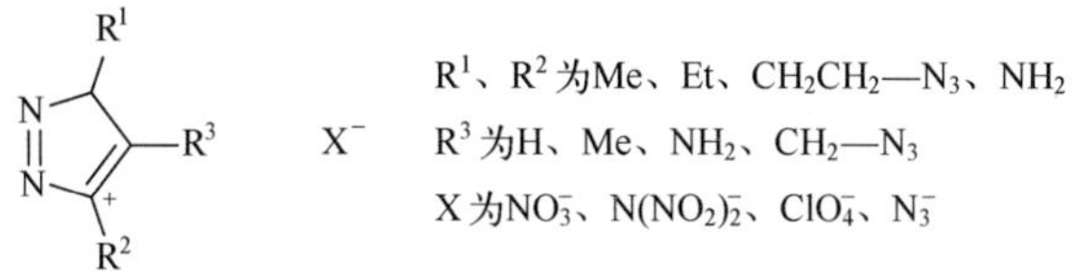

图9.26 具有不同阴离子的1,4,5-三取代四唑离子盐

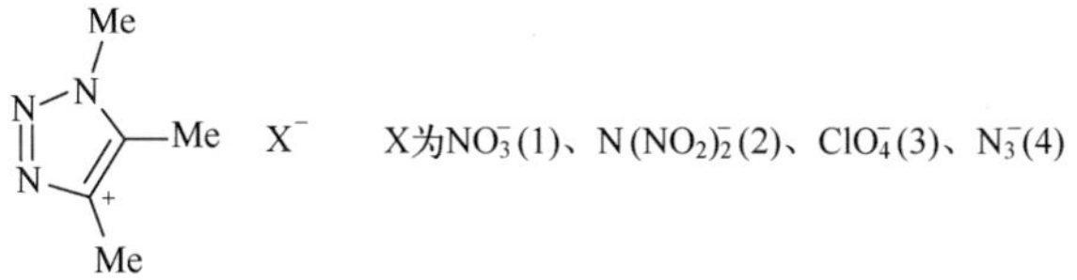

图9.27 基于1,4,5-三甲基四唑阳离子的含能离子液体

表9.8 离子化合物1~4的计算气相生成焓

序 号	1	2	3	4
$\Delta_f H°(g)/(kcal·mol^{-1})$	128	173	136	248

对双组元推进系统而言,具有低蒸气毒性的离子液体与氧化剂组分间的自燃特性,即快速的点火反应非常重要。双氧水(H_2O_2)是一种非常有潜力的绿色氧化剂,其有低的蒸气毒性和腐蚀性、优秀的点火性能以及环境友好的分解产物,且与N_2O_4或HNO_3相比使用双氧水的难度大大降低。

具有高燃烧热值和轻的燃烧产物的轻金属可以极大地促进燃料的性能。铝和硼具有相当的能量优势以及无毒的燃烧产物。此外,轻的燃烧产物可以通过提高燃料的氢含量来满足,这些氢元素最终在燃烧产物以氢气和水的形式存在。铝和硼以在中性分子和离子分子中充当氢的载体的能力而闻名。

最近 Schneider 等研究了多种离子液体与 90% 和 98% H_2O_2 的自然特性[114]。鉴于高氢含量所带来的众多优点，$[Al(BH_4)_4]^-$ 离子可被视为由金属原子稳定的致密氢。在这篇论文中，Schneider 研究了两种新的离子液体[THTDP][BH_4](1)和[THTDP][$Al(BH_4)_4$](2)，其结构如图 9.28 所示。

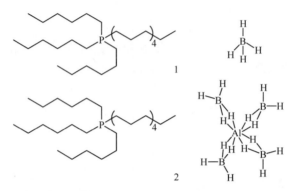

图 9.28 硼氢基离子液体[THTDP][BH_4]和[THTDP][$Al(BH_4)_4$]的结构

研究人员对这两种离子液体进行了点火试验以确定其与常用氧化剂的反应活性，氧化剂包括 90% H_2O_2、98% H_2O_2、N_2O_4 以及 WAFA，如表 9.9 所示。离子液体 1 滴入 H_2O_2 后 3 s 被点燃，而离子液体 2 的点火延迟则小于 30 ms。之前的研究发现氧化剂和燃料滴加顺序改变时，二氰基胺自燃离子液体的点火延迟(用白烟硝酸，WFNA)从 30 ms 到 1000 ms 发生变化。与之不同的是，不论氧化剂和燃料滴加顺序如何，离子液体 2 的点火延迟都非常短。点火反应有可能始于释放出的氢气的燃烧，然而氢气的燃烧几乎不产生可见的火焰，因此该点火延迟试验值往往要大于其真实的延迟时间。尽管存在不完善之处，这些点火试验证实了含有 $[Al(BH_4)_4]^-$ 的离子液体与常用的包括低毒性的 H_2O_2 在内的氧化剂具有较高的反应活性。表 9.10 中总结了 H_2O_2/[THTDP][$Al(BH_4)_4$]、NTO(N_2O_4)/MMH 和 N_2H_4/H_2O_2 体系的计算比冲。此外，这种新型的离子液体首次实现了有潜在用途的高性能、无低温、绿色双组元推进剂。

表 9.9 硼氢基离子液体 2 与不同氧化剂的点火性能

氧 化 剂	90% H_2O_2	98% H_2O_2	N_2O_4	WAFA
反应特性	点火	点火	点火	爆炸
点火延迟/ms	<30	<30	液滴碰撞前气相点火	—

表 9.10　$H_2O_2/[THTDP][Al(BH_4)_4]$、NTO/MMH 和 N_2H_4/H_2O_2 体系的计算比冲（燃烧室压力 1.5 MPa，膨胀比 0.005 MPa）

O/F(质量比)	NTO/MMH	N_2H_4/H_2O_2	$H_2O_2/[THTDP][Al(BH_4)_4]$
50/50	287	292	218
60/40	311	304	226
70/30	321	303	257
80/20	286	269	291
85/15	—	—	302
90/10	—	—	286

9.4　二硝基胍衍生物

设计、合成出爆速超过已知炸药 RDX（环三亚甲基三硝胺）的新型炸药分子是含能材料领域一项长期的奋斗目标。张力笼型化合物 CL-20（六硝基六氮杂异伍兹烷）和 ONC（八硝基立方烷）的出现吸引了全世界含能材料工作者的目光，然而这两种材料都有其不足之处，例如，存在多种晶型以及烦琐、昂贵的合成过程使其在当下应用举步维艰。与此同时，高硝化度化合物如六硝基苯（HNB）具有诱人的性能，然而其化学稳定性不佳，尤其是对酸和碱不稳定。密度是高性能炸药的关键性能参数之一，两性离子结构是获得高密度的一种新的设计策略。据文献报道 1,2-二硝基胍（DNQ）是满足要求的分子之一，晶体结构分析显示 DNQ 上的两个硝基处于不同化学环境中，在溶液环境中则发生快速的质子转移。DNQ 分子中存在酸性硝胺基（pKa=1.11）使其易于形成 1,2-二硝基胍盐。同时，1,2-二硝基胍可以作为亲核试剂发生亲核反应。

1,2-二硝基胍铵盐易于由 Astrat'yev 报道的方法合成（图 9.29）。

肼、氨等可作为亲核试剂在升温条件下与硝胺基发生取代反应，因此采用计量比的碳酸铵先与 DNQ 反应合成 1,2-二硝基胍铵盐以避免游离碱的生成。此外，通过 1,3-双（氯甲基）硝胺(2)与 1,2-二硝基胍钾盐的反应可进一步合成 1,7-二氨基-1,7-二硝基-2,4,6-三硝基-2,4,6-三氮杂庚烷（APX）。其中 1,3-双（氯甲基）硝胺可通过乌洛托品的硝解反应以及后续的氯代反应制备。DSC 测试了 APX 和 ADNQ 的分解温度，结果显示 APX 的起始分解温度为 174℃，而离子型化合物 ANDQ 的起始分解温度为 197℃。此外，热安全性测试表明这两个化合物在 75℃下 48 h 未发现热失重现象。表 9.11 列出了利用 EX-PLO5 爆轰计算软件计算的爆轰性能、晶体密度以及测试感度。需要特别指出的是 APX 具有突出的爆轰性能，其计算爆轰性能超过了 TNT、RDX 甚至是

HMX。高能炸药最重要标准是爆速、爆压以及爆热,其中 APX、ADNQ、TNT、RDX 和 HMX 的爆速分别为 9540 m·s^{-1}、9066 m·s^{-1}、7178 m·s^{-1}、8906 m·s^{-1} 和 9324 m·s^{-1},爆压分别为 39.8 GPa、32.7 GPa、20.5 GPa、34.6 GPa 和 39.3 GPa,爆热分别为 -5943 kJ·kg^{-1}、-5193 kJ·kg^{-1}、5112 kJ·kg^{-1}、-6043 kJ·kg^{-1}、-6049 kJ·kg^{-1}[115]。ADNQ 的感度以及能量性能显示其是一种兼具高能和相对不敏感特性的含能材料,而 APX 由于高的撞击感度可将其划分为起爆药。

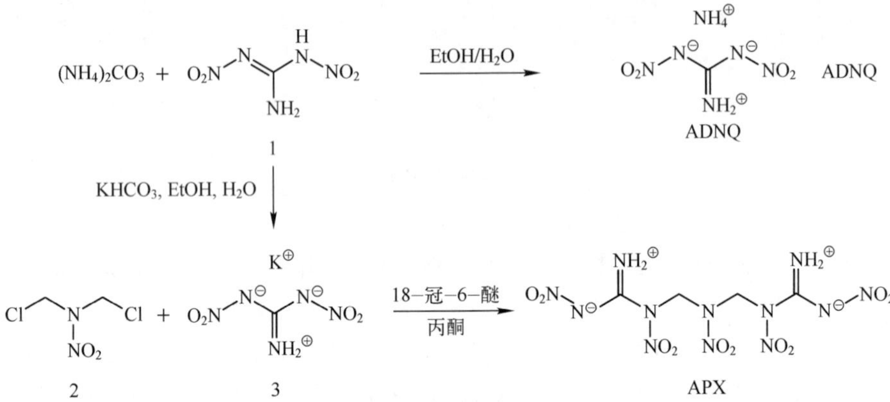

图 9.29　1,2-二硝基胍铵盐(ADNQ)和 1,7-二氨基-1,7-二硝基-2,4,6-三硝基-2,4,6-三氮杂庚烷(APX)的合成

表 9.11　APX 以及 ADNQ 的计算爆轰参数

参　　数	APX	APX+5%PVAA	ADNQ
$\rho/(\text{g}\cdot\text{cm}^{-3})$	1.911	1.875	1.735
$\Omega/\%$	-8.33	-16.26	-9.63
$Q_v/(\text{kJ}\cdot\text{kg}^{-1})$	-5935	-5878	-5193
T_{ex}/K	4489	4377	3828
$p_{\text{C-J}}/\text{GPa}$	39.8	37.3	32.7
$D/(\text{m}\cdot\text{s}^{-1})$	9540	8211	9066
$v_0/(\text{L}\cdot\text{kg}^{-1})$	816	784	934
IS/J	3	5	10
FS/N	80	160	252
ESD/J	0.1	—	0.4

9.5　共　　晶

共晶技术在分子层面上将多种材料进行复合,广泛应用于药物领域。其在含能材料领域也是大有用处的,将 CL-20 等具有优异能量性能但相对敏感的含

能材料与另一种化合物形成含能共晶,氢键以及 π-π 堆积等强分子间相互作用可以有效地降低其感度。将一种高能炸药与另一种非含能化合物形成共晶将不可避免地"稀释"高能炸药的能量水平。最近,Matzger 报道了首个由 CL-20 与 TNT(摩尔比 1∶1)组成的含能共晶[116]。CL-20·TNT 共晶的形成证实了缺乏强相互作用的多硝基脂肪化合物也具有形成共晶的能力,由于不能形成 π-π 堆积结构,CL-20·TNT 共晶形成的驱动力是 CH 与硝基氧形成的氢键作用,以及 TNT 缺电子的苯环与 CL-20 上硝基之间的弱相互作用,如图 9.30 所示。CL-20·TNT 共晶的密度为 $1.91\text{g}\cdot\text{cm}^{-3}$,虽然较不同晶型 CL-20 均有一定的下降($1.95\sim2.02\text{g}\cdot\text{cm}^{-3}$),但是仍然较 TNT 的密度有大幅度的提高($1.70\sim1.71\text{g}\cdot\text{cm}^{-3}$)。通过落锤法测得的撞击感度值是 CL-20 的 2 倍,因此将不敏感的 TNT 与敏感的 CL-20 形成共晶将极大地降低敏感材料 CL-20 的撞击感度,有可能将提高 CL-20 在应用中的可行性。这一初步研究有望从主导该领域的硝基非芳香化合物中发现更多含能共晶材料。

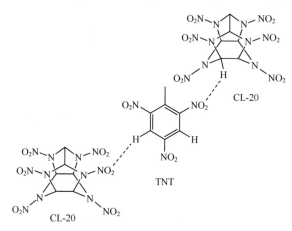

图 9.30　CL-20 与 TNT 共晶中的相互作用

9.6　未来的含能材料

自诺贝尔于 1867 年首次将硝化甘油(NG)以甘油炸药的形式商品化以来,含能材料在提高能量性能和降低感度方面取得了很大进展。目前含能材料常用于高能炸药和推进剂配方中。特定的性能参数对于确定其配方的有效性非常重要,这些参数包括高的密度、好的氧平衡和高的爆温,对推进剂配方而言还包括高的比冲值和低的燃温,对发射药配方而言需要反应气体产物具有高的 N_2/CO 比。使用爆热 Q、爆速 D 和爆压 p 作为高能炸药性能的量度,从图 9.31

中可以清楚地看到,自 NG 投入使用以来,化学炸药的性能已经实现了巨大的进步。

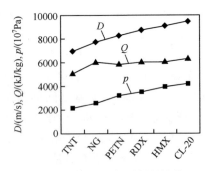

图 9.31　单质含能材料的性能

尽管经过了多年的研究,然而大幅度提高常规 CHNO 炸药性能的可能性仍然有限。虽然近年来通过含能胶黏剂的使用以及成型工艺的改进使得整体配方的能量有所增加,但在开发新型含能材料方面的进展还很有限。这主要是由于传统的硝基苯炸药以及硝胺炸药如 TNT、RDX 和 HMX 以及其他类似结构的炸药氮含量偏低($N \leqslant 50\%$),氧平衡没有接近零(表 9.12),需要通过配方提升其氧平衡。

表 9.12　传统单质含能材料的氮含量以及氧平衡

名　称	$N/\%$	$\Omega/\%$
TNT	18.5	−73.9
PETN	17.7	−10.1
RDX/HMX	37.8	−21.6

由于 N—N 键所蕴含的大量能量,富氮化合物可作为非常有潜力的含能材料。氧平衡的定义是指炸药爆炸发生分子内的氧化反应生成碳、氢的氧化物时所剩余的氧元素的比例,其可以是正值也可以是负值。氧平衡接近零的含能材料通常(但并非总是)具有更高的能量,因为所有氧在反应中都被用尽,没有富余也没有不足。通常通过配方中组分的调节使氧平衡趋近于零。研究人员已经意识到基于 CHNO 炸药分子的能量极限问题。因此需要超越传统的含能材料分子设计策略,加大探索不同含能分子结构和分子构成,以实现未来作战系统所需的性能大幅提升。早期的研究表明,富氮含能材料较碳骨架材料具有众多的优势,包括能量性能可能大幅增加。已有相关研究表明高氮含量的含能化合物(大于 50%)已显示出大幅增加能量性能的潜力。第一代的高氮化合物,例

如,偶氮四唑肼盐(HZT)和偶氮四唑三氨基胍盐(TAGzT),是低烧蚀发射药中的理想组分,然而由于其较差的氧平衡而不适合作为高能炸药中的能量组分。HZT 和 TAGzT 的结构如图 9.32 所示,氮含量以及氧平衡如表 9.13 所示。

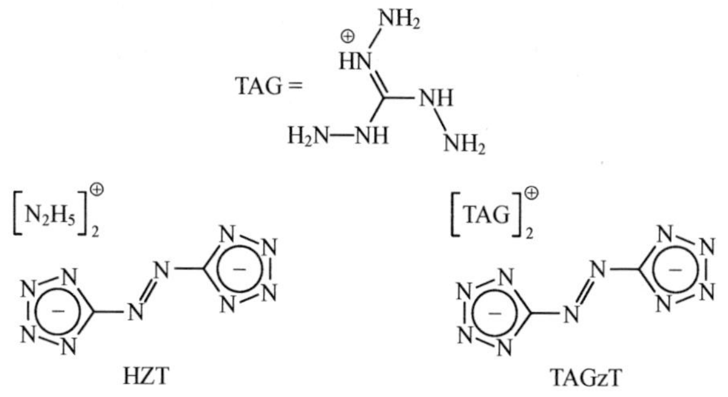

图 9.32　HZT 和 TAGzT 的分子结构

表 9.13　高氮化合物的氮含量和氧平衡

名　　称		$N/\%$	$\varOmega/\%$
第一代	HZT	18.5	-73.9
第二代	TAGzT	17.7	-10.1
	TKX-50	37.8	-21.6

第二代高氮化合物具有高的氮含量以及较第一代高氮化合物更好的氧平衡,如 TKX-50 和 ABTOX(图 9.33),更适合作为高能炸药组分使用。此外,具有接近零氧平衡的含能化合物是固体推进剂中的理想组分,推进剂的比冲增加 20 s 将会使载荷或是射程增加 1 倍。如图 9.34 所示,TKX-50 的计算爆速不仅仅较第一代高氮化合物 HZT 有显著的提升,也显著高于 RDX 与 HMX。

1,1′-二羟基-5,5′-联四唑二羟胺盐(TKX-50)是最具有应用潜力的含能离子盐,被认为是 RDX 替代物的可能候选材料。通过 5,5′-二(羟基四唑)与二甲胺反应生成 1,1′-二羟基-5,5′-联四唑二甲胺盐,经过分离纯化后在沸腾的水中与两当量盐酸羟胺反应即可得到 TKX-50,合成规模大于 100 g/批,合成路线如图 9.33 所示。TKX-50 表现出很好的性能,例如,高的爆速和 C-J 压力,相对低的摩擦感度和撞击感度(图 9.35)。通过 DSC 和 TGA 研究了 TKX-50 的热行为以及分解反应动力学。TKX-50 的受热分解起始于 210~250℃,取决于不同的升温条件。将升温速率以及对应的 DSC 峰值应用到 Ozawa 等转换率模型,计算得到 TKX-50 的分解反应活化能为 34.2 kcal,指前因子为 $1.99×10^{12}$ s^{-1}。使用 TGA 结果和 Flynn-Wall 等转换率模型,不同反应深度下的活化能在 34.7~43.3 kcal·mol^{-1},指前因子位于 $9.81×10^{11}$~$1.79×10^{16}$ s^{-1} 之间。TKX-50 的计算生成焓为 109 kcal·mol^{-1},基于氧弹量热仪所测得的生成焓为(113±2) kcal·mol^{-1}。基于生成焓、密度以及分子组成,可通过 EXPLO5 V.6.01 计算软件获得 TKX-50 和 MAD-X1 的计算爆轰参数以及爆轰产物状态方程。为了便于比较,使用同样的方法计算了常见炸药 TNT、PETN、RDX、HMX 以及 CL-20 的爆轰参数。对最大晶体密度以及 50%晶体密度炸药的爆轰参数和爆轰产物状态方程进行了计算,以获得密度对爆轰参数和爆轰产物的影响。此外,也一并研究了 HTPB 胶黏剂的含量对相关爆轰性能的影响。

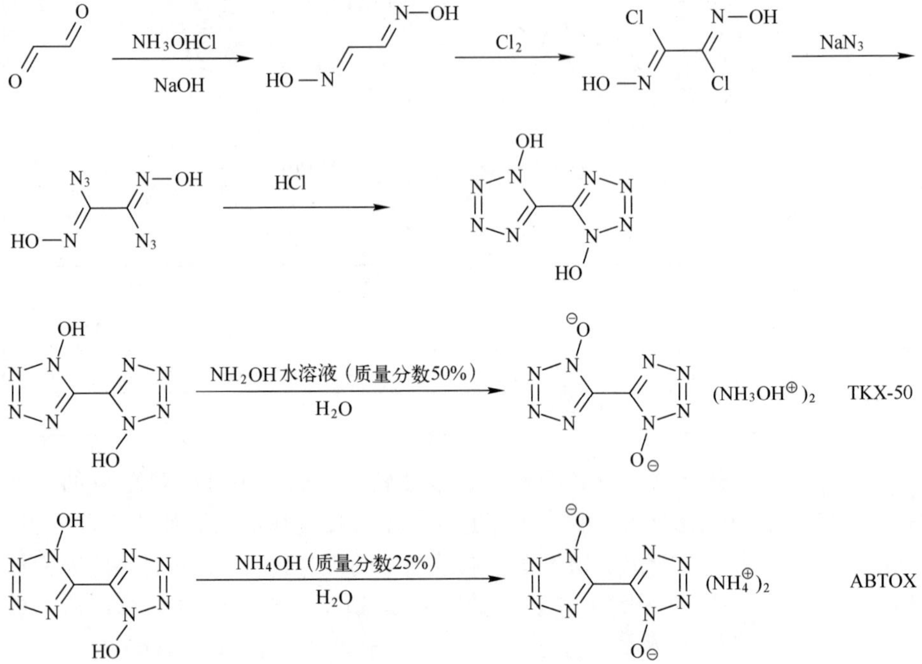

图 9.33 TKX-50 和 ABTOX 的合成

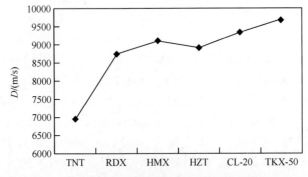

图 9.34 传统含能材料以及高氮含能材料的爆速对比

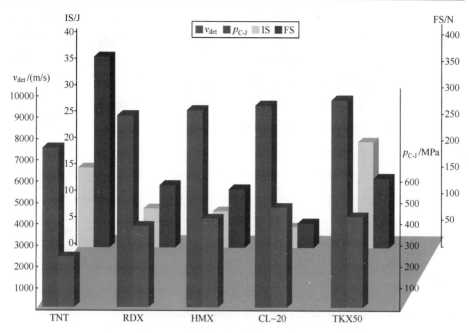

图9.35 TKX-50与传统炸药的爆速、爆压和感度对比

不同初始状态的不同炸药形成的冲击波在不同力学性能惰性屏障板上产生冲击载荷,采用 EP 计算程序对冲击载荷进行了计算。试验用屏障板材料包括聚苯乙烯、胶木板、镁、铝、锌、铜、钽、钨(图9.36)。在进行计算的过程中确定了炸药-屏障板界面的压力和其他加载参数的初始值。也考虑了屏障材料中冲击波的传播和衰减现象。从这些计算中,获得了几种新的和几种常规炸药的爆炸特性和冲击波在屏障板上的作用特性。

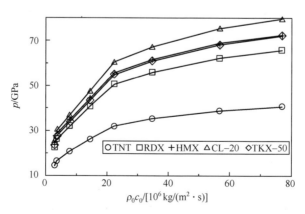

图9.36 不同的材料(从聚苯乙烯到钨)炸药-屏障界面上的初始压力

上面的研究结果表明,相比 RDX,新型含能材料 TKX-50 和 MAD-X1 在几乎每一个屏障板上都具有更好的爆炸性能和冲击波作用。所得大量计算结果可用于研究不同因素对新型炸药爆炸和冲击波作用的影响。此外,其中一些结果可用于预测相应性能。表 9.14 中小尺寸冲击反应试验(SSRT)即板痕试验结果与表 9.15 中的计算圆筒试验爆轰能量吻合很好。采用成熟的电子定时器和光纤探针测量了 TKX-50 的爆速值,显然 TKX-50 具有大的临界直径(大于 3 cm),在 4 cm 的药柱直径下 TKX-50 具有高达 9460 m·s^{-1}的爆速。

表 9.14　小尺寸冲击反应试验结果

炸　药	炸药质量/mg	SiO_2 质量/mg
RDX	504	589
CL-20	550	947
TKX-50	509	857

表 9.15　TKX-50 以及 RDX 的计算圆筒试验爆轰能

化　合　物	E_c/(KJ·cm^{-3})	与常规炸药的相对值/%			
		TATB	PETN	HMX	CL-20
TKX-50	-8.16	168	128	109	90
RDX	-6.94	143	109	93	77

如表 9.16 所示,TKX-50 与 TNT 等含能材料、胶黏剂、增塑剂以及大多数的金属和金属氧化物都显出良好的相容性,值得注意的是 TKX-50 的纯度对其与配方中其他组分的相容性非常关键。真空安定性试验(VST)是评价含能材料与其他接触材料间相容性以及含能材料品质最常用的方法,具体的试验方法见北约标准 STANAG 4147。精确称取含能材料或其混合物并放置在样品管中,抽真空后将样品管浸入 100℃或 120℃恒定浴中,并记录 40 h 后的放气量。大多数单质炸药或其配方 120℃下 40 h 的放气量小于 1 cm^3·g^{-1}。VST 测试在含能材料的鉴定、制造、质量控制和研发中均有着广泛的应用。

表 9.16　TKX-50 相容性试验结果(40 h,100℃)

样　品	放气量/mL	结　果
TKX-50	0.067	通过
TKX-50/CuO	0.62	通过
TKX-50/不锈钢	可忽略的	通过
TKX-50/R8002	0.13	通过

续表

样　品	放气量/mL	结　果
TKX-50/A3 增塑剂	2.4	通过
TKX-50/石蜡	0.94	通过
TKX-50/氟橡胶	可忽略的	通过
TKX-50/DNAN	可忽略的	通过
TKX-50/TNT	可忽略的	通过
TKX-50/NTO	可忽略的	通过
TKX-50/HMX	可忽略的	通过
TKX-50/PrNQ	1.2	通过

长久以来,1,2,3,4-四嗪并[5,6-e]-1,2,3,4-四嗪-1,3,6,8-四氧化物的合成一直是含能材料领域中的圣杯之一。最近,俄罗斯化学家Tartakokovsky通过10步反应合成出了TTTO,先后通过氧代重氮盐中间体的形成以及其与叔丁基-NNO-偶氮基的成环反应形成1,2,3,4-四嗪并[5,6-e]-1,2,3,4-四嗪结构,TTTO被认为是新型高能材料的典型代表[117]。另一个非常有特点的含能化合物是美国化学家Shreeve2010年所合成的3,3′-双(5-硝胺基-1,2,4-三唑)碳酰肼盐,结构如图9.37所示[118]。该离子化合物的热稳定性高于220℃,具有高的密度(1.95 g·cm^{-3}),以及高的爆速(9399 m·s^{-1})。

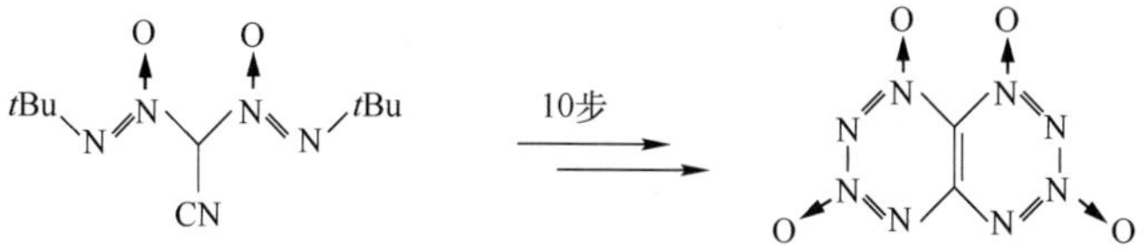

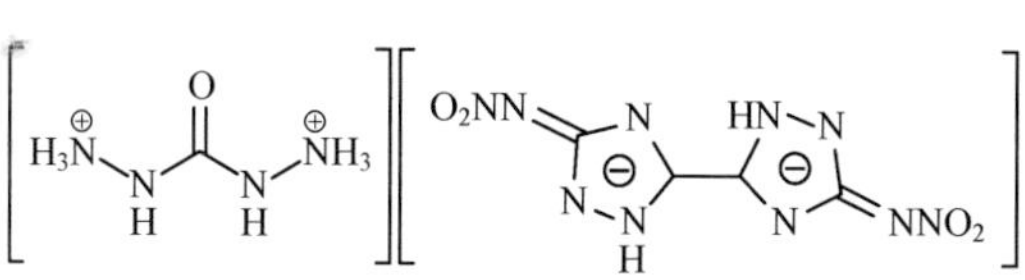

图9.37　3,3′-双(5-硝胺基-1,2,4-三唑)碳酰肼盐的分子结构

慕尼黑大学的化学家基于双吡唑基甲烷骨架发展了两种新型的含能材料:一种具有高达310℃的热稳定性(BDNAPM);另一化合物具有非常突出的爆速(BTNPM),其计算爆速可达9300 m·s^{-1},如表9.17所示。与美国陆军研究实验室合作采用实验室量级爆轰性能试验方法(LASEM法)测试了该化合物的爆速试验值。在此之前,从未有研究人员将双吡唑基甲烷衍生物作为高能炸药的理想结构。含能化合物BDNAPM分解温度310℃,计算爆速8332 m·s^{-1},而射

孔枪常用炸药 HNS 的分解温度为 316℃，爆速为 7629 m·s^{-1}，因此化合物 A 较 HNS 具有一定性能优势。含能化合物 BTNPM 计算爆速为 9300 m·s^{-1}，计算爆压为 39.1 GPa，爆轰性能高于常规军用炸药 RDX（爆速 8803 m·s^{-1}，33.8 GPa）。这两个含能化合物均可采用简洁的合成方法进行制备，如下所示：

表 9.17　BTNAPM 和 BTNPM 的性能

名　称	BDNAPM	BTNPM	BTNPM+Al(85/15)	HMX
分子式	$C_7H_6N_{10}O_8$	$C_7H_2N_{10}O_{12}$	—	$C_4H_8N_8O_8$
FW/(g·mol^{-1})	358.19	418.15	—	296.16
IS/J	11	4	—	7
FS/N	>360	144	—	112
ESD/J	>1	0.6	—	0.2
N/%	39.10	33.50	—	37.84
Ω/%	−40.2	−11.48	−23.1	−21.61
密度/(g·cm^{-3})	1.836(173K) 1.802(298K)	1.934(298K)	2.020(298K)	1.905(298K)
$\Delta_f H°$/(kJ·mol^{-1})	205.1	378.6	—	116.1
$\Delta_f U°$/(kJ·kg^{-1})	655.8	976.8	—	492.5
$-\Delta_E U°$/(kJ·kg^{-1})	5052	6254	8003	5794
T_E/K	3580	4570	5527	3687
p_{C-J}/GPa	29.5	39.3	36.0	38.9
D/(m·s^{-1})	8372	9300	8583	9235
v_0/(L·kg^{-1})	706	704	524	767

硝化甘油（NG）是双基系推进剂不可或缺的重要含能增塑组分，NG 由于非常高的感度以及自身稳定性问题具有不好的"名声"。美国化学家 Sabatini

于2017年合成了一种新的、有前景的基于异噁唑骨架的硝酸酯化合物3,3′-二异噁唑-4,4′,5,5′-四(甲基硝酸酯)[119],该化合物可通过简便的非金属催化的[3+2]环加成反应和硝化反应合成,如图9.38所示。其感度与PETN相当(IS=3 J,FS=60 N,ESD=0.0625 J),计算爆速在NG和PETN之间(表9.18)。该化合物具有潜在的多种应用方向,由于具有合适的熔点有可能作为熔铸炸药用液相载体,此外可探索其作为含能增塑剂用于硝化棉基推进剂配方中,以降低推进剂烤燃过程中发生的增塑剂挥发和迁移,有可能在雷管中得到应用。

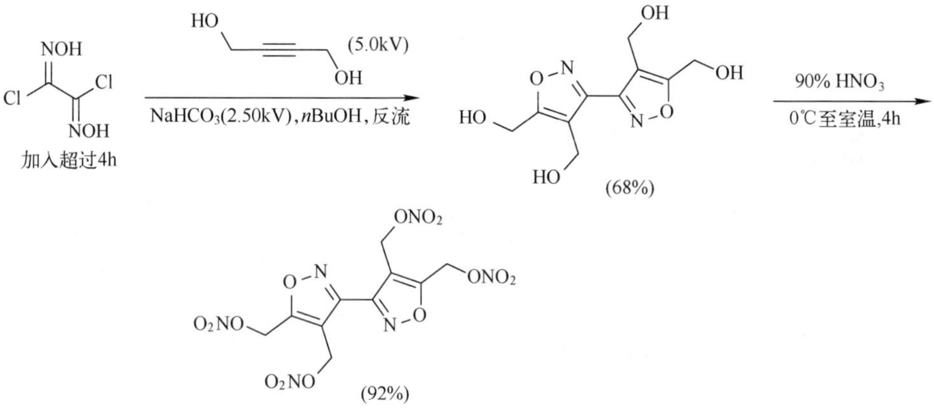

图9.38 3,3′-二异噁唑-4,4′,5,5′-四(甲基硝酸酯)的合成

表9.18 3,3′-二异噁唑-4,4′,5,5′-四(甲基硝酸酯)的性能

参　数	3,3′-二异噁唑-4,4′,5,5′-四(甲基硝酸酯)	PETN	NG
m.p./℃	121.9	141.3	14
$T_{dec.}$/℃	193.7	170.0	50.0
$\Omega(CO_2)$/%	-36.7	-10.1	3.5
$\Omega(CO)$/%	0	15.2	24.7
ρ/(g·cm^{-3})	1.786	1.760	1.600
p_{C-J}/GPa	27.1	335	253
D/(m·s^{-1})	7837	8400	7700
$\Delta_f H°$/(kJ·mol^{-1})	-395	-539	-370

通过本章的总结,可知目前使用的高能炸药大多数是硝胺化合物(RDX、HMX和CL-20)。硝酸酯类含能化合物太过敏感且热稳定性不佳,但是其是双基推进剂中的良好增塑组分。硝甲基以及三硝基甲基化合物受困扰于热稳定性问题,氟二硝基化合物合成太过昂贵且毒性非常高。高能材料领域未来需要

重点关注的是多环脂肪族硝胺,包括笼型和稠环类化合物。其中一个有应用前景的化合物是 Zeman 于 2013 年报道的四硝基四氮杂双环辛烷(BCHMX)[120]。未来的研究目标是能量更高的高氮氧含量含能材料,以满足所有部队对杀伤威力的要求。新的含能材料将提供比 RDX 更大的能量,具有高能量密度以及高的活化能。

BCHMX

有了这些能力,美国国防部将能够对这些材料开发新的应用方向,并大大提高当前弹药的能力。下一代含能材料能量性能的提高将使美国国防部能够以更少的弹药和更少的含能材料实现同样的战略目标。这将使工程师能够将含能材料应用于以前从未用过的弹药中。

9.7 激光诱导空气冲击波预估爆速

含能材料的激光诱导空气冲击试验(LASEM)是用来预估含能材料爆速的一种实验室规模测试技术[121-122]。聚焦的纳秒激光脉冲用于烧蚀和激发含能材料,形成激光诱导的等离子体,如图 9.39 所示。等离子体中的放热化学反应会加速等离子体所产生的激光诱导冲击波。基于高速相机在微秒尺度上的测量结果,含能材料将产生较惰性材料更快速的冲击波。将测得的激光诱发的空气冲击速度与大药量测试中测得的爆速相关联,并用于估算材料的爆炸速度。但是,含能材料并不会被激光引爆,因此 LASEM 仅预估了含能材料最大可达到的爆轰速度。尽管如此,这种技术仅需毫克级的含能材料是其显著的优势。

出于未知的安全因素,新型含能材料的合成通常最初只进行毫克级制备,且将其放大到克级的规模可能是非常昂贵和耗时的。尽管由于激光与材料相互作用的随机性,在测量的激光诱发冲击速度之间可能存在很大的差异,该技术仍可用最少的成本获取多组试验数据,从而获得可重复的平均值,特别是在大药量爆轰试验中,重大安全隐患增加了测试成本。该方法的有效性最初是通过比较惰性材料和含能材料的激光诱导空气冲击速度

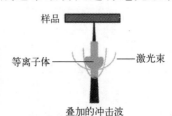

图 9.39 激光诱导空气冲击试验示意图

第9章 新型含能材料的设计

证实的。通过将常规军用炸药测得的激光诱导空气冲击速度与大药量爆轰试验的测得的爆速相关联并进行校准,最后使用未参与相关性建立的常规单质炸药和混合炸药进行验证。采用该方法对纳米级 nano-RDX 和三种高氮炸药的爆速进行了预估。该方法最近还扩展到了含金属添加剂(铝或硼)的军用混合炸药。

本章讨论了 6 种新型炸药的激光诱导空气冲击波预估爆速,并将其与使用两种不同方法获得的理论预测爆速(Explo5 V6.01 和 Cheetah V8.0)进行了比较,这 6 种新型含能材料包括 1,1′-二羟基-5,5′-联四唑二羟胺盐(TKX-50)、1,1′-二羟基-5,5′-联(3-硝基-1,2,4-三唑)二羟胺盐(MAD-X1)、双(4-氨基-3,5-二硝基吡唑)甲烷(BDNAPM)、双(3,4,5-三硝基吡唑)甲烷(BTNPM)、5,5′-双(2,4,6-三硝基苯基)-2,2′-双(1,3,4-噁二唑)(TKX-55)以及 3,3′-二氨基-4,4′-偶氮呋咱(DAAF),这 6 种最近合成的含能材料是实际应用中非常有希望的潜在候选物(图 9.40)。

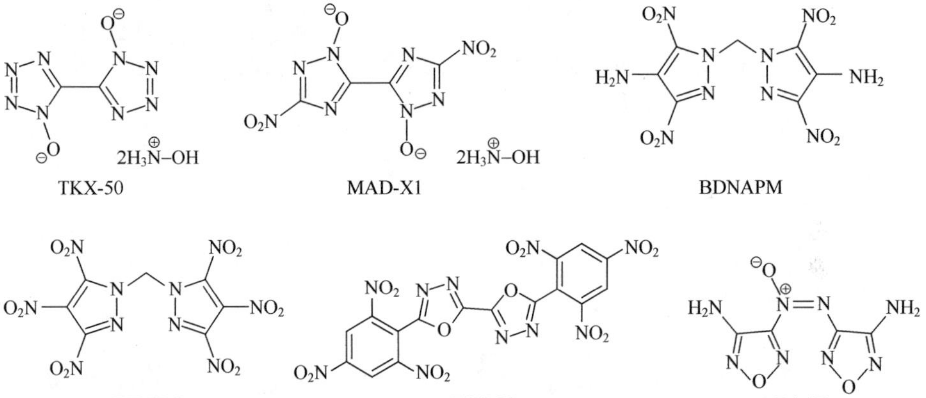

图 9.40 TKX-50、MAD-X1、BDNAPM、BTNPM 以及 DAAF 的分子结构

上面提到的 6 种炸药激光激发时的高速摄影照片如图 9.41 和图 9.42 所示。图 9.41 中所有图像的亮度都增加 40%,以实现可视化的增强。在冲击波位置的测量过程中,需要调整前几帧的亮度和对比度,以便在散焦等离子体发射存在的情况下提高冲击波的可视性。此外,丢弃了等离子体完全掩盖了冲击波位置的少数单帧图像。由于镜头聚焦在激光感应等离子体的前面,以增强对冲击波的可视性,因此等离子体略微偏离焦点。快照中的紫色光是强烈的 CN 发射的结果,而白色光是激光诱导的等离子体中残留的连续光发射。研究发现 TKX-55[图 9.41(a)]和 DAAF[图 9.41(d)]产生最强烈的等离子体发射,其次是 TKX-50[图 9.41(b)],BDNAPM[图 9.41(e)]和 MAD-X1[图 9.41(f)]。

BTNPM[图9.41(c)]在激光激发后几乎不产生可见的等离子体发射。之前的试验发现通常高能量的含能材料产生的可见等离子体发射量较小。

在图9.41(d)~(f)中,图像中心明显地看到一束稀疏的与激光束重合的深色线。对于这些含能材料 DAAF、BDNAPM、MADX1 等离子体羽流区域的结构也不同。已知唯一显示出类似特征的常规军用炸药是 TATB,这可能表明这些作用与这些含能材料的低热敏感性有关。BTNPM 是唯一没有与激光束表现出相互作用的含能化合物,与大多数其他含能材料相比,它具有最低的分解温度以及更高的撞击和摩擦敏感性。

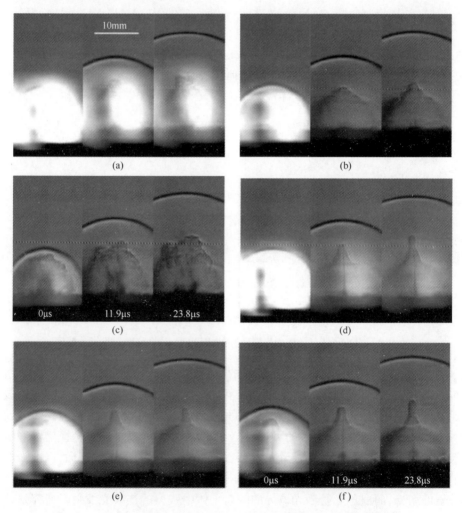

图9.41 TKX-55(a)、TKX-50(b)、BTNPM(c)、DAAF(d)、BDNAPM(e)和 MAD-X1(f)受激光激发高速摄影照片

有时,以随机方式对一些含能材料进行激光拍摄时高速视频中会出现一些不寻常的特征。例如,在图9.42中,对于TKX-50、BTNPM和MAD-X1均显示出空气中激光诱导冲击波前缘的变形。在激光诱导等离子体的顶部附近与激光束一致的区域形成了第二个更小的反应物质羽流。这种变形在MAD-X1中非常严重,以至于在主冲击波中形成了气泡并持续了数十微秒。目前尚不清楚这种现象的原因,但到目前为止在常规军用炸药中从未观察到这种现象。

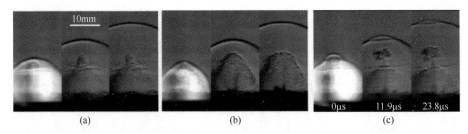

图9.42　TKX-50(a)、BTNPM(b)和MAD-X1(c)空气中激光诱导冲击波前缘的变形

表9.19列出了测得的激光诱导空气冲击速度(置信区间为95%),也包含了使用EXPLO5 V6.01和Cheetah V8.0计算出的理论预测爆速以进行比较。同时,也列出一些传统军用炸药的常规大药量爆速测试数据。表中,同时在括号中给出了EXPLO5、CHEETAH预测值、实测爆速与LASEM预估爆速之间的百分偏差。LASEM预估爆速与EXPLO5计算值之间的平均偏差为3.1%(上述6种炸药为3.6%,常规军用炸药为2.5%)。对于CHEETAH而言,平均偏差为3.9%(上述6种炸药为4.8%,常规军事炸药为2.8%)。

表9.19　激光诱导空气冲击速度、热化学理论预估爆速以及大药量爆速测试结果的比较(括号内数字为EXPLO5、CHEETAH预测值、实测爆速与LASEM预估爆速之间的偏差)

样品	激光诱导空气冲击速度/(m·s^{-1})	LASEM预估爆速/(km·s^{-1})	EXPLO5计算爆速/(km·s^{-1})	CHEETAH计算爆速/(km·s^{-1})	大药量实测爆速/(km·s^{-1})
TKX-50	835±11	9.56±0.28	9.767(2.1%)	9.735(1.8%)	9.432(-1.4%)
MAD-X1	807±9	8.86±0.22	9.195(3.6%)	9.267(4.4%)	—
BDNAPM	798±9	8.63±0.21	8.332(-3.6%)	8.171(-5.6%)	—
BTNPM	850±13	9.91±0.31	9.304(-6.5%)	9.276(-6.8%)	—
TKX-55	782±11	8.23±0.26	8.030(-2.5%)	7.548(-9.0%)	—

续表

样品	激光诱导空气冲击速度/(m·s^{-1})	LASEM预估爆速/(km·s^{-1})	EXPLO5计算爆速/(km·s^{-1})	CHEETAH计算爆速/(km·s^{-1})	大药量实测爆速/(km·s^{-1})
DAAF	774±11	8.05±0.26	8.316(3.2%)	8.124(0.9%)	8.11±0.03(1.0%)
TNT	731±9	6.99±0.23	7.286(4.1%)	7.192(2.8%)	7.026±0.119(0.5%)
HNS	740±8	7.20±0.21	7.629(5.6%)	7.499(4.0%)	7.200±0.071(0.0%)
NTO	784±10	8.30±0.25	8.420(1.4%)	8.656(4.1%)	8.335±0.120(0.4%)
RDX	807±8	8.85±0.19	8.834(−0.2%)	8.803(−0.5%)	8.833±0.064(−0.2%)
CL-20	835±10	9.56±0.24	9.673(1.2%)	9.833(2.8%)	9.57(0.1%)

常规军用炸药的 LASEM 预估爆速与常规大药量爆速实测值之间的差异仅为 0.2%。LASEM 预估的高氮含能材料爆速的准确性还不清楚，因为除了 DAAF 和 TKX-50 以外，很少有文献报道其实测结果。LASEM 预估的爆速值与报道的 DAAF 和 TKX-50 的爆速值相差不超过 1.5%。结果表明，TKX-55、BD-NAPM 和 BTNPM 的 LASEM 预估的爆速值具有比 EXPLO5 和 CHEETAH 所预测的更高的爆速，而 MAD-X1 和 TKX-50 的预估值则略低于 EXPLO5 和 CHEE-TAH 计算值。同时，虽然两种热化学软件的计算结果和 LASEM 预估值之间的差异大小有所不同（尤其是对于 TKX-55），然而热化学软件的计算结果要么都高于 LASEM 预估值要么都低于 LASEM 预估值。

高速摄影数据证实，上述 6 种新型含能材料中具有最高能量的是 BTNPM（因为它产生的等离子体发射强度最低），能量最低的是 TKX-55 和 DAAF。此外，等离子羽流区域的结构似乎反映了 DAAF、BDNAPM、MAD-X1 和 TKX-55 这几个含能化合物的低热敏性和 BTNPM 的高热敏性。上述 6 种新型含能材料的爆速 LASEM 预估值与 EXPLO5 V6.01 和 CHEETAH V8.0 热化学软件的计算值的吻合度很好，LASEM 预估值与 EXPLO5 计算值的平均偏差是 3.6%，而 LASEM 预估值与 CHEETAH 计算值的平均偏差是 4.8%。

9.8 耐热炸药

Shipp 对 HNS 以及 Jackson 和 Wing 对 TATB 的研究开辟了猛炸药的新领域，这种炸药通常被称为耐热炸药。耐热炸药通常较 RDX 等炸药能量水平低不适合作为 RDX 的替代物使用。然而这种炸药的独特之处在于其非常高的分解温度以及长久稳定性,使其在深井油气开采(图9.43)、空间探索以及核武器等高温场景中得到应用。由于具有高达350℃的分解温度,TATB是适合这些特殊应用的一个化合物,但是高的合成成本以及极其不敏感常被应用于核武器应用中。尽管HNS分解温度(320℃)低于TATB,然而其可以由廉价的TNT一步合成,成本较低,常被应用于民用炸药领域。此外,Coburn分别于1969年和1972年合成了新型的耐热炸药(2,4,6-三硝基苯氨基)-1H-1,2,4-三唑(PATO)以及2,6-双(三硝基苯氨基)3,5-二硝基吡啶(PYX)。如图9.44中的结构所示,耐热炸药常常由硝基苯结构构成。将两个或多个硝基苯结构偶联在一起有利于提高热稳定性,如HNS分解温度较RDX高111℃。

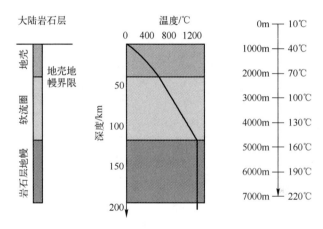

图9.43 地底深度与温度的关系

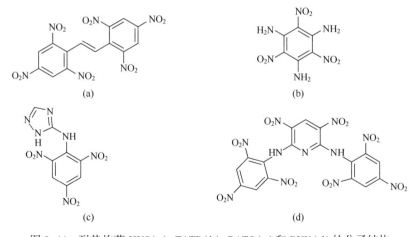

图9.44 耐热炸药HNS(a)、TATB(b)、PATO(c)和PYX(d)的分子结构

表 9.20 中对比了几种典型的耐热炸药和 RDX 的物化性能、能量性能以及安全性能。Dacons 和 Sitzmann 将两个三硝基苯通过 1,3,4-噁二唑桥联起来合成了 2,5-双(2,4,6-三硝基苯基)-1,3,4-噁二唑(DPO),结构如图 9.45 所示。

表 9.20　HNS、TATB、PATO 以及 PYX 的性能对比

参　　数	RDX	HNS	TATB	PYX	PATO
IS/J	7.5	5	50	25	8
FS/N	120	240	353	250	—
ESD/J	—	—	—	—	—
T_d/℃	210	320	350	350	310
ρ/(g·cm^{-3})	1.806	1.74	1.80	1.757	1.94
$T_{det.}$/K	3800	3676	3526	3613	3185
p_{C-J}/GPa	35.2	24.3	29.6	25.2	31.3
D/(m·s^{-1})	8815	7612	8310	7757	8477
v_0/(L·kg^{-1})	792	602	700	633	624

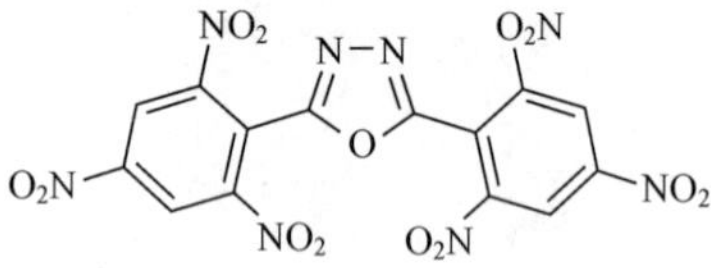

图 9.45　DPO 的分子结构

出于油气开采领域对耐热炸药的需求,已经出现几种可作为 HNS 替代物的含能化合物。HNS 替代物应该满足以下几点:

(1) 优异的热稳定性,通常为分解温度大于 300℃,且 260℃ 下经历 100 h 无明显的分解;

(2) 大于 7500 m·s^{-1} 的爆速;

(3) 大于 975 kJ·kg^{-1} 的比能量 F,其可由 $F=p_eV=nRT$ 计算,n 为分解产物的摩尔数;R 为气体常数;T 为爆温。RDX、HNS、TATB、PYX 和 PATO 的比能量如表 9.21 所示;

表 9.21　典型耐热炸药与 RDX 比能量对比

单质炸药	RDX	HNS	TATB	PYX	PATO
比能量/(kJ·kg^{-1})	1026	752	839	777	675

（4）大于7.4J的撞击感度和大于235N的摩擦感度,这些数值较RDX替代物感度值稍高(IS>7J,FS>120N);

（5）由于耐热炸药主要应用于民用领域中,成本应不大于500欧元/kg;

（6）临界直径应该小于HNS,临界直径是爆轰反应能稳定传播的最小药柱直径,通常通过熔铸成型的药柱临界直径约大于压装方式。

为了获得符合上述严苛要求的耐热炸药,J.P. Agrawal介绍了以下4种用于增强和提高含能化合物热稳定性的分子设计途径。

（1）形成离子盐。形成离子盐可以提高含能材料的热稳定性,图9.46中通过钾盐的形成使热稳定性从237℃提高到333℃。

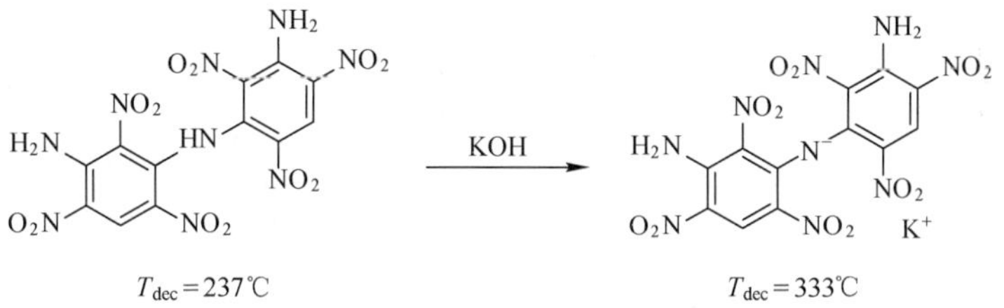

图9.46　3,3′-二氨基-2,2′,4,4′,6,6′-六硝基苯氨钾盐的合成

（2）引入氨基。在硝基苯化合物硝基的邻位引入氨基可以显著影响化合物的热稳定性,这也是最原始和简单的提高热稳定性的方法,这种吸电子硝基和给电子氨基所带来的电子"推-拉效应"以及氢键作用是具有外界热刺激以及机械刺激稳定性的主要原因,如图9.47所示在1,3,5-三硝基苯上引入氨基可显著提高热稳定性。

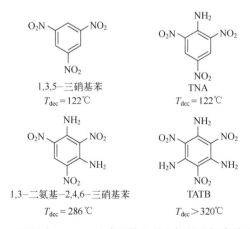

图9.47　通过在1,3,5-三硝基苯上引入氨基以提高热稳定性

(3) 构建共轭体系。通过构建共轭体系可以提高热稳定性,HNS 是一个很好的例子。另一个例子是六硝基偶氮苯 HNAB,其与 HNS 结构相似,同样其热稳定性较单体三硝基苯氨热稳定性好,如图 9.48 所示。

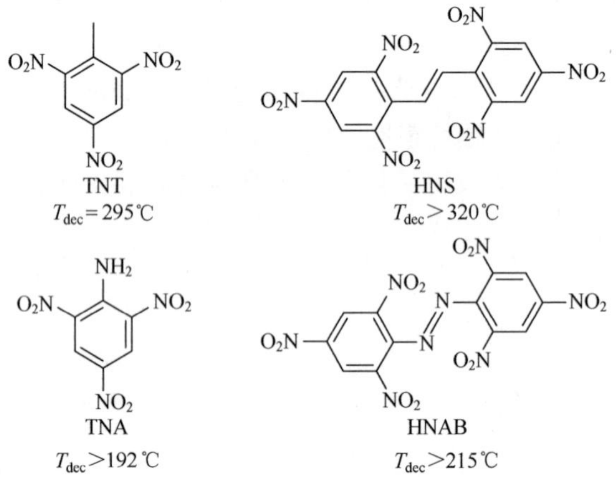

TNT
T_{dec} = 295 ℃

HNS
T_{dec} > 320 ℃

TNA
T_{dec} > 192 ℃

HNAB
T_{dec} > 215 ℃

图 9.48 构建共轭体系可以提高热稳定性

(4) 与三唑缩合。Coburn 和 Jackson 详细报道了有关合成三硝基苯以及氨基三硝基苯衍生物的各种研究,以 1,2,4-三唑以及氨基 1,2,4-三唑与三硝基氯苯反应进行制备。这些化合物中最有意思的分子是(2,4,6-三硝基苯氨基)-1H-1,2,4-三唑(PATO),作为一种著名的耐热炸药,可通过三硝基氯苯与 3-氨基 1,2,4-三唑缩合获得,如图 9.49 所示。Agrawal 等合成了另一个类似结构的化合物,即 1,3-双(1′,2′,4′-三唑-3′-氨基氨基)-2,4,6-三硝基苯(BTATNB),可通过 1,5-二氯-2,4,6-三硝基苯与两当量的 3-氨基-1,2,4-三唑反应制备。BTATNB 显示出较 PATO 稍高的热稳定性,其撞击和摩擦感度也较 PATO 低。

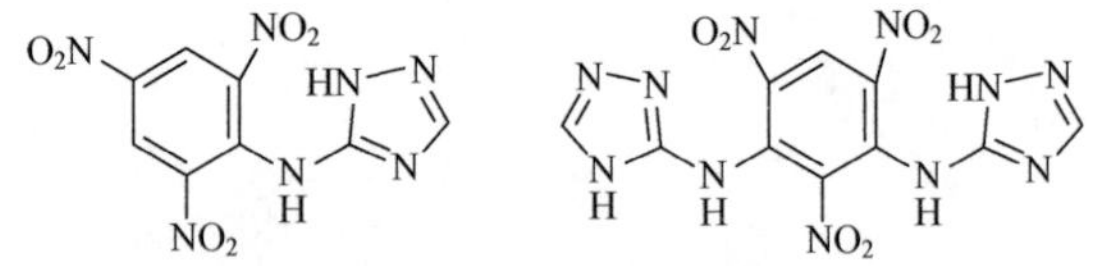

图 9.49 PATO(左)和 BTATNB(右)的分子结构

Agrawal 等还报道了 N,N′-双(1,2,4-三唑-3-基)-4,4′-二氨基-2,2′,3,3′,5,5′,6,6′-八硝基偶氮苯 BTDAONAB 的合成(结构如图 9.50 所示),该化合物低于 550 ℃不熔化,被认为是较 TATB 更好的耐热炸药。该化合物撞击以及摩擦感度低(21 J,>360 N),热稳定性大于 550 ℃。根据这些已报道的性能,

BTDAONAB 的性能优于上述的所有硝基芳族化合物。BTDAONAB 的爆速为 8600 m·s^{-1}，大于 TATB 的 8000 m·s^{-1}。此外，Keshavarz 等最近报道了另外一种多硝基芳香族化合物（BeTDAONAB），结构类似于 Agrawal 等合成的 BTDAONAB，分子两端的三唑环被替换为了能量更高的四唑环，据报道也非常不敏感，其结构如图 9.51 所示。BTDAONAB 和 BeTDAONAB 的性能如表 9.22 所示，这两个极度耐热的含能化合物的缺点是不能被常用起爆药叠氮化铅 LA 和斯蒂芬酸铅 LS 成功起爆。

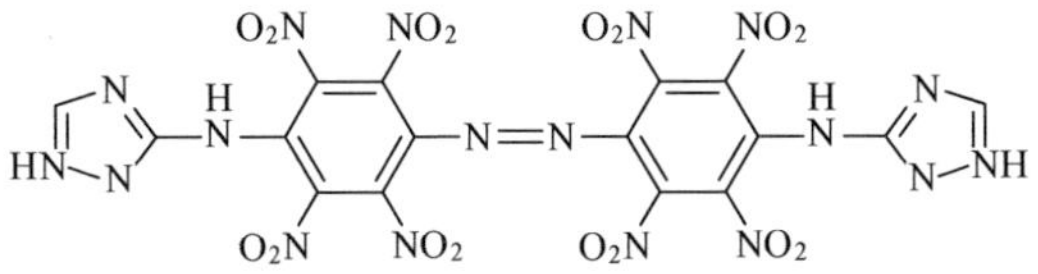

图 9.50 BTDAONAB 的分子结构

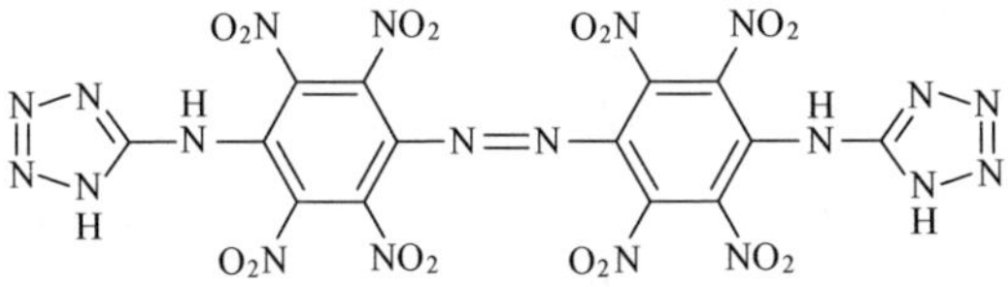

图 9.51 BeTDAONAB 的分子结构

表 9.22 TATB、HNS、BTDAONAB 和 BeTDAONAB 的性能对比

参　数	TATB	HNS	BTDAONAB	BeTDAONAB
$\rho/(g\cdot cm^{-3})$	1.94	1.74	1.97	1.98
DTA(exo)/℃	360	353	550	275
DSC(exo)/℃	371	350	—	268
$\Omega_{co}/\%$	-18.6	-17.8	-6.8	-5.9
IS/J	50	5	21	21
FS/N	>353	240	353	362
p_{C-J}/GPa	27.3	24.4	34.1	35.4
$D/(m\cdot s^{-1})$	7900	7600	8600	8700

最近，研究人员报道了分解温度为 335℃ 的新耐热炸药 5,5′-双(2,4,6-三硝基苯基)-2,2′-双(1,3,4-噁二唑)TKX-55，合成路线如图 9.52 所示。该化合物以 TNT 为原料且展现出具有前景的爆轰性能，爆速 8030 m·s^{-1}，爆压 27.3 GPa。

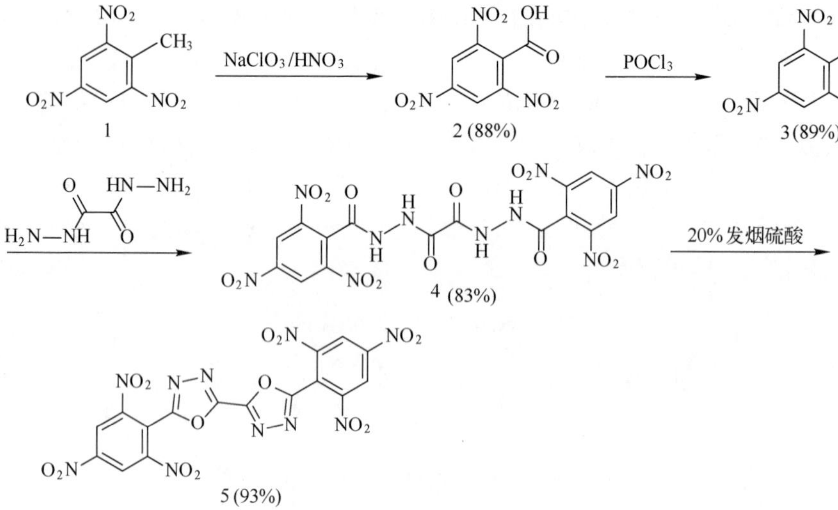

图9.52 TKX-55的合成路线

此外,一种新的杯芳烃炸药可以通过简便的合成方法制备,结构如图9.53所示,其分解温度360℃较TKX-55热稳定性更好,然而爆轰性能(爆速7865 m·s^{-1},爆压28.9 GPa)低于TKX-55。3-硝基-4-氨基-7-(1H-四唑基)(1,2,4)三唑并(1,2,4)三嗪也被认为是潜在的TATB替代物,然而其分解温度仅为305℃明显低于TATB的分解温度。显然,人们对新的耐热炸药存在确切需求,并且仍在寻找性能更优、更便宜的可用于石油和天然气勘探、太空应用和核武器等场景的化合物。

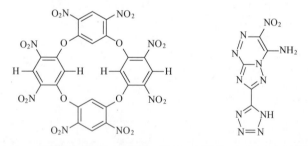

图9.53 硝基杯芳烃(左)以及3-硝基-4-氨基-7-(1H-四唑基)-(1,2,4)三唑并(1,2,4)三嗪(右)的分子结构

第10章 含能材料的合成

10.1 分子构建单元

大多数无机和有机含能材料含有至少一种如表10.1所示的构筑单元,这些含能化合物可通过官能团进行分类。

表 10.1 含能材料基本的构筑单元

基　团	含能物质	例　子
—O—O—	有机过氧化物	TATP
ClO_3^-	氯酸盐	$KClO_3$
ClO_4^-	高氯酸盐	AP
$—NF_2$	有机二氟氨基衍生物	HNFX-1
$—NO_2$	有机硝基化合物	TNT
$—O—NO_2$	有机硝酸酯化合物	NG、PTEN、NG-A
NO_3^-	硝酸盐	AN
—N=N—	有机或无机重氮化合物	TAGzT
$—N_3$	共价型叠氮化物	GAP
N_3^-	离子型叠氮化物	$[N_2H_5][N_3]$、叠氮肼
$—NH—NO_1$,$—NR—NO_2$	硝胺化合物	RDX、HMX
$N(NO_2)_2^-$	二硝酰胺化合物	ADN
=N—NO_2	硝亚胺基化合物	硝亚胺基四唑
—CNO	雷酸盐	$Hg(CNO)_2$、雷酸汞盐
—C≡C—	乙炔化物	Ag_2C_2、乙炔银

硝亚胺基四唑和四(二氟胺基)八氢二硝铵基二氮杂环辛(HNFX)的分子结构结构式如图10.1所示。

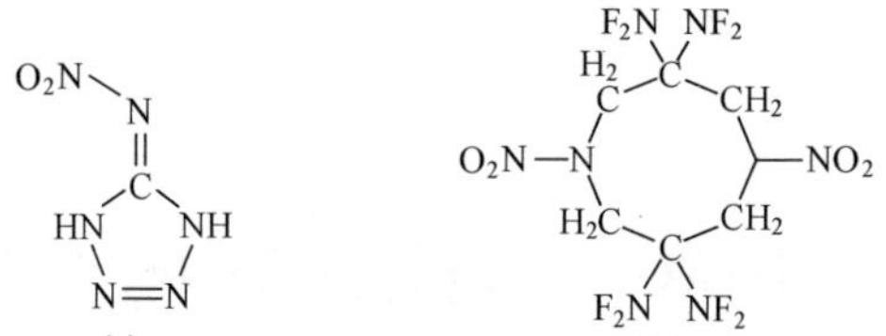

图 10.1 硝亚胺基四唑(a)和四(二氟氨基)八氢二硝铵基二氮杂环辛烷(HNFX)(b)的分子结构式

硝亚胺基四唑除了含有吸热环外,还含有有助于产生正氧平衡($\Omega=-12.3\%$)的氧化性硝亚胺基团。HNFX 的应用效果与 HMX 相似,因为 HNFX 的分子结构与 HMX 相近,二氟氨甲基取代 HMX 的两个硝胺基团变为 HNFX,未被取代的两个硝胺基团和引入的二氟氨基表现出强氧化性。

10.2 硝化反应

如表 10.2 所示,实际上,所有的军用配方都含有 TNT、RDX 或 HMX,此外,季戊四醇四硝酸酯(PETN)和硝化甘油均扮演着很重要的角色,所有这些物质都是通过硝化反应得到的。表 10.2 列出了不同类型的硝化反应。

表 10.2 硝化反应

反应	碳硝化	氧硝化	氮硝化
产物	硝基化合物、R—NO_2	硝酸酯、R—O—NO_2	硝胺化合物、R—NH—NO_2
例子	TNT、PA、三硝基苯甲硝胺、TATB、HNS	NC、NG、PETN、NG-A	RDX、HMX、NQ
硝化剂	混合酸:HNO_3/H_2SO_4	混合酸:HNO_3/H_2SO_4	混合酸:HNO_3/H_2SO_4、$HNO_3/(100\%)$

有机化合物的硝化反应大多数仍使用混合酸或 65%~100% 的硝酸作为硝化剂。混合酸是浓硝酸和浓硫酸的混合物,由于硝酰阳离子 NO_2^+ 的存在,使得混合酸成为强硝化剂。

$$HNO_3+H_2SO_4 \longrightarrow H_2ONO_2^+ + HSO_4^-$$
$$H_2ONO_2^+ + HSO_4^- + H_2SO_4 \longrightarrow NO_2^+ + H_3O^+ + 2HSO_4^-$$

使用混合酸时,通过亲电取代作用可将芳香烃转化为硝基化合物,例如,混合酸对甲苯直接硝化得到三硝基甲苯。其他较好的硝化剂有 $NO_2^+BF_4^-$、$NO_2^+OSO_2CF_3^-$ 的二氯甲烷溶液。

使用混合酸或100%HNO₃作为硝化剂的N-硝化反应典型例子为氨基四唑硝化生成硝胺基四唑,反应式见图10.2[123]。

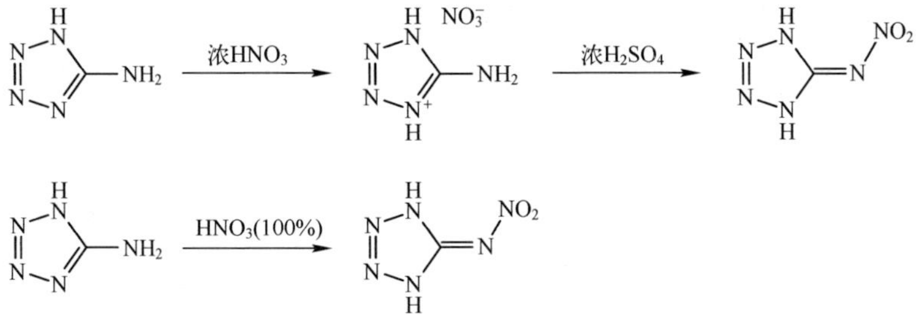

图10.2 氨基四唑硝化生成硝胺基四唑的反应过程

氨基硝基胍重氮化生成叠氮硝基胍,叠氮硝基胍在碱性条件下环化生成硝亚胺基四唑,反应生成率较高,反应方程式见图10.3。

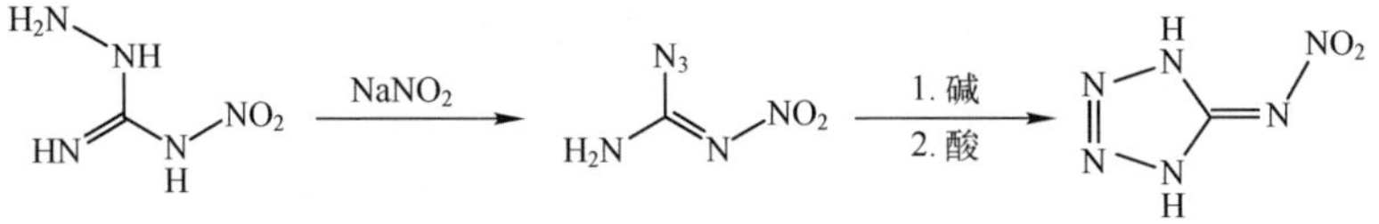

图10.3 氨基硝基胍生成硝亚胺基四唑的反应过程

采用硝酸作为硝化剂进行硝化反应的另一个典型例子为HMTA经过两步反应生成RDX,首先HMTA反应生成TART,然后TART发生硝化反应RDX,反应式见图10.4。

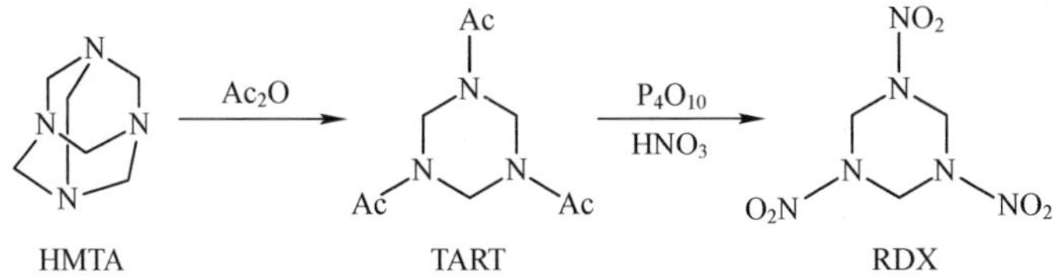

图10.4 HMTA经过TART中间体生成RDX的反应过程

在现代合成化学中,N_2O_5也被用作硝化剂,其优点是N_2O_5可在无水条件下使用,使用纯N_2O_5,不存在任何其他酸性杂质。如果酸性杂质不影响硝化反应,N_2O_5和HNO_3的混合物也是一种强硝化剂。

过去,N_2O_5的制备工艺主要是通过硝酸在-10℃下脱水生成,因为N_2O_5是一种很容易升华的固体(升华条件为32℃,0.1 MPa)。

$$12HNO_3 + P_4O_{10} \xrightarrow{-10℃} 6N_2O_5 + 4H_3PO_4$$

自1983年以来,大家一直利用劳伦斯利弗莫尔国家实验室的N_2O_5制备技术,在 N_2O_4 存在下电解硝酸得到 N_2O_5 浓度大约为 15%~20% 的无水硝酸溶液。

$$2HNO_3 \xrightarrow{N_2O_4, 2e^-} N_2O_5 + H_2O$$

接下来,研究人员的目标是寻找到一种获得不含酸的纯 N_2O_5 的方法。1992年,DRA 实验室开发了一条半自动化制备工艺,即使用臭氧含量为 5%~10% 的臭氧-氧气混合物对 N_2O_4 进行气相臭氧化作用[124-125]。

$$N_2O_4 + O_3 \longrightarrow N_2O_5 + O_2$$

纯 N_2O_5 与卤代有机溶剂(CH_2Cl_2、$CFCl_3$)配成的溶液是一种温和的硝化剂,已经得到广泛应用(表10.3)。

典型的硝化开环反应如下所示:

$$\text{cyclo-}(CH_2)_nX \xrightarrow[n=2,3;X 为 O、NR(R 为烷基)]{N_2O_5, CH_2Cl_2, 0\sim10℃} O_2NO-(CH_2)_n-X-NO_2$$

表 10.3　CH_2Cl_2/N_2O_5 溶液在合成反应中的应用

反应类型	产　物
芳香烃化合物硝化	$C-NO_2$
硝解	$N-NO_2$
开环反应	$N-NO_2$ 或 $O-NO_2$
选择性硝化	$O-NO_2$(少量 $N-NO_2$)

然而,当氮原子上的取代基团为氢原子而不是烷基基团,发生硝化反应时四元环结构得以保留。在相似的合成路线下,得到强氧化剂 TNAZ 和 CL-20,见图1.7。

$$\text{cyclo-}(CH_2)_3NH \xrightarrow{N_2O_5, CH_2Cl_2, 0\sim10℃} \text{cyclo-}(CH_2)_3NNO_2$$

ADN 是一种能量高、不含有碳和卤素的新型氧化剂,是一种环境友好的高能无机盐。早在1971年,莫斯科的泽林斯基有机化学研究所首次合成出 ADN。据报道,以 ADN 为基的固体推进剂已应用到俄罗斯 TOPOL 洲际弹道导弹中,在苏联,ADN 的制备规模已达到吨级。ADN 是一种无色晶体、氧含量很高的氮氧化物,在炸药(与强还原剂如铝粉、三氢化铝或有机化合物混合)以及固体推进剂中均表现出优异的性能,由于 ADN 不含卤素,可制备成环境友好、特征信号低的固体推进剂,是取代高氯酸铵的最佳候选物。

初始计算结果表明二硝酰胺离子具有 C_2 对称结构,见图10.5。然而,在溶液中以及固态下,局部对称主要是以 C_1 对称结构为主,这是由于基于弱的阳离子-阴离子相互作用以及溶剂化作用,$-NNO_2$ 的旋转阻力(小于 13 kJ·mol^{-1})很小以至于二硝酰胺离子很容易发生扭曲变形[126]。

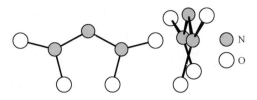

图 10.5 两个不同视角下的具有 C_2 对称结构二硝铵的结构

尽管 ADN 已达到工业级制备规模,但其实验室小规模的合成也是必要的,这需要对反应条件进行精确控制。通常,在氯代烃溶剂中,使用 N_2O_5(NO_2 臭氧化得到)对氨水进行硝化制备 ADN,见图 10.6。

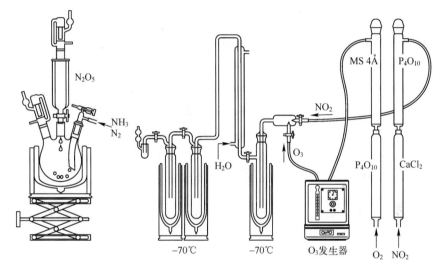

图 10.6 小规模实验室制备 N_2O_5(右)和 ADN(左)的设备示意图

N_2O_5 的合成过程:

$$2NO_2 + O_3 \longrightarrow N_2O_5 + O_2$$

ADN 的合成过程:

$$NH_3 + N_2O_5 \longrightarrow (O_2N)NH_2 + HNO_3$$
$$(O_2N)NH_2 + N_2O_5 \longrightarrow (O_2N)_2NH_2 + HNO_3$$
$$(O_2N)_2NH + NH_3 \longrightarrow [(O_2N)_2N]^-[NH_4]^+$$
$$2HNO_3 + 2NH_3 \longrightarrow 2[NO_3]^-[NH_4]^+$$

$$2N_2O_5 + 4NH_3 \longrightarrow 2[NO_3][NH_4]^+ + [(O_2N)_2N]^-[NH_4]^+$$

注:二硝酰胺是一种酸性很强的酸,其 Pk_a 为 -5.6。

工业上,一般采用硝化尿素的方法来制备 ADN。首先,稀硝酸与尿素反应得到尿素硝酸盐;然后,尿素硝酸盐与浓硫酸反应脱氢得到硝胺基尿素;最后,用强硝化剂($NO_2^+ BF_4^-$、N_2O_5)硝化硝胺基尿素得到1,1-二硝胺基尿素,二硝胺基尿素与氨气反应得到 ADN 和尿素。

$$H_2N-CO-NH_2 \xrightarrow{HNO_3} [H_2N-CO-NH_3]^+[NO_3]^-$$

$$[H_2N-CO-NH_3]^+[NO_3]^- \xrightarrow{H_2SO_4} H_2N-CO-NHNO_2$$

$$H_2N-CO-NHNO_2 \xrightarrow{N_2O_5} H_2N-CO-N(NO_2)_2$$

$$H_2N-CO-N(NO_2)_2 + 2NH_3 \longrightarrow [NH_4]^+[N(NO_2)_2]^- + H_2N-CO-NH_2$$

此外,用混合酸(HNO_3/H_2SO_4)直接硝化氨基磺酸盐(钾盐或铵盐)可得到 ADN,该制备方法被认为是一种环境友好的制备途径。氨基磺酸可由尿素与焦磺酸($H_2S_2O_7$)反应得到,ADN 与金属氢氧化物反应生成相对应的 ADN 金属盐。

$$H_2N-SO_3 \xrightarrow{HNO_3/H_2SO_4, T<-25℃} N(NO_2)_2^-$$

$$H_2N-CO-NH_2 + H_2S_2O_7 \longrightarrow 2NH_2-SO_3H + CO_2$$

$$MOH + [NH_4][N(NO_2)_2] \longrightarrow [M][N(NO_2)_2] + NH_3 + H_2O$$

10.3　火炸药配方制造工艺过程

大多数军用炸药是固体颗粒状,这些颗粒与其他含能添加剂(胶黏剂、增塑剂)或不含能添加剂(抗氧化剂、湿润剂、石蜡)混合,然后用下列制备工艺成型:

(1) 熔铸,大多在真空条件下;

(2) 压装,经常在真空条件下;

(3) 挤压,高压下。

熔铸(熔融-浇铸)是最古老的成型工艺,其组成主要有 TNT 载体、含能添加剂 RDX 或 HMX。TNT 大约在 80℃熔化,其点火温度较高(240℃),见图 10.7。RDX 和 HMX 的熔点与其分解温度接近,而其他含能组分如 NQ 或 TATB 分解温度比其熔点低得多,见图 10.7。熔铸工艺的最大缺点是炸药冷却凝固后会产生裂纹,从而影响药柱的性能和感度。

为克服熔铸工艺的缺点,发展了以单质炸药 RDX 或 HMX 为填料,液体聚合物(如 HTPB、GAP 等)为胶黏剂,采用浇注成型工艺的 PBX 炸药。在浇注工艺过程中,单质炸药(RDX、HMX)与胶黏剂(HTPB)混合,用二异氰酸酯固化形成具有一定尺寸且稳定性较好的药柱。这种工艺通常在真空条件下进行,通过振动或者搅拌来填满模具,同时赶走模具中残存的气泡。这种浇注工艺一般适

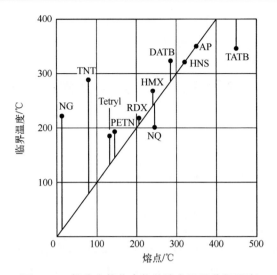

图 10.7　部分含能化合物的熔点以及分解温度

用于大口径弹药。

除了熔铸工艺以及浇注工艺外,压装工艺也是常用的成型工艺,造型粉常利用真空压装工艺成型,与熔融工艺相比,其工艺温度较低。然而,因其操作过程中危险性更大,故需要自动化或远程操控。

挤出成型是利用塑料工业中常用的螺杆型挤出机进行成型,在这一过程中,单质炸药与胶黏剂经历混合、挤压,最终在高的压力下从小孔中被挤出,常用于 PBX 炸药的制造。

第 11 章 实验室中含能材料的安全操作

11.1 概 述

化学研究实验室与工业制备车间不同,这里面原因有很多。首先,化学研究实验室只能处理很少量的含能材料;其次,在新型含能材料的研究阶段,其性能未知,必须格外小心。最重要的一条安全规则是"大拇指"规则,即安全距离 $D(\mathrm{m})$ 与炸药质量 $w(\mathrm{kg})$ 密切相关,安全距离提供了逃生机会。对于典型的猛炸药来说,其相关系数约等于 2。

$$D = cw^{0.33} \approx 2\ w^{0.33}$$

上述粗略估算值只是基于炸药冲击波的压力和冲量,并未考虑壳体装药、实验室通风柜前罩以及反应玻璃容器所带来的额外伤害。

在化学实验室,为了从事含能材料人员的安全,必须遵守以下规章制度:

(1) 尽可能使用最小量的含能材料;

(2) 与含能材料保持最大距离(不要直接用手传递含有含能化合物的容器,而是用适合的钳子或夹具);

(3) 尽量采用机械化操作;

(4) 永远不要直接用手密封容器;

(5) 穿戴好防护用具(手套、凯夫拉背心、耳塞、面罩)。

另外,大家必须牢记起爆药是特别危险的,由于其感度较高,故存在不可预期的起爆。猛炸药表现出更好的爆轰性能,如果被引爆,其毁伤能力比起爆药更大。对于新型含能材料的研究,根据"大拇指"规则,所有的首次合成探索试验应控制在 250 mg 以内,并获得各种感度数据(摩擦感度、撞击感度及静电感度,热稳定性)。只有获得上述所有数据且证明安全性是可控的,才能将合成量放大到 1 g。后期,可将合成量放大至 5 g,最大合成量为 10 g,这取决于含能材料的感度数据。后续需进一步开展性能试验,如长期储存稳定性(DSC,长期储存热量变化测试等)。

11.2 防护设施

在实验室,每个化学工作者除了穿戴常规劳保护具(实验室工作服、防护眼

罩、封闭式鞋子、防火服)之外,当处理少量单质炸药时,还可以采用以下防护措施进一步安全保护:

(1) 恰当的防护手套;
(2) 凯夫拉护腕;
(3) 聚碳酸酯防护面罩(戴在普通防护眼罩上面);
(4) 护耳器;
(5) 导静电鞋(这是非常重要的,因为地板是导电的,尤其是在处理猛炸药时);
(6) 皮革防护夹克(由2 mm厚皮革制成)或凯夫拉防护马甲。

最后,使用导电塑料制作的刮刀代替金属刮刀,确保实验室设备、含能材料存储时应置于由导电塑料制成的容器并存放在表面导电的位置。

在实验室处理含能材料时发生意外伤害最多的是手部受伤。目前市面上有各种材质制成的防护手套。除了考虑防护效果外,还要考虑良好的手感。目前合适的防护手套有多种可选择性,有些化学工作者更喜欢厚皮手套(焊接手套),而一些化学工作者更喜欢凯夫拉手套。根据 DIN EN 388(机械危险性),应根据切割阻力(低、中、高)将防护手套分为三大类,建议选用Ⅲ类手套。将两种手套结合使用能提供良好的保护,先戴一副贴身的凯夫拉装甲手套(杜邦公司生产的纤维制作而成)或凯夫拉 ES 手套,将第二双手套戴在凯夫拉手套上面,其中手套手掌心部位用钢材制作,手掌心以外的地方用橡胶或 PVC 制作而成。

对爆炸过程中的防护作用开展相关测试研究是非常有必要的[127]。例如,研究人员开展了 1 g Pb(N$_3$)$_2$ 在 10 mL 玻璃容器中的爆炸试验,并获得了爆炸后产生的碎片分布(大小和方向),结果如图 11.1 和表 11.1 所示。

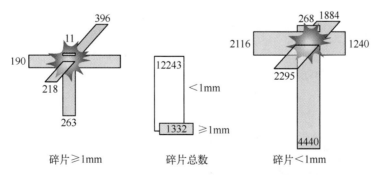

图 11.1　1 g Pb(N$_3$)$_2$ 在 10 mL 玻璃容器中爆炸后的碎片大小和分布

表 11.1 爆炸产生的玻璃碎片的数量和穿透深度

参 量	未保护	凯夫拉手套		含钢板凯夫拉手套		钢丝加强凯夫拉手套		皮质手套	
	1#	1#	2#	1#	2#	1#	2#	1#	2#
手套上碎片数量(≥1mm)/个	0	10	13	17	18	10	14	5	4
手套上碎片数量(<1mm)/个	4	45	12	38	16	8	21	18	13
手套上碎片总数/个	4	55	25	55	34	18	35	23	17
手上碎片数量(≥1mm)/个	30①	14②	13	3	2	0	1	1③	0
手上碎片数量(<1mm)/个	20	0	5	3	0	2	1	1	0
手上碎片总数/个	50	14	18	6	2	2	2	2	0
最深穿透深度/mm	15.0	7.0	8.6	5.0	6.0	1.0	6.0	5.0	—
平均穿透深度/mm	4.9	2.5	2.8	1.8	3.8	0.8	4.5	4.0	—

① 5个碎片大于5mm;
② 1个碎片穿透整个手掌;
③ 1个碎片大于5mm。

图 11.2 展示了一种考察不同防护手套防护效果的典型试验装置,在图 11.2(a)和(b)展示的试验装置中,手套距离含有 1 g Pb(N₃)₂的 10 mL 玻璃容器 10 cm,图 11.2(c)展示了非防护手套的穿孔情况,图 11.2(d)展示了一只戴有凯夫拉防护手套的手受碎片冲击情况。在图 11.2(e)中,尽管有凯夫拉手套保护,但玻璃碎片的穿透深度仍增大(见图 11.2(d)的右下方)。表 11.1 展示了佩戴不同类型手套时玻璃碎片的穿透深度,同时与不佩戴手套时的情况进行了对比。

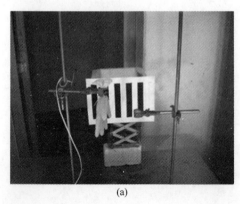

(a)

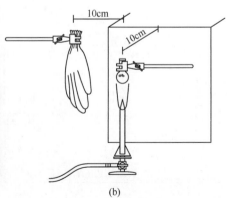

(b)

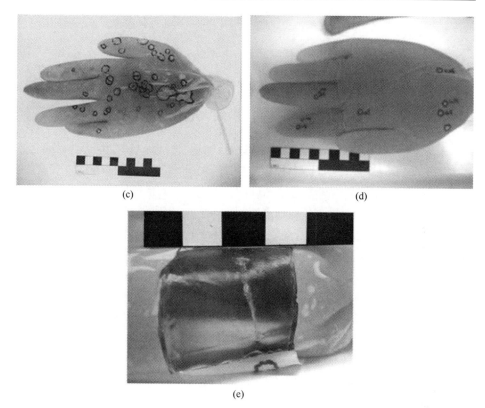

图 11.2　考察不同防护手套防护效果的试验装置(刻度单位为 1 cm)

11.3　实验室设施

除了上述讨论的个人防护装备外,还必须根据现有的安全标准对实验室进行防护。每个化学实验室除了必须达到现有标准外,下列的情况也必须加以关注:

(1) 导静电地板;

(2) 湿度大于 60%,最好能大于 70%,尤其是在装有中央暖气系统的房间里,冬天应该使用加湿器保持一定的湿度;

(3) 用于短期存放少量含能材料的合适的防护容器;

(4) 用于存放大量含能材料的专用存储间(不应该存放在实验室内);

(5) 用于存放氧化剂(HNO_3、NTO、H_2O_2、MON)和燃料(MMH、UDMH)的独立冰箱/冷藏间;

(6) 用于处理大量含能材料的机械臂。

第12章 未来含能材料

自从1867年诺贝尔将硝化甘油用作爆炸物后,含能材料的性能大幅提高,感度大幅下降(图12.1)。然而,目前使用的大多数配方已经超过50年,难以满足现在对高性能、高毁伤威力、不敏感性、低毒性、环境友好和特殊加工工艺的需求。

含能材料主要应用于炸药或推进剂配方中。如前所述,目前用来表征炸药和推进剂性能的参数有很多,这些参数对于新型含能材料的发展至关重要,这些参数包括:高密度ρ(与推进剂装药相比,密度对炸药装药更重要),氧平衡为正值(Ω)以及高爆轰和燃烧温度(针对炸药装药)。然而,适用猛炸药的含能化合物不一定都适用于推进剂,反之亦然。炸药性能主要取决于爆热$Q_{C\text{-}J}$、爆压$p_{C\text{-}J}$和爆速D,而高性能火箭推进剂需要高比冲I_{sp}和高推力F。对于推进剂装药来说,除了要求高比冲和高推力外,还希望其燃温低、反应产物中的N_2/CO比尽可能高。

图12.1和表12.1展示了自从硝化甘油问世以来,爆炸物性能的提升情况,其中采用爆热、爆压和爆速来表征单质炸药的性能。

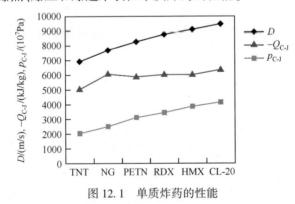

图12.1 单质炸药的性能

表12.1 一些传统单质炸药的氮含量N和氧平衡Ω数据

单质炸药	氮含量/%	氧平衡/%
TNT	18.5	−73.9
PETN	17.7	−10.1
RDX	37.8	−21.6
HMX	37.8	−21.6

尽管单质炸药的性能有所改善,但对于传统基于硝基和硝胺基团化合物的C/H/N/O型单质炸药来说,对其性能进行大幅提升是很困难的,这是由于传统单质炸药受以下三个方面的限制:

(1) 氮含量不够高;
(2) 氧平衡经常是负值;
(3) 为达到好的氧平衡,必须将不同的单质炸药混合在一起。

近期研究结果表明,富氮化合物($N>60\%$)由于其生成焓为正值,因此与其碳相似物相比,富氮化合物具有更高的能量。第一代富氮化合物,如偶氮四唑肼盐(HZT)和偶氮四唑三氨基胍盐(TAGzT)(图12.2),具有低烧蚀性,可用作发射药组分,但其氧平衡为负值,不适于用作高性能单质炸药(表12.2)。

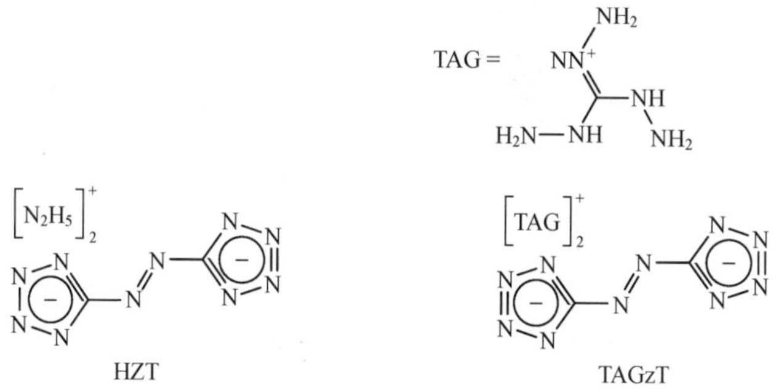

图12.2 偶氮四唑肼盐(HZT)和偶氮四唑三氨基胍盐(TAGzT)的结构式

表12.2 一代和二代富氮化合物的氮含量和氧含量数据

富氮含能材料		氮含量/%	氧含量/%
一代	HZT	85	−63
	TAGzT	82	−73
二代	TAG-DN	57	−18
	HAT-DN	58	0

随着含有强氧化性基团的第二代富氮化合物的合成,上述问题将有所改变,这些新型富氮化合物具有几乎中性的氧平衡,例如,二硝酰胺三氨基胍盐(TAG-DN)和氨基四唑二硝酰胺(HAT-DN)(图12.3和表10.3)[128-129]。

图12.3 二硝酰胺三氨基胍盐(TAG-DN)和氨基四唑二硝酰胺盐(HAT-DN)的结构式

因此,TAG-DN 和 HAT-DN 是很有潜力的单质炸药。这些化合物由于氧平衡为正值,也适于用作火箭推进剂组分。研究表明推进剂比冲提高 20 s 就足可以让有效载荷加倍。图 12.4 列出了 AP/Al(70:30)、HAT-NO₃、HAT-DN 和 TAG-DN(7 MPa)的理论比冲。

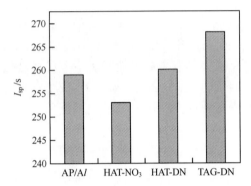

图 12.4　AP/Al(70:30)、HAT-NO₃、HAT-DN 和 TAG-DN(7 MPa)的理论比冲

爆速是评价炸药性能的关键指标之一,二代富氮化合物的理论爆速比第一代高,其中 HAT-DN 的爆速比 RDX 和 HMX 的爆速都高(结果见图 12.5)。

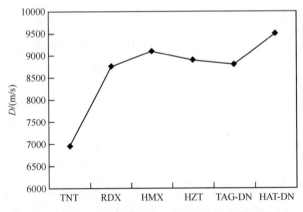

图 12.5　传统 CHON 单质炸药和富氮单质炸药的爆速 D

图 12.6 为用于构建新型氧化剂的合成子。

具有潜力的未来含能材料研究方向包括以下几方面(表 12.3):

(1) 氧平衡为正值的金属富氮化合物;

(2) 亚稳态聚合氮;

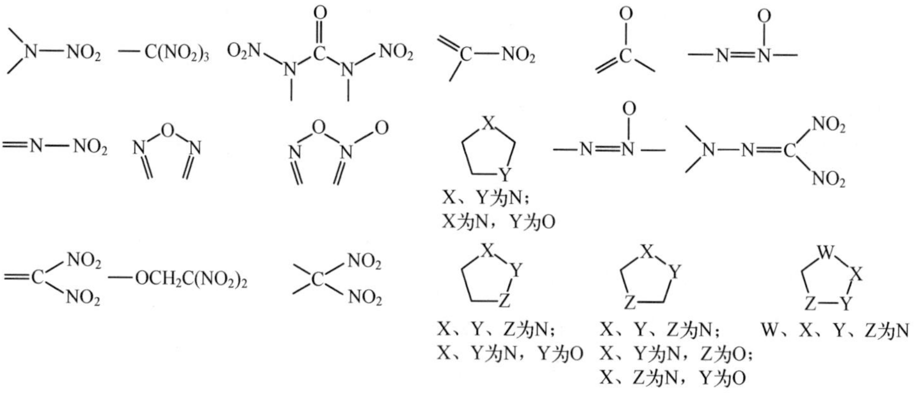

图 12.6 用于构建新型氧化剂的合成子

（3）含富氮或聚合氮配体的金属有机化合物；
（4）氧平衡为正值的硼氮化合物；
（5）用氟元素（—NF_2）取代氧元素（—NO_2）；
（6）非高氯酸盐氧化剂；
（7）取代硝化棉的新型含能聚合物；
（8）更有效的含 F、Cl 或者过氧基团的反生物战剂；
（9）碳纳米管等纳米材料；
（10）稳定于碳纳米管中的 N_4 以及 N_8；
（11）新型高能氧化剂（HEDO）。

表 12.3 未来含能材料研究领域

需 求	解决途径	研究领域
弹头小型化	提高 ΔU_{ex}：目前为 5~6 kJ/g，未来为 10~20 kJ/g	新型高能量密度材料 聚合氮、聚合 N_2O 等新型材料
—	—	铝热剂、Al-PTFE 复合物、Al-Zn-Zr、Al-W 和 Al-U 合金等反应性材料
反化学武器措施	ADW	过氧化物、臭氧、含氯化合物、次氯酸盐
反生物武器措施	ADW	过氧化物、臭氧、含氯化合物、次氯酸盐、含氟化合物（HF 生成物）
更高效燃料	纳米化	活性保持问题，用强氧化基团包覆（多硝基醇）
非高氯酸氧化剂	新型 HEDO	多硝基化合物，含过氧基的化合物
特殊的 GWT 任务	温压体系、燃料空气炸药（FAE）	包覆纳米铝颗粒，强吸热液体

这里需要特别强调的是,对于特定应用场景来说,爆炸参数的选择是尤其重要的,例如,爆压是影响爆炸效果最重要的性能参数,而对于聚能装药来说,应追求高的爆速。

因为致命武器主要依赖于冲击波超压所产生的破坏效果,新型高能炸药有助于实现武器系统的小型化。如果武器系统的杀伤力依赖于产生的破片(破片弹头),则新型高能炸药对于提高武器性能的作用微乎其微。在传统弹头中,超过75%的质量属于不锈钢制成的非反应性壳体,开展化学稳定且反应活性高的活性破片研究有助于解决上述问题。这种反应性材料可以是铝热剂、Al-PTFE复合物或 Al-Zn-Zr、Al-W 和 Al-U 基合金。这种反应性材料需具有的性能:①高密度;②高硬度;③击中目标时发生快速反应且释放出大量热量。其中,金属间化合物 ZrW_2 是值得注意的反应性材料。ZrW_2 是一种具有高密度和高硬度的金属间化合物,其在高温下与空气反应/燃烧释放出大量热量,这种金属间化合物可作为弹头用的反应性材料。与 $MgCu_2$ 结构相同的固态 ZrW_2 硬度很大且堆积密集,这种 Zr 含量33%的金属间化合物能在很高温度下燃烧,反应释放出大量热量。ZrO_2 的生成热($-1100\ kJ/mol$)很高,与 CeO_2 的生成热($-1089\ kJ \cdot mol^{-1}$)接近。

含大量金属燃料的炸药配方同样适用于洞穴、隧道等受限空间的作战任务,这是因为在受限空间里,生命体生存所必需的氧气被金属燃烧过程所消耗。

图 12.7 为由臭氧和 N_2O_5 合成 DFOX 的路线图。DFOX 作为独特的具有正氧平衡($\Omega_{CO} = +52\%$,$\Omega_{CO_2} = +52\%$)的新型高能炸药,其与铝混合后,不仅爆热和爆温大幅提高,经过合理的配方设计(DFOX/Al 80/20)也可以使 DFOX/Al 配方的爆速和爆压大幅提高,与之相比,RDX 在提高爆速和爆压方面的表现一般,具体结果如表 12.4 所示。DFOX/Al 含量为 70/30 的配方性能与 RDX/Al 含量为 70/30 的混合物基本相同,但与相应的含铝 RDX 配方相比,爆温提高了 1000 K,且爆热增大 $500\ kJ \cdot kg^{-1}$。

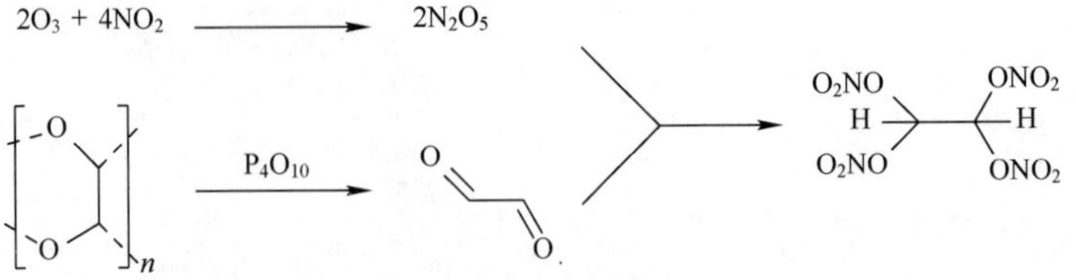

图 12.7 由臭氧和 N_2O_5 合成 DFOX 的路线图

表 12.4 DFOX 和 RDX 在含铝配方中的爆轰性能

爆轰性能	DFOX	DFOX/Al (80%/20%)	DFOX/Al (70%/30%)	RDX	RDX/Al (80%/20%)	RDX/Al (70%/30%)
VoD/(m·s^{-1})	7678	7798	7156	8919	8201	7723
p_{C-J}/GPa	23.6	28.3	24.2	34.3	31.7	26.6
T_{ex}/K	2375	5358	6345	3749	4978	5391
Q_{ex}/(kJ·kg^{-1})	-2408	-7784	-10142	-5742	-8259	-9559

第 13 章 其他相关内容

13.1 温压武器

温压武器与燃料空气武器可归属于同一类弹药。德国也将燃料空气武器称为气溶胶弹药或燃料空气炸药(FAE)。温压武器与燃料空气武器的工作原理是相通的。

FAE 或燃料空气弹药,是一种通过气溶胶的爆轰或是以粉尘云的形式分散的燃料的爆轰实现毁伤,且其爆轰反应不依赖于配方中氧化剂的弹药。燃料空气弹药内由装填可燃物质(如环氧乙烷)的容器以及两个炸药装药组成。第一个装药起爆后,将可燃物质的细颗粒抛洒到空气中,形成气溶胶。随后,约几微秒至几毫秒后,第二个炸药装药将气溶胶引爆,产生高压。

气溶胶爆燃产生的压力波弱于 RDX 等炸药爆轰形成的压力波。然而,在 10~50 m 直径内,气溶胶的爆燃基本是同时发生的。燃料空气弹药抛洒出的燃料颗粒能进入洞穴、坑道和防御工事内部,这使得燃料空气弹药在全球反恐战争(GWT)中可发挥比传统炸药装药更重要的作用,这是因为传统炸药装药的压力持续效应相对较弱。

此外,与传统的炸药装药相比,燃料空气弹药的热效应也高得多。因此,其对人员以及非武装车辆等其他软目标的杀伤效果也更突出。

由于燃料空气炸药配方不含氧化剂,燃料的燃烧主要利用空气中的氧气,因此燃料空气弹药爆炸时会将空气中的氧消耗殆尽。这并不是燃料空气弹药的致命机理,燃料空气弹药会造成大量人员因窒息而死亡。但这并不是因为缺氧而导致的,而是造成了人员的肺部损伤,即气压伤。在正压区上方形成的负压区(见2.2节)会造成肺部空气的扩张,从而造成肺部损伤。燃料空气弹药的特征为压力波宽且较平,伴随着局部真空以及空气中氧的消耗,这些对其毁伤效果都是有利的。

温压弹药也被称作增强型炸药(EBX)。温压弹药爆炸时,除了常规的炸药爆炸外,还伴随着可燃物(通常为 Al 粉)或可燃物与少量氧化剂的混合物在空气中的抛洒和起爆。这一后燃反应(Al 粉与空气形成的火球)一般在高能炸药爆轰后的数微秒内发生。后燃作用强化了高能炸药的爆轰效果,产生了更强的热效应和压力效应。若温压炸药在缺氧的条件下爆炸,其中的 Al 粉难以反应,因而对爆热($\Delta H_{comb.}$ 或 $\Delta H_{expl.}$)也没有贡献。

温压炸药爆炸形成的压力波后方出现了负压现象,导致周围的气体向爆心流动。因负压的存在,未参与爆炸反应以及燃烧中的 Al 粉等燃料被吸入洞穴、防御工事和坑道等密闭空间,并在其中燃烧。这对密闭空间中较远处的人员与动物也能造成窒息和内伤。例如,在较深的坑道中,可因压力波、消耗氧气或负压造成杀伤。

如上所述,温压炸药主要由猛炸药与燃料组成。燃料包括硼、铝、硅、钛、镁、锆和碳等。温压弹药的主要优点在于,与传统主炸药相比,其爆炸释放出的热量以及产生的压强都更大。

在温压弹药中,可使用高铝含量的混合炸药。例如,可将 RDX 与胶黏剂和大量的铝混合使用。目前,研究人员正在研究将含能聚合物金属化后在温压弹药中的应用可能性。温压弹药的爆炸过程中,首先发生的是无氧条件下的爆轰,反应过程为微秒级;然后是缺氧条件下的后燃过程,该过程发生在爆轰后 100μs 左右。后燃反应的持续时间为毫秒级,即使在较小的冲击波压力(约 1 MPa)下也能释放出大量热辐射。

温压弹药爆炸时,其产生的热与压力波能造成较大损伤的距离可由下式进行保守的估算。

$$D = C(nE)^{0.33}$$

式中:D 为温压弹药能造成损伤的距离(m);C 为常数(超压为 7 kPa 时,C 为 0.15 $kg^{-0.33} \cdot s^{0.66} \cdot m^{0.33}$);$n$ 为燃烧的效应因子(一般为 0.1);E 为爆炸和燃烧中释放的能量(J)。

若用"mQ"代替 E,其中 m 为含能材料的质量(单位为 kg),Q 为其燃烧热(单位为 $J \cdot kg^{-1}$),那么临界距离可以表示为

$$D = 0.15 \times (0.1mQ)^{0.33}$$

温压炸药可用于炸弹和肩扛式导弹武器。在以下两种战场环境下,温压弹药的效果优于其他弹药。

(1)武装冲突地区有洞穴、坑道或其他难以打击的设施以及处于地下深处的目标和坚固目标(HDBT)。

(2)对于化学和生物武器(CB),可利用温压弹药的强热效应与其对抗,或实现对其的摧毁(见 13.2 节)。

13.2　反生化武器

反生化武器也称为反生化战斗部(ADW),为机载战斗部,用于对抗具备大规模杀伤能力的化学和生物武器,同时使附带损害最小化。在化学或生物武器中的活性成分发生扩散前,将其销毁或中和,可以最大限度降低附带损害。

反生化武器战斗部的结构与多爆炸成型弹丸战斗部类似(见7.1节),但其进一步与温压武器结合(见13.1节)。温压炸药爆炸产生的高温进入生物或化学武器后,可摧毁活性物质。此外,有的反生化武器还包含Cl释放装置,可以通过氧化进一步摧毁生物毒剂。过氧化物、含次氯酸根的化合物以及氯气也可用于摧毁生物毒剂。

研究发现,Cl_2对生物毒剂的效果优于HCl,而HF的效果则比Cl_2和HCl都好。只需浓度为200 μL/L的HF就能杀灭包括炭疽菌孢子在内的大部分细菌。Bob Chapman 的最近研究显示,装有氟化物质(含—NF_2基团)的反生化武器可以有效消除生物威胁。例如,四(二氟氨基)八氢-二硝基-二氮杂环辛烷(HN-FX)[130]可以非常快速地杀灭炭疽菌孢子。HNFX 杀灭生物的活性不是源于热或高压,而是产生了HF等物质,使得生物毒剂处于严苛的环境中而失活。利用HMX开展的对照试验显示,其杀灭炭疽菌孢子的活性比HNFX低一个数量级(86%的孢子存活)。对octa-F-PETA($C(—CH_2—NF_2)_4$)的测试显示其也可以有效地杀灭炭疽菌孢子。图13.1给出了octa-F-PETA的可能合成路径。

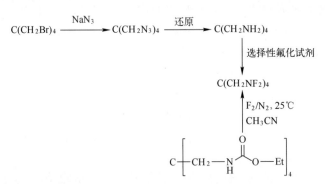

图 13.1　octa-F-PETA 的可能合成路径

octa-F-PETA也可以使用图13.2所示的合成路径制备。不幸的是,由于其挥发性强(熔点:40.42℃,约30℃升华),octa-F-PETA 不能用于反生化武器的主装药。

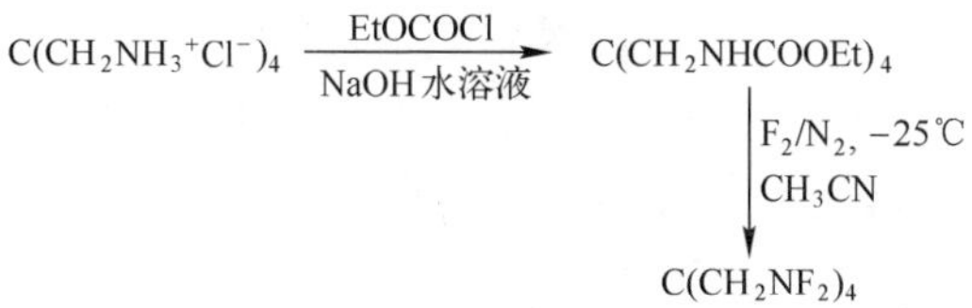

$$C(CH_2NH_3^+Cl^-)_4 \xrightarrow[\text{NaOH 水溶液}]{\text{EtOCOCl}} C(CH_2NHCOOEt)_4 \xrightarrow[\text{CH}_3\text{CN}]{F_2/N_2, -25℃} C(CH_2NF_2)_4$$

图 13.2　octa-F-PETA 的另一种合成路径

六氯三聚氰胺($[—N\!=\!C(NCl_2)—]_3$)是一种含氯的含能材料,也可用作反生化炸药(图 13.3)。六氯三聚氰胺具有反生化活性,可通过三聚氰胺的直接氯化制得(图 13.1)。

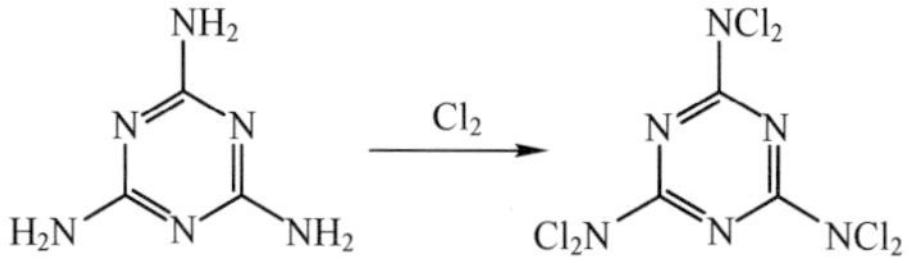

图 13.3　六氯三聚氰胺的合成

杀伤效率 R 定义如下:

$$R = \log(N_0+1) - \log(N_E+1)$$

式中:N_0 为对照组的细菌数;N_E 为细菌暴露在反生化炸药反应产物后的细菌数。

在对照组试验中可以发现,HMX 对炭疽菌胞子的杀伤效率约为 0.06,而 HNFX 对潮湿炭疽菌孢子的杀伤效率约为 3,对干燥炭疽菌孢子的杀伤效率可达 9。

在新的研究中,将炸药双叠氮基乙二肟(化合物 2,见图 13.4)与强效反生物毒剂材料二氟碘胍(化合物 1b,可生成 I_2、I 和 HF)结合,也可获得高达 6~8 的杀伤效率[131]。

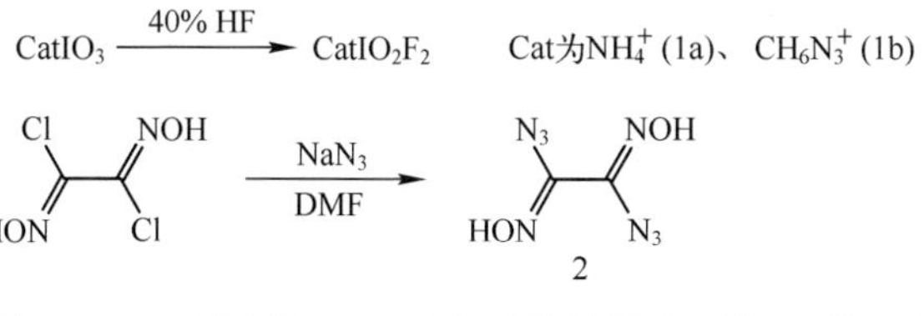

图 13.4　二氟碘盐(1a、1b)和双叠氮基乙二肟(2)的合成

13.3　纳米铝热剂

在含能材料领域,纳米铝热剂是目前的研究热点。在铝热反应中,金属氧化物是氧化剂,铝是燃料。纳米尺度的铝热剂也有其他名称,包括纳米铝热剂、

亚稳态分子间复合物(MIC)或是超级铝热剂。"纳米铝热剂"这一术语源于该含能混合物中组分为纳米级;与此不同,常规的铝热剂中,组分为微米级。"亚稳态分子间复合物"这一术语则是因为金属氧化物和铝的混合物在温度低于其点火温度时都是稳定的,而在点火温度下,其可发生自蔓延高温合成反应(SHS),生成热力学稳定的金属与氧化铝的混合物。最后,"超级铝热剂"这一术语的来源则是由纳米级材料组成的铝热剂的燃烧反应特性与微米级材料组成的常规铝热剂有显著的不同。由纳米级前驱体制备而得的铝热剂一般具有更快的燃烧速度和更优异的爆炸性能。

$$M_xO_y+Al \longrightarrow M+Al_2O_3 \qquad (1)$$

由于 Al 可以在铝热反应中还原大部分的过渡金属氧化物,且其中很多纳米级的氧化物与铝的反应特性也得到了广泛的研究(包括 Fe_2O_3、MnO_2、CuO、WO_3、MoO_3 和 Bi_2O_3),对纳米尺度的铝热反应进行全面的讨论势必需要大量的篇幅。在本节中,我们将主要讨论含纳米 Fe_2O_3、MnO_2 和 CuO 为氧化剂的纳米铝热剂,这是因为它们当中,有的可以利用不同的合成方法实现性能的有效调控、有的应用潜力大。考虑到实用性,本节的讨论将局限于以铝作为燃料的铝热剂,虽然 Zr、Hf 和 Mg 等作为燃料的研究也已有报道。

传统上,含能材料的粒径一般在 $1\sim100~\mu m$。一般来说,粒径越小,燃速越高,纳米铝热剂也符合这一规律。纳米铝热剂的燃速通常比微米级铝热剂高几个数量级;纳米铝热剂的比表面积比常规铝热剂大得多,燃烧行为也有明显不同;此外,纳米铝热剂的感度高于常规铝热剂,这也导致其点火性能与常规铝热剂不同。上述这些性能的变化均与纳米铝热剂中传质路径缩短、比表面积增大密切相关。

在铝热剂等二元燃料-氧化剂体系中,初始反应为扩散控制的固-固反应。因此,随着颗粒粒径变小、颗粒间接触增多,铝热反应速率和燃烧速率可以显著提高。Brown 等计算了 $5~\mu m~Pb_3O_4$ 和给定粒径 Si 粉组成的混合物的燃料-氧化物接触点数量,并与 Si/Pb_3O_4 烟火剂的燃烧速率进行了对比。在接触点计算中,假设燃料与氧化剂均为硬球。Brown 等的研究结果见表 13.1,由数据可知,粒径的少量变化对于燃料-氧化剂接触点的数量可以产生很大的影响,从而显著地影响燃烧速率。

表 13.1 Si/Pb_3O_4 复合物的燃速与其接触点的关系

Si 颗粒粒径/μm	接触点/(10^9 个)	燃速/($mm \cdot s^{-1}$)
2	30.2	257.4
4	8.7	100.6
5	6.1	71.5

虽然 Brown 等的研究不是针对纳米铝热剂,但是其结果显示了颗粒尺寸对于燃速的巨大影响,因为粒径增大 1 倍会使得燃速降低超过 1/2。因其燃速易于调控,Si/Pb$_3$O$_4$ 可用作烟火延时剂(燃速较低,用于烟火的时间控制)。

随着颗粒尺寸的减小,铝热剂对撞击和摩擦的感度升高。一般来说,微米级的铝热剂对撞击和冲击非常不敏感;而纳米级的铝热剂根据氧化物的不同,对撞击和冲击都很敏感,或是对其中某一种刺激敏感。Spitzer 的研究工作给出了上述规律的实例,他分别将纳米级 WO$_3$、微米级 WO$_3$ 与纳米级的 Al 粉、微米级的 Al 粉混合制备 Al/WO$_3$ 铝热剂,并测定了不同样品的感度,结果见表 13.2。

表 13.2 纳米和微米 Al/WO$_3$ 铝热剂的感度

Al 粒径/nm	WO$_3$ 粒径/nm	撞击感度/J	摩擦感度/N	燃速/(m·s^{-1})
1912	724	>49(不敏感)	>353(不敏感)	<0.08
51	50	42(不敏感)	<4.9(非常敏感)	7.3

尽管感度升高使得纳米铝热剂变得更危险,但摩擦感度或撞击感度的增大在底火等某些应用场合也是有益的。然而,有的纳米铝热剂静电感度较高,这一特性目前尚无应用场合,仅仅作为一个安全问题存在。例如,由 40 nm Bi$_2$O$_3$ 和 41 nm Al 组成的 Bi$_2$O$_3$/Al 铝热剂撞击感度和摩擦感度都够高,可用于弹药底火,但是其静电感度可达 0.125 μJ。人体所带静电势很容易达到这一能量水平。这使得处理该 Bi$_2$O$_3$/Al 铝热剂非常危险,特别是考虑到其燃速大于 750 m·s^{-1},即该铝热剂容易爆炸而不是燃烧。纳米铝热剂的静电感度比微米铝热剂的大是因为纳米铝热剂的比表面积更大,更容易积聚电荷。

将铝热剂的颗粒尺寸由微米级降到纳米级还会影响点火温度。例如,由 100 nm 的 MoO$_3$ 和 40 nm 的 Al 粉组成铝热剂点火温度为 458℃,而 100 nm 的 MoO$_3$ 和 10~14 μm 的 Al 粉组成的铝热剂点火温度可达 955℃。这一点火温度的区别说明,上述两种铝热剂的点火燃烧机理不同。因为微米级复合物中,Al 和 MoO$_3$ 的熔化与挥发温度低于铝热反应温度(基于 DSC 数据);而在纳米铝热剂中,铝热反应温度低于 Al 的熔化温度,这说明纳米铝热剂的铝热反应基于固态扩散,而微米铝热剂的反应则是气态 MoO$_3$ 与液态 Al 之间的反应。在其他铝热剂体系中,可能也有类似的反应机理变化,但是其他铝热剂体系的详细 DSC 数据报告不多。

在以铝作为燃料的铝热剂的研究中,必须考虑金属表面的钝化氧化层。对于微米级铝粉,氧化铝层可以忽略;但对于纳米铝粉,氧化铝层的质量占铝粉总质量的比是可观的。此外,对于不同制造商生产的铝粉,其氧化层的特性也有区别。因此,研究人员需使用 TEM 测定铝粉表面氧化层的厚度,以计算活性铝含量,用于铝热剂组成的化学计量比计算。表 13.3 给出了不同纳米铝粉的活性铝含量,显示不同纳米铝粉的氧化层特性有明显不同。

表 13.3 纳米铝粉的活性铝含量

铝粉平均粒径/nm	活性铝含量/%
30	30
45	64
50	43
50	68
79	81
80	80
80	88

铝粉表面的氧化层会降低铝热剂的反应速度,因为氧化铝能有效的吸收热能。Weismiller 等研究了活性铝含量为 49% 的纳米铝与氧化铜组成的铝热剂,证实氧化铝含量太高会影响铝热剂的性能。表 13.4 为 Weismiller 等的研究结果,表现出纳米铝粉表面的厚氧化层对铝热剂性能的负面影响。

表 13.4 纳米铝粉(49%的活性铝粉)形成的 CuO/Al 铝热剂

CuO	Al	燃速/(m·s^{-1})	质量燃速/(g·s^{-1})
微米级	微米级	220	2700
微米级	纳米级(活性 Al 含量 49%)	200	1100
纳米级	微米级	630	4850
纳米级	纳米级(活性 Al 含量 49%)	900	4000

表 13.4 中的燃速数据显示,若 Al 粉的氧化程度较深,使用纳米 CuO 比纳米 Al 有利于获得高燃速。而比较微米 CuO/微米 Al 与微米 CuO/纳米-Al 的燃速,显示使用纳米 Al 甚至可能导致燃速降低。二者的质量燃速结果差异更大,对于给定粒径的 CuO,将微米 Al 粉换为氧化程度较深的纳米 Al 粉会导致质量燃速的显著降低。

通常来说,制备纳米铝热剂的方法有反应抑制研磨、物理混合与溶胶凝胶法三种。这三种方法均可获得纳米铝热剂,制备过程中可以使用不同粒径的原料,能实现不同程度的燃料与氧化剂的结合。

反应抑制研磨(ARM)是一种利用球磨或振动磨研磨金属氧化物和铝粉,实现纳米含能材料制备的技术。尽管利用该技术制得的复合物不一定包含纳米颗粒,但是其性能与直接混合纳米级的铝和金属氧化物粉末制得的纳米铝热剂相当。研磨后,可以实现燃料与金属氧化物在同一个颗粒中的共存。反应抑制球磨制备的铝热剂颗粒尺寸在 $1\sim50\,\mu m$ 之间,由 $10\sim100\,nm$ 的铝层和氧化物层组成。该方法得到的产物粒径受研磨时间影响;然而,由于铝和金属氧化物较容易发生铝热反应,研磨一定时间后(这一时间与起始反应物的粒径、使用的研磨介质和金属氧化物的种类有关),若颗粒粒径小于某一特性阈值,研磨会点燃铝热剂。在反应抑制研磨制备纳米铝热剂中,常加入已烷等液体以防止结块。反应抑制研磨这一术语的提出,是因为制备过程中,在点燃铝热剂前就会停止研磨,从而得到在常温下稳定的铝热剂。该方法的优点在于该方法制备的铝热剂密度接近最大值。此外,对于反应抑制研磨制备的铝热剂,金属氧化物包覆在铝粉外围,抑制了无活性的氧化铝的生成;同时,该方法可采用微米级的原材料,通过控制研磨时间能实现混合程度与反应活性的有效控制。该方法的缺点则是只能制备少数几种铝热剂,因为其他的铝热剂感度过高,在充分研磨之前就会被点燃。

物理混合是制备纳米铝热剂最简单,也是最常见的方法。首先在挥发性的惰性溶剂中混合纳米级的铝和金属氧化物粉末以防止产生静电;然后对其进行超声处理,实现燃料与氧化剂均匀混合的同时避免形成微米级的团聚物;最后蒸发除去溶剂即可获得纳米铝热剂。物理混合法的优点在于制备便捷且可用于多种铝热剂的制备。物理混合法唯一的明显缺点在于,使用物理混合物制备纳米铝热剂需要首先获得纳米级的铝和金属氧化物粉末,而并不是每种纳米粉末都能在市场上买到。

溶胶凝胶法制备的纳米铝热剂也具有该方法制备的其他纳米复合材料的独特微观结构与混合特性。在溶胶凝胶法制备的纳米铝热剂中,金属氧化物颗粒形成了一定的框架结构,纳米铝颗粒位于结构的中心;研究人员广泛认为,与物理混合物相比,这样的结构能显著减小燃料和氧化剂之间的传质路径并增大二者的接触面积,从而明显提高铝热剂的能量释放效率。溶胶凝胶法制备纳米铝热剂时,需将纳米铝粉的悬浮液加入金属氧化物的溶胶中,随后进行凝胶化反应。凝胶化反应后,即可获得含能的干凝胶或是气凝胶。通过调节溶胶凝胶法的制备参数,可以控制纳米铝热剂的燃料-氧化剂界面面积、孔径和三维空间结构,从而实现其释能特性的调控。此外,使用溶胶凝胶法还可以向纳米铝热剂中引入作为产气组分的有机基团,从而进一步调节纳米铝热剂的性能。溶胶凝胶法制备纳米铝热剂的优点还包括该方法能获得低密度的干凝胶或气凝胶,从而实现含能包覆。溶胶凝胶法的缺点则是在除溶剂之前,金属氧化物溶胶中的水可能导致纳米铝粉的氧化。若仅利用溶胶凝胶法制备金属氧化物的气凝胶或干凝胶,随后再将其与纳米铝粉混合以获得纳米铝热剂,即可避免这一缺点。但是这样做会付出燃料-氧化剂的接触界面面积下降的代价。

由于纳米铝热剂的性质多变，其可在多个领域获得应用。由于纳米铝热剂属于较为前沿的课题，其在多个方面的应用仍仅为设想，相应的评价研究尚未系统开展。纳米铝热剂具有较高的能量密度，与锂电池相当；纳米铝热剂的很多潜在应用都与这一特点直接相关，如微推进、表面含能包覆与纳米焊接等能源方面的应用。纳米铝热剂的其他潜在应用则与其烟火特性密切相关，例如，其可用作汽车安全气囊的产气剂、接触即爆炸的导弹、环境友好型底火以及电点火具等。反应速度最快的铝热剂甚至可以用作起爆药。目前，纳米铝热剂在微推进、弹药底火和电点火具等方面的试验研究相对较多，显示出较大的应用潜力。

微推进指的是在小尺度（小于 1 mm）上产生推力，也被称作微烟火技术或微含能技术。其应用场景包括小型航天器的快速调姿和推进。由于燃烧室的热量损失占总的能量释放量的比例过高，在常规推进上使用的黑索今或奥克托今等高性能含能材料在小尺度下难以自持燃烧，不适用于微推进。纳米铝热剂的能量密度远高于 RDX 和 HMX 等含能材料，燃烧室的热损失相对不明显，因此不存在上述问题。

弹药的底火是弹药的一部分，身管武器的撞针撞击底火使其激发。传统的底火主要由叠氮化铅和斯蒂酚酸铅等高感度的含铅炸药组成，撞针撞击高感度炸药可使其爆炸，产生火焰推动弹丸发射。图 13.5 为猎枪子弹底火。由于铅具有毒性，将其化合物用于底火，不仅对环境有害，对武器操作者个人的健康也有害。通过对纳米铝热剂的性能进行调控，可以使其性能接近目前底火中使用的叠

图 13.5　猎枪子弹底火

氮化铅和斯蒂酚酸铅混合物,因此纳米铝热剂是一种底火用铅盐的替代物。

电点火具在推进剂、炸药和烟火药剂等含能材料工业各领域中均有广泛应用,需用电流对含能材料进行点火的地方都有电点火具的身影。由于电点火具可以实现对点火时序的精确控制,其在从火箭、雷管到烟花等各种场合均能应用。电点火具也被称作电点火头,其中可燃材料包裹着高电阻的点火线,当一定大小的电流通过点火头时,点火头被点燃。图 13.6 显示了点火头的一般结构。与底火类似,目前常用的电点火头中含有二氧化铅、硫氰酸铅和硝基间苯二酚铅等有毒的铅基化合物。因此,从业人员也希望找到无毒的物质替代这些有毒的铅化合物。研究也显示纳米铝热剂也是一类有较大潜力的无毒、绿色的铅化合物替代物。

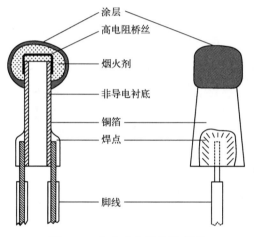

图 13.6　电点火头结构示意图

13.3.1　Fe_2O_3/Al 铝热剂

常规的 Fe_2O_3/Al 铝热剂的能量释放速率较低但燃烧温度高,因此其可用于铁轨的高温焊接。在纳米尺度下,此种铝热剂的燃烧释能特性与常规铝热剂有明显区别。由于对氧化铁的溶胶-凝胶化学特性认识较深入,纳米 Fe_2O_3/Al 铝热剂主要利用溶胶凝胶法制备,但也有文献报道了应用反应抑制研磨和物理混合制备该复合材料。

不同的 Fe_2O_3 基铝热剂的制备很好地体现了溶胶凝胶法的多功能性。由表 13.5 可见,溶胶凝胶法的合成反应参数对铝热剂的性能影响显著。从表 13.5 中的数据可以看出,铝热剂的性能可调范围很大。从表 13.6 中也可看出,干凝胶型 Fe_2O_3/Al 铝热剂和气凝胶型 Fe_2O_3/Al 铝热剂的燃速均很高(分别为 320 m/s

和 895 m/s),但其静电感度和撞击感度有明显差别。

表 13.5　合成方法对 Fe_2O_3/Al 铝热剂燃速的影响

合 成 方 法	燃速/(m/s)
反应抑制研磨法(采用不引起铝热剂燃烧的最长研磨时间)	0.5
物理混合法(80 nm Al 粉,氧化剂粒径未知)	9
溶胶凝胶法(气凝胶 Fe_2O_3 与 80 nm Al 粉混合)	80
溶胶凝胶法(干凝胶,凝胶化前加入 70 nm Al 粉)	320
溶胶凝胶法(气凝胶,凝胶化前加入 70 nm Al 粉)	895

表 13.6　气凝胶型和干凝胶型 Fe_2O_3/Al 铝热剂的撞击感度与静电感度

铝热剂类型	撞击感度/J	静电感度/mJ
干凝胶	36.6	> 1000
气凝胶	21.9	30

气凝胶型 Fe_2O_3/Al 铝热剂的撞击感度可满足底火的要求,而其他方法制备的 Fe_2O_3/Al 铝热剂则无法在底火中应用。气凝胶型铝热剂的感度特别高,其原因在于气凝胶的三维结构不易导热。这是气凝胶的独特性质,具有较好的保温能力。

Clapsaddle 等进一步研究了制备方法对氧化铁基铝热剂应用的影响。通过向溶胶中加入有机硅前驱体,可以实现向所得气凝胶中的氧化剂里引入任意比例的有机功能化氧化硅。功能化的氧化硅可以降低铝热剂的燃速,而引入的有机基团则可以提升燃烧反应中释放出的气体的量。这方面的研究尚处于起步阶段,但这意味着铝热剂也有可能用于推进和产气等领域。

13.3.2　CuO/Al 铝热剂

CuO/Al 铝热剂是一种著名的铝热剂,即使是微米级 CuO 和 Al 组成的样品也具有较高的燃速。若使用纳米级 CuO 和 Al 组成铝热剂,可以获得更高的燃速,纳米 CuO/Al 铝热剂的燃速也是目前所有已知铝热剂中最高的。

尽管尚未有研究人员利用反应抑制研磨或溶胶凝胶法成功制备获得 CuO/Al 铝热剂,但 Gangopadhyay 等提出了一种称为自组装的 CuO/Al 制备新技术。制备过程中,首先使用 PVP 聚合物包覆尺寸为 20 nm×100 nm 的铜纳米棒,随后再在其表面包覆 80 nm 的 Al 粉。使用此自组装技术得到的铝热剂燃速是所有铝热剂中最高的,可达 2400 m/s。表 13.7 中比较了自组装法制备的铝热剂和物理混合法制备的铝热剂的燃速。

表 13.7 CuO/Al 铝热剂的燃速(80 nm Al 粉,表面氧化层厚 2.2 nm)

制备方法	CuO 形貌	燃速/(m/s)
物理混合	微米	675
物理混合	纳米棒	1650
自组装	纳米棒	2400

Gangopadhyay 等提出,自组装法制备的铝热剂燃速高的原因在于燃料与氧化剂之间的界面接触得到了显著改善。然而,Weismiller 和 Bulian 发现,在燃料和氧化剂的界面处引入有机键合剂,可以提高燃烧压强,从而提高燃速。研究人员将这一现象归因于 CuO 在 1000℃分解生成活性氧化成分氧。

纳米 CuO/Al 铝热剂高燃速的机理尚未得到公认,但需要指出的是其高燃速已达到爆速的标准,因此纳米 CuO/Al 铝热剂可能用作起爆药。利用物理混合法更容易制备纳米 CuO/Al 铝热剂,且该铝热剂在弹药底火中的应用已申请专利。CuO/Al 铝热剂的感度数据未知,但是应该相对比较高。高撞击感度可能是无反应抑制研磨法制备 CuO/Al 铝热剂的主要原因。

13.3.3　MnO$_3$/Al 铝热剂

MoO$_3$/Al 铝热剂仅能用物理混合法和反应抑制研磨法制备。由于纳米 MoO$_3$ 和纳米 Al 粉均较容易获得,实际应用中 MoO$_3$/Al 的制备只使用物理混合法。纳米 MoO$_3$/Al 铝热剂的燃速在 150~450 m·s^{-1},是目前研究最为充分的纳米铝热剂之一。此外,也有不少与 MoO$_3$/Al 铝热剂在电点火具、底火(已申请专利)和微推进应用相关的报道。

Son 等研究了由 79 nm 球形 Al 和 30 nm×200 nm 的 MoO$_3$ 纳米片组成的纳米 MoO$_3$/Al 铝热剂在微推进和微型烟火剂中的应用,发现该铝热剂具备较高的应用价值。研究发现,若将 MoO$_3$/Al 铝热剂限域在 0.5 mm 直径的管中,燃速可高达 790 m·s^{-1}。与 HMX 等传统的含能材料相比,这是一个明显的优势,因为传统含能材料不能在直径小于 1 mm 的管中自持燃烧。

Naud 等对纳米 MoO$_3$/Al 铝热剂在电点火头中的应用开展了充分的研究。利用纳米 MoO$_3$/Al 铝热剂制备的点火头与目前使用有毒的铅化合物的点火头相比,摩擦感度、撞击感度、热感度和静电感度都更小,这意味着纳米 MoO$_3$/Al 铝热剂制备的点火头不仅更安全,对环境也更友好。

13.4 自制炸药

通常,炸药可以分为军用炸药、民用炸药和自制炸药(HME)三类。HME 指的是可以在"家"制备的炸药。自制炸药的范畴很广,包括单质炸药,如三过氧化物三丙酮(TATP)以及季戊四醇四硝酸酯(PETN),其中 TATP 可以用市场上容易获得的商业原料制备,而制备 PETN 所需的季戊四醇则可以用于涂料这一借口大量采购。自制炸药还包括混合炸药,如在民用爆破中用途很广的硝酸铵燃料油。

自制炸药与军用炸药和民用炸药的区别在于军用炸药和民用炸药必须在工厂中严格按照操作规程生产,要求较高;而自制炸药则可在任何地方制备,对制备条件要求较低。

恐怖分子已开始用黑火药、TATP、六亚甲基三过氧化二胺(HMTD)以及糖或其他燃料与氯酸盐或高氯酸盐组成的混合物等自制炸药代替民用炸药。

13.5 爆炸焊接

爆炸焊接也称为爆炸物焊接,是一个利用化学爆炸使工件获得非常高的运动速度,从而使其与另一个工件连接的过程[132]。爆炸焊接采用受控爆炸技术,使两个金属件在高压下结合。在一个金属件的表面引爆炸药,爆炸产生的高压脉冲驱动金属件飞速运动。如果该金属件沿某一角度与另一个金属件撞击,就可能实现焊接。焊接的两部分金属件间通过强韧的金属键连接。为了实现焊接,撞击的表面需发生喷射过程。喷射的物质即为金属件撞击形成新表面过程中产生的。这一喷射过程对金属件的表面起到了清洁作用,使得两个清洁的金属表面在高压下连接。在焊接界面处,并未形成二者的成分混合区,而是在它们间形成了键合作用。因此,任意两种金属都可以用爆炸焊接技术实现焊接(如铜和铁焊接、钛和不锈钢焊接)。爆炸焊接过程中,作用压强可达数万兆帕。图 13.7 显示了爆炸焊接的过程。

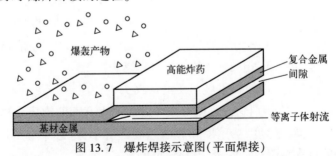

图 13.7 爆炸焊接示意图(平面焊接)

目前,在使用耐腐蚀材料(如不锈钢、镍基合金、钛或锆等)包覆碳钢板方面,焊接爆炸是应用最为普遍的技术。由于爆炸焊接技术本身的特性,可进行爆炸焊接的金属件的几何外形是有限的,应该为较简单的外形。典型的几何外形包括平板状、管状和管板。

爆炸焊接能实现传统焊接技术不能处理的金属的焊接。需要指出的是,在爆炸焊接中,两种金属均未熔化,而是金属件的表面发生了塑性变形,使得两个金属件间产生紧密接触,从而实现焊接。

习 题

答案可在线查询,网址为 http://www.degruyter.com/klapoetke-answers。

1. 请写出以下化合物的路易斯酸型结构。

FOX:

PETN:

RDX:

2. 如果 10 kg 的普通高能炸药爆炸,距爆炸点的最小逃生距离是多少?

    A. 2.2 m   B. 4.3 m   C. 8.6 m

3. 给出下列推进剂的典型例子。

单基推进剂:

双基推进剂:

三基推进剂:

4. 在发烟弹中,为什么用 Zr 代替 Mg?

5. 列举出一种能计算生成焓和爆轰参数的商业化计算方程式。

6. 计算乙二醇二硝酸酯的氧平衡。

7. 一种高能炸药的 VoD 为 9000 m·s^{-1},它的格尼速度大约是多少?

8. 以下哪种材料更适于用做动能破甲弹,为什么?

    A. SS-316   B. DU

9. 为了减少发射药的烧蚀作用:

    N_2/CO 比应该   A. 高   B. 低

    T_c 应该   A. 高   B. 低

10. 在落锤试验中,一个 5 kg 的落锤从 50 cm 的高度对样品进行撞击,计算出冲击能。

11. 列出 5 种不同的硝化剂。

12. 哪方面的应用场景更希望自燃行为发生(举出两个方面)?

13. 给出 TNT 的可能替代物。

14. 给出 B 炸药的可能替代物。

15. 说明特征比冲 I_{sp}^* 与燃烧温度 T_C、燃气数均分子量 M 的关系。

16. 说明火箭平均推力与其特征比冲之间 I_{sp} 的关系。

17. 针对双基固体推进剂和复合固体推进剂,各给出一个例子,并说明其中材料是均相还是异相。

18. 根据"大拇指"原则,如何通过提高特征比冲 I_{sp}^* 来加倍有效载荷?

19. 在 700~1000 nm 之间,哪种金属能增强配方信号和亮度?

20. 爆压 p_{C-J} 与装填密度的关系如何?

21. 如何通过一个物质的熔点和沸点来预估其生华焓 $\Delta H_{sub.}$ 和蒸发焓 $\Delta H_{vap.}$。

22. 动能弹的侵彻深度与侵彻材料的关系是怎样的?

23. 炸药的格尼速度与爆速的关系如何?

24. 叙述制备 N_2O_5 的三种不同方法。

25. 叙述由氨水为起始原料制备 ADN 的实验室合成步骤。

26. 对用于杀灭抗炭疽杆菌的反生物战剂炸药来说,哪种爆炸产物效果最好?

27. 哪种通用反应能描述铝热剂中铝的燃烧反应?

28. 给出一种无铅四唑基起爆药的名字。

29. 列举一种含有与 CL-20 具有相同化学组成的高能炸药。

30. 与 AP 相关的环境及健康相关的问题是什么?

31. 化学热推进(CTP)对哪种火箭/导弹推进有很大的价值?

32. 固体火箭发动机的燃烧室和大口径枪炮的工作压力范围是多少?

33. 高能炸药(猛炸药)、发射药和火箭推进剂最重要的性能参数是什么?

34. 哪两个因素对枪管烧蚀性影响最大?

35. 比较聚能装药(SC)与爆炸成形弹丸(EFP)在获得理想炸高方面的区别?

36. 哪种测试项目适用于测定炸药的冲击波感度?

37. 哪种测试项目适用于测定炸药遭受烈火时的行为特性?

38. 对比高能炸药 RDX 和 HNS,列举出这两种化合物的优点和缺点。

39. 是什么阻止了 TATP 在军事领域的应用?(列出两个原因)

40. 对发射药、推进剂以及猛炸药而言,分别指出等容和等压哪个是更为合理的近似条件?

41. 在以下发光区域,信号弹配方中的主要发光物质是什么?

A. 红色　　　B. 绿色

42. 黑体辐射器的最大波长与温度的关系是怎样的?描述这一现象的规律是什么?

43. 线性燃烧速度与压力的关系是什么?

44. 静电火花感度与粒度的关系是怎样的?

45. 聚能装药与爆炸成形弹丸哪个对炸高更敏感?

46. 尽管是在正氧平衡条件下,为什么爆炸或燃烧产生 CO 而不是 CO_2?

47. 设计以 CHON 为基的高能炸药的三个主要原则是什么?

48. 列举一个只含有以下官能基团的含能化合物的例子。

硝基:

硝酸酯基:

硝胺基:

亚硝胺基:

叠氮基:

过氧基:

49. 将硝化甘油用于武器装备的缺点有哪些?

50. 根据 Kamlet-Jacobs 公式可预估爆速 D 和爆压 p_{C-J},请给出相关方程。

51. 计算以下条件下的静电火花能量(ESD 测试): $C = 0.005\ \mu F$,$V = 10000\ V$。

52. 给出两种能将氨基转化为 N-氧化物的试剂。

53. 给出以下物质的分子结构,并根据应用情况,将其进行分类,DMAZ 可能的实际用途是什么,原因是什么?

MMH: UDMH: DMAZ:

54. 有一种能垂直起飞的单发动机战机,假设战机的质量为 17 t,那么战机垂直起飞发动力所需的推力是多少?

55. 列举两种电雷管。

56. 与灼热桥丝雷管相比,列举出爆炸桥丝雷管的 5 个优点。

57. 列举一种四氮烯的替代物。

58. 在凝胶自燃推进剂方面,列举一种 MMH 的替代物。

59. 冲击波能和气泡能与哪种重要性能参数相关?

60. 给出爆速、爆压与特征比冲的试验相关性。

61. 列举一种能替代不含 TNT 的 B 炸药的配方。

62. 由市售原材料开始,列举出一条制备三硝基甲烷(NF)的合成路线。

63. 以三硝基甲烷为起始物,列举出一条制备三硝基乙醇(TNE)的合成路线。

参 考 文 献

[1] Beck W., Evers J., Göbel M. et al. The Crystal and Molecular Structure of Mercury Fulminate[J]. Z. Anorg. Allg. Chem., **2007**, 633(9), 1417-1422.

[2] Mehilal, Sikder N., Sikder A. K., et al. N,N'-Bis(1,2,4-triazol-3-yl-)-4,4'-diamino-2,2',3,3',5,5',6,6'-octanitroazo-benzene (BTDAONAB): A new thermally stable insensitive high explosive[J]. Indian J. Eng. Mater. Sci., **2004**, 11(6), 516-520.

[3] Agrawal J. P. Past, present & future of thermally stable explosives[J]. Cent. Europ. J. Energ. Mat., **2012**, 9(3), 273-290.

[4] Mousavi S., Esmaeilpour K., Keshavarz M. H. A new thermally-stable insensitive high explosive: N,N'-bis(1,2,3,4-tetrazol-5-yl)-4,4'-diamino-2,2',3,3',5,5',6,6'-octanitroazobenzene (BTeDAONAB)[J]. Cent. Europ. J. Energ. Mat., **2013**, 10(4), 455-465.

[5] Keshacaraz M. H., Esmailpour K., Zamaniet M., et al. Thermochemical, sensitivity and detonation characteristics of new thermally stable high performance explosives[J]. Propellants Explos. Pyrotech., **2015**, 40(6), 886-891.

[6] Karaghiosoff K., Klapötke T. M., Michailovski A., et al. 4,10-Di-nitro-2,6,8,12-tetraoxa-4,10-di-azaisowurtzitane (TEX): a nitramine with an exceptionally high density [J]. Acta Cryst. C, **2002**, C58, 580-581.

[7] Evers J., Klapötke T. M., Mayer P., et al. α- and β-FOX-7, Polymorphs of a high energy density material, studied by X-ray single crystal and powder investigations in the temperature range from 200 to 423 K[J]. Inorg. Chem., **2006**, 45(13), 4996-5007.

[8] Crawford M. J., Evers J., Göbel M., et al. γ-FOX-7: structure of a high energy density material immediately prior to decomposition[J]. Propellants Explos. Pyrotech., **2007**, 32(6), 478-495.

[9] Atkinson E. R. The nitration of melamine and of triacetylmelamine[J]. J. Am. Chem. Soc., **1951**, 73(9), 4443-4444.

[10] Pagoria P, Zhang M, Zuckerman N., et al. Synthetic studies of 2,6 diamino 3,5 dinitropyrazine 1 oxide (LLM 105) from discovery to multi kilogram scale[J]. Propellants Explos. Pyrotech., **2017**, 43(1), 1-14.

[11] Koch E. C. Insensitive High Explosives II: 3,3'-Diamino-4,4'-azoxyfurazan (DAAF) [J]. Propellants Explos. Pyrotech., **2016**, 41(3), 526-538.

[12] Majano G., Mintova S., Bein T., et al. Confined detection of high-energy-density

[13] materials[J]. J. Phys. Chem. C,**2007**,111,6694-6699.
[13] Huynh M. H. V., Hiskey M. A., Meyer T. J. et al. Green primaries: environmentally friendly energetic complexes[J]. PNAS,**2006**,103,5409-5412
[14] Geisberger G., Klapötke T. M., Stierstorfer J. Copper Bis(1-methyl-5-nitriminotetrazolate): A promising new primary explosive [J]. Eur. J. Inorg. Chem. **2007**, 30, 4743-4750.
[15] The official SERDP source for perchlorate information[EB/OL]. http://www.serdp.org/research/er-perchlorate.cfm.
[16] Sinditskii V. P., Egorshev V. Y., Levshenkov A. I., et al. Combustion of ammonium dinitramide, Part I: burning behavior[J]. J. Propul. Power.,**2006**,22(4),769-775.
[17] Göbel M., Klapötke TM. Potassium-, ammonium-, hydrazinium-, guanidinium-, aminoguanidinium-, diaminoguanidinium-, triaminoguanidinium- and melaminiumnitroformate- synthesis, characterization and energetic properties[J]. Z. Anorg. Allg. Chem.,**2007**,633(7),1006-1017.
[18] Schoeyer H. F. R., Schnorhk A. J., Korting P. A. O. G., et al. High-performance propellants based on hydrazinium nitroformate[J]. J. Propul. Power,**1995**,11(4),856-862.
[19] Schöyer H. F. R., Welland-Veltmans W. H. M., Louwers J., et al. Overview of the Development of Hydrazinium Nitroformate[J]. J. Propul. Power,**2002**,18(1),131-137.
[20] Schöyer H. F. R., Welland-Veltmans W. H. M., Louwers J., et al. Overview of the Development of Hydrazinium Nitroformate-Based Propellants[J]. J. Propul. Power,**2002**,18(1),138-145.
[21] Shechter H., Cates J. H. Addition Reactions of Trinitromethane and α,β-Unsaturated Ethers[J]. J. Org. Chem.,**1961**,26(1),51-53.
[22] Mcintyre J. E., Ravens D. A. S. The oxidation of alkylaromatic compounds in aqueous hydrogen bromide[J]. J. Chem. Soc.,**1961**,4082-4085.
[23] Ovchinnikov I. V., Kulikov A. S., Epishina M. A., et al. Synthesis of N-trinitroethyl derivatives of linear and heterocyclic nitrogen-containing compounds [J]. Russ. Chem. Bull. Int. Ed.,**2005**,54(5),1346-1349.
[24] Metelkina E. L., Novikova T. A. 2-Nitroguanidine derivatives. Synthesis and structure of 1-(2,2,2-trinitroethylamino)- and 1-(2,2-dinitroethylamino)-2-nitroguanidines[J]. Russ. J. Org. Chem.,**2002**,38(9),1378-1379.
[25] Klapötke T. M., Krumm B., Scherr M. et al Facile Synthesis and Crystal structure of 1,1,1,3-tetranitro-3-azabutane[J]. Z. Anorg. Allg. Chem.,**2008**,634(8),1244-1246.
[26] Göbel M., Klapötke T. M., Mayer P. M. et al. Crystal structures of the potassium and silver salts of nitroform[J]. Z. Anorg. Allg. Chem.,**2006**,632(6),1043-1050.
[27] Welch D. E. Process forproducing nitroform. US 3491160[P]. **1970**.
[28] Frankel M. B., Gunderloy F. C., Woolery D. O. Production of trinitromethane. US 4122124[P]. **1978**.

[29] Langlet A., Latypov N., Wellmar U. Method of preparing Nitroform. WO 03/018514 A1 [P]. **2003**.

[30] Fronabarger J. W., Williams M. D., Stern A. G. et al. MTX-1-A potential replacement for tetrazene in primers[J]. Cent. Europ. J. Energ. Mat., **2016**, 13(1), 33-52.

[31] Doherty R. M. Novel energetic materials for emerging needs[C]. 9th-IWCP on novel energetic materials and applications, Lerici (Pisa), Italy, September 14-18, **2003**.

[32] Fischer N., Klapötke T. M., Scheutzow, S. et al, Hydrazinium 5-aminotetrazolate: an insensitive energetic material containing 83.72% nitrogen[J]. Cent. Europ. J. Energ. Mat. **2008**, 5, 3-18.

[33] Klapötke T. M., Rusan M., Sabatini J. J. Chlorine-free pyrotechnics: copper(I) iodide as a "green" blue-light emitter[J]. Angew. Chem. Int. Ed., **2014**, 53(36), 9665-9668.

[34] Klapötke T. M. Tetrazoles for the safe detonation[J]. Nachr. Chem., **2008**, 56(6), 645-648.

[35] Neue, umweltverträglichere formulierungen für pyrotechnika[EB/OL]. http://www.aktuelle-wochenschau.de/woche37/woche37.html.

[36] Sabatini J. J. A review of illuminating pyrotechnics[J]. Propellants, Explos. Pyrotech. **2018**, 43(1), 28-37.

[37] Koch E. C., Cudziło S. Safer pyrotechnic obscurants based on Phosphorus(V) Nitride[J]. Angew. Chem. Int. Ed., **2016**, 55, 15439-15422.

[38] Moretti J. D., Sabatini J. J., Shaw A. P. Prototype scale development of an environmentally benign yellow smoke hand-held signal formulation based on solvent yellow 33[J]. ACS Sustain. Chem. Eng., **2013**, 1(6), 673-678

[39] Kamlet M. J., Jacobs S. J. Chemistry of Detonations. I. A Simple method for calculating detonation properties of C—H—N—O explosives[J]. J. Chem. Phys., **1968**, 48(1), 23-35.

[40] Kamlet M. J., Ablard J. E. Chemistry of detonations. II. Buffered equilibria[J]. J. Chem. Phys., **1968**, 48(1), 36-42.

[41] Kamlet M. J., Dickinson C. Chemistry of detonations. III. Evaluation of the simplified calculational method for Chapman - Jouguet detonation pressures on the basis of available experimental information[J]. J. Chem. Phys., **1968**, 48(1), 43-47.

[42] Sućeska M. EXPLO5-computer program for calculation of detonation parameters[C]. Proceedings of 32nd Int. Annual Conference of ICT, Karlsruhe, Germany, July 3-6, **2001**.

[43] Curtiss L. A., Raghavachari K., Redfern P. C. et al. Assessment of Gaussian-2 and density functional theories for the computation of enthalpies of formation[J]. J. Chem. Phys., **1997**, 106(3), 1063-1079.

[44] Byrd E. F. C., Rice B. M. Improved prediction of heats of formation of energetic materials using quantum mechanical calculations[J]. J. Phys. Chem. A., **2006**, 110(3), 1005-1013.

[45] Rice, B. M.; Pai, S. V.; Hare, J., Predicting heats of formation of energetic materials using quantum mechanical calculations[J]. Combust. Flame, **1999**, 118(3), 445-458.

[46] Westwell M. S., Searle M. S., Wales D. J. et al. Empirical Correlations between Thermodynamic Properties and Intermolecular Forces[J]. J. Am. Chem. Soc., **1995**, 117(18), 5013-5015.

[47] Jenkins H. D. B., Roobottom H. K., Passmore J. et al. Relationships among ionic lattice energies, molecular (formula unit) volumes, and thermochemical radii[J]. Inorg. Chem., **1999**, 38(16), 3609-3620.

[48] Jenkins H. D. B., Tudela D., Glasser L. et al. Lattice potential energy estimation for complex ionic salts from density measurements[J]. Inorg. Chem., **2002**, 41(9), 2364-2367.

[49] Jenkins H. D. B., Glasser, L. Ionic hydrates, MpXq · nH$_2$O: lattice energy and standard enthalpy of formation estimation[J]. Inorg. Chem., **2002**, 41(17), 4378-88.

[50] Jenkins, H. D. B., Chemical Thermodynamics at a Glance[M]. Blackwell, Oxford, **2008**.

[51] Ritchie J. P., Zhurova E. A., Martin A., et al. Dinitramide ion: robust molecular charge topology accompanies an enhanced dipole moment in its ammonium salt[J]. J. Phys. Chem. B, **2003**, 107(51), 14576-14589.

[52] Sućeska M. Calculation of detonation parameters by EXPLO5 computer program, Mater. Sci. Forum, **2004**, 465, 325-330.

[53] Sućeska M. Calculation of the detonation properties of C-H-N-O explosives[J]. Propellants Explos. Pyrotech., **1991**, 16(4), 197-202.

[54] Sućeska M. Evaluation of detonation energy from EXPLO5 computer code results[J]. Propellants Explos., Pyrotech., **1999**, 24(5), 280-287.

[55] Hobbs M. L., Baer M. R. Calibration of the BKW-EOS with a large product species data base and measured C-J properties[C]. Proc. of the 10th Symp. (International) on Detonation, Boston, USA, July 12-16, **1993**.

[56] White W. B., Johnson S. M., Dantzig G. B. Chemical equilibrium in complex mixtures [J]. J. Chem. Phys., **1958**, 28(5), 751-755.

[57] Wu X. A Study on Thermodynamic Functions of Detonation Products[J]. Propellants, Explos. Pyrotech. **1985**, 10(2), 47-52.

[58] Klapötke T. M., Stierstorfer J. Recent developments on energetic materials based on 5-aminotetrazole[C]. New Trends in Research of Energetic Materials, Proc. of the 11th Seminar, Pardubice, Czech Republic, **2008**.

[59] Gökçınar E., Klapötke T. M., Kramer M. P. Computational study on nitronium and nitrosonium oxalate: Potential oxidizers for solid rocket propulsion[J]. J. Phys. Chem., **2010**, 114(33), 8680-8686.

[60] Maksic Z. B., Orville-Thomas W. J. Pauling's Legacy: Modern Modelling of the Chemical Bond, Theoretical and Computational Chemistry[M]. Amsterdam, Elsevier, **1999**.

[61] Rice B. M., Hare J. J., Byrd, E. F. Accurate predictions of crystal densities using quantum mechanical molecular volumes [J]. J. Phys. Chem. A, **2007**, 111 (42), 10874-10879.

[62] Byrd E. F., Rice B. M. Improved prediction of heats of formation of energetic materials using quantum mechanical calculations[J]. J. Phys. Chem. A, **2006**, 110(3), 1005-1013.

[63] Rice B. M., Hare J. Predicting heats of detonation using quantum mechanical calculations [J]. Thermochimica Acta, **2002**, 384(1-2), 377-391.

[64] Rice B. M., Pai S. V., Hare J. Predicting heats of formation of energetic materials using quantum mechanical calculations[J]. Combust. Flame, **1999**, 118(3), 445-458.

[65] Rice B. M., Hare J. J. A quantum mechanical investigation of the relation between impact sensitivity and the charge distribution in energetic molecules[J]. J. Phys. Chem. A, **2002**, 106(9), 1770-1783.

[66] Keshavarz, M. H., Shokrolahi A., Esmailpoor K. et al. Recent developments in predicting impact and shock sensitivities of energetic materials[J]. Hanneng Cailiao, **2008**, 16(1), 113-120.

[67] Rahmani M., Vahedi M., Ahmadi-Rudi B. et al. Multilinear regression analuses and artificial network in prediction of heat of detonation for high-energetic material[J]. Int. J. Energ. Mater. Chem. Propul., **2014**, 13(3), 229-250.

[68] Keshavarz M. H., Soury H., Motamedoshariati H. et al. Improved method for prediction of density of energetic compounds using their molecular structure[J]. Struct. Chem., **2015**, 26(2), 455-466.

[69] Oftadeh M., Keshavarz M. H., Khodadadi R. Prediction of the condensed phase enthalpy of formation of nitroaromatic compounds using the estimated gas phase enthalpies of formation by the PM3 and B3LYP methods[J]. Cent. Europ. J. Energ. Mat., **2014**, 11(1), 143-156.

[70] Keshavarz M. H. A new computer code for prediction of enthalpy of fusion and melting point of energetic materials[J]. Propellants, Explos. Pyrotech., **2015**, 40(1), 150-155.

[71] Keshavarz M. H., Zamani A. S. Predicting detonation performance of CHNOFCl and aluminized explosives[J]. Propellants, Explos. Pyrotech., **2014**, 39(5), 749-754.

[72] Keshavarz M. H., Pouretedal H. R., Ghaedsharafi A. R. et al. Propellants, Explos. Pyrotech., **2014**, 39(6), 815-818.

[73] Keshavarz M. H., Pouretedal, H. R., Ghaedsharafi A. R. et al. Simple method for prediction of the standard Gibbs Free Energy of formation of energetic compounds[J]. Propellants, Explos. Pyrotech., **2014**, 39(6), 815-818.

[74] Keshavarz M. H., Motamedoshariati H., Moghayadnia R. et al. Prediction of sensitivity of energetic compounds with a new computer code[J]. Propellants, Explos. Pyrotech., **2014**, 39(1), 95-101.

[75] Keshavarz M. H., Seif F., Soury H. Prediction of the brisance of energetic materials[J].

Propellants,Explos. Pyrotech. ,**2014**,39(2),284-288.

[76] Rahmani M. ,Ahmadi-rudi B. ,Mahmoodnejad M. R. ,et al. Simple method for prediction of heat of explosion in double base and composite modified double base propellants[J]. Int. J Energ. Mater. Chem. Propul. ,**2013**,12(1),41-60.

[77] Keshavarz M. H. A new general correlation for predicting impact sensitivity of energetic compounds[J]. Propellants,Explos. Pyrotech. ,**2013**,38(6),754-760.

[78] Keshavarz M. H. ,Motamedoshariati H. ,Moghayadnia,R. et al. A new computer code for assessment of energetic materials with crystal density, condensed phase enthalpy of formation, and activation energy of thermolysis[J]. Propellants, Explos. Pyrotech. , **2013**, 38(1) ,95-102.

[79] Keshavarz,M. H. Predicting maximum attainable detonation velocity of CHNOF and aluminized explosives[J]. Propellants,Explos. Pyrotech. ,**2012**,37(4),489-497.

[80] Rahimi R. ,Keshavarz M. H. ,Akbarzadeh A. R. Prediction of the density of energetic materials on the basis of their molecular structures[J]. Central Europ. J. Energ. Mat. , **2016**,13(1),73-78.

[81] Keshavarz M. H. ,Motamedoshariati H. ,Moghayadnia R,et al. A new computer code to evaluate detonation performance of high explosives and their thermochemical properties,part I [J]. J. Haz. Mat. **2009**,172(2-3),1218-1228.

[82] Keshavarz M. H. ,Jafari M. ,Motamedoshariati H. ,et al. Energetic materials designing bench (EMDB) ,Version 1. 0,Malek-Aschtar University,Schahinschahr,**2017**.

[83] Gottfried J. L. ,Klapötke T. M. ,Witkowski T. G. Estimated detonation velocities for TKX-50,MAD-X1,BDNAPM,BTNPM,TKX-55 and DAAF using the laser-induced air shock from energetic materials technique[J]. Propellants, Explos. Pyrotech. , **2017**, 42(4), 353-359.

[84] Jenkins H. D. B. ,Roobottom H. K. ,Passmore J. et al. Relationships among Ionic Lattice Energies, Molecular (Formula Unit) Volumes, and Thermochemical Radii [J]. Inorg. Chem. **1999**,38(16),3609-3620.

[85] Varesh R. Electric detonators: EBW and EFI [J]. Propellants,Explos. Pyrotech. ,**1996**, 21(3),150-154.

[86] Trimborn,F. Gap-Test-Untersuchungen an gewerblichen Sprengstoffen[J]. Propellants, Explos. Pyrotech. ,**1980**,5(2-3),40-42.

[87] Kamalvand M. ,Keshavarz M. H. ,Jafari M. ,et al. Prediction of the strength of energetic materials using the condensed and gas phase heats of formation. Propellants,Explos. Pyrotech. ,**2015**,40(4),551-557.

[88] Sućeska M. Experimental determination of detonation velocity[J]. Intl. J. Blast. Frag. , **1997**,1(3),261-284.

[89] Locking P. M. ,Gurney Velocity relationships[C]. 29th Int. Symp. On Ballistics,Edinburgh,Scotland,May 9-13,**2016**.

[90] Short J. M., Helm F. H., Finger M., et al. The chemistry of detonations. VII. A simplified method for predicting explosive performance in the cylinder test[J]. Combus. Flame, **1981**, 43, 99-109.

[91] Gavrilov N. F., Ivanova G. G., Selin V. N., et al. UP-OK program for solving continuum mechanics problems in one-dimensional complex, VANT. Procedures and programs for numerical solution of mathematical physics problems, **1982**, 3(11), 11-21.

[92] Lorenz K. T., Lee E. L., Chambers R. A simple and rapid evaluation of explosive performance-the disc acceleration experiment[J]. Propellants, Explos. Pyrotech., **2015**, 40(1), 95-108.

[93] Pospisil M., Vavra P., Concha M. C. et al. A possible crystal volume factor in the impact sensitivities of some energetic compounds. J. Mol. Model. **2010**, 16(5), 985-901.

[94] Rice B. M., Byrd E. F. C. Theoretical chemical characterization of energetic materials[J]. J. Mater. Res., **2006**, 21(10), 2444-2452.

[95] Politzer P., Martinez J., Murray J. S., et al. An electrostatic interaction correction for improved crystal density prediction[J]. Mol. Phys. **2009**, 107(19), 2095-2101.

[96] Engelke, R. Ab initio correlated calculations of six nitrogen (N6) isomers[J]. J. Phys. Chem., **1992**, 96(26), 10789-10792.

[97] Glukhovtsev M. N., Schleyer P. Structures, bonding and energies of N6 isomers [J]. Chem. Phys. Lett., **1992**, 198(6), 547-554.

[98] Eremets M. I., Gavriliuk A. G., Serebryanaya N. R. et al. Structural transformation of molecular nitrogen to a single-bonded atomic state at high pressures[J]. J. Chem. Phys. **2004**, 121(22), 11296-11301.

[99] Eremets M. I., Gavriliuk A. G., Trojan I. A., et al. Single-bonded cubic form of nitrogen [J]. Nature Mater., **2004**, 3, 558-563.

[100] Eremets M. I., Popov M. Y., Trojan I. A., et al. Polymerization of nitrogen in sodium azide[J]. J. Chem. Phys., **2004**, 120(22), 10618-10624.

[101] Steele B. A., Stavrou E., Crowhurst J. C. High-pressure synthesis of a pentazolate salt [J]. Chem. Mater., **2017**, 29(2), 735-741.

[102] Zhang C. Sun C. G., Hu B. C. et al. Synthesis and characterization of the pentazolate anion cyclo-N_5^- in $(N_5)_6(H_3O)_3(NH_4)_4Cl$. Science, **2017**, 355(6323), 374-376.

[103] Klapötke T. M., Stierstorfer J. Synthesis and characterization of the energetic compounds aminoguanidinium-, triaminoguanidinium and azidoformamidinium perchlorate[J]. Central Europ. J. Energ. Mat., **2008**, 5(1), 13-30.

[104] Izsák D., Klapötke T. M., Pflügera C. Energetic derivatives of 5-(5-amino-2H-1,2,3-triazol-4-yl)-1H-tetrazole. Dalton Trans., **2015**, 44(39), 17054-17063.

[105] Göbel M., Klapötke T. M. Development and testing of energetic materials: the concept of high densities based on the trinitroethyl functionality[J]. Adv. Funct. Mat., **2009**, 19(3), 347-365.

[106] Singh R. P., Verma R. D., Meshri D. T., et al. Energetic nitrogen-rich salts and ionic liquids[J]. Angew. Chem. Int. Ed., **2006**, 45(22), 3584-3601.

[107] Sikder A. K., Sikder N. A review of advanced high performance, insensitive and thermally stable energetic materials emerging for military and space applications[J]. J. Haz. Mater., **2004**, A112(1-2), 1-15.

[108] Joo Y.-H., Twamley, B., Grag S., et al. Energetic nitrogen-rich derivatives of 1,5-diaminotetrazole[J]. Angew. Chem. Int. Ed., **2008**, 47(33), 6236-6239.

[109] Yoo Y.-H., Shreeve J. M. Energetic mono-, di-, and trisubstituted nitroiminotetrazoles [J]. Angew. Chem. Int. Ed., **2009**, 48(3), 564-567.

[110] Klapötke T. M., Mayer P., Stierstorfer J. Bistetrazolylamines-synthesis and characterization[J]. J. Mat. Chem. **2008**, 18, 5248-5258.

[111] Saly M. J., Heeg M. J., Winter C. H. Volatility, high thermal stability, and low melting points in heavier alkaline earth metal complexes containing tris(pyrazolyl) borate ligands [J]. Inorg. Chem., **2009**, 48(12), 5303-5312.

[112] Chambreau S. D., Schneider S., Rosander M., et al. Fourier transform infrared studies in hypergolic ignition of ionic liquids[J]. J. Phys. Chem. A, **2008**, 112(34), 7816-7824.

[113] Amariei D., Courthéoux L., Rossignol S., et al. Catalytic and thermal decomposition of ionic liquid monopropellants using a dynamic reactor: comparison of powder and sphere-shaped catalysts [J]. Chem. Eng. Process., **2007**, 46(2), 165-174.

[114] Schneider S., Hawkins T., Ahmed Y., et al. Green bipropellants: hydrogen-rich ionic liquids that are hypergolic with hydrogen peroxide[J]. Angew. Chem. Int. Ed., **2011**, 50(26), 5886-5888.

[115] Altenburg T., Penger A., Klapötke T. M., et al. Two outstanding explosives based on 1,2-dinitroguanidine: ammonium-dinitroguanidine and 1,7-Diamino-1,7-dinitrimino-2,4,6-trinitro-2,4,6-triazaheptane[J]. Z. Anorg. Allg. Chem., **2010**, 636(3-4), 463-471.

[116] Bolton O., Matzger A. J. Improved stability and smart-material functionality realized in an energetic cocrystal[J]. Angew. Chem. Int. Ed., **2011**, 50(38), 8960-8963.

[117] Klenov M. S., Guskov A. A., Anikin O. V., et al. Synthesis of Tetrazino-tetrazine 1,3,6,8-Tetraoxide (TTTO) [J]. Angew. Chem. Int. Ed., **2016**, 55(38), 11472-11475.

[118] Wang R., Xu H., Guo Y., et al. Bis[3-(5-nitroimino-1,2,4-triazolate)]-based energetic salts: synthesis and promising properties of a new family of high-density insensitive materials[J]. J. Am. Chem. Soc., **2010**, 132(34), 11904-11905.

[119] Wingard L. A., Johnson E. C., Guzmán P. E., et al. Synthesis of Biisoxazoletetrakis (methyl nitrate): a potential nitrate plasticizer and highly explosive material[J]. Eur. J. Org. Chem., **2017**, 13, 1765-1768.

[120] Elbeih A., Pachman J., Zeman S., et al. Study of plastic explosives based on attractive cyclic nitramines, Part II. detonation characteristics of explosives with polyfluorinated binders[J]. Propellants Explos. Pyrotech., **2013**, 38(2), 238-243.

[121] Fischer D., Gottfried J. L., Klapötke T. M., et al. Synthesis and investigation of advanced energetic materials based on bispyrazolylmethanes. Angew Chem Int. Ed., **2016**,55(52),16132-16135.

[122] Gottfried J. L. Influence of exothermic chemical reactions on laser-induced shock waves [J]. Phys. Chem. Chem. Phys.,**2014**,16,21452-21466.

[123] Klapötke T. M.,Stierstorfer J. Nitration products of 5-amino-1H-tetrazole and methyl-5-amino-1H-tetrazoles -structures and properties of promising energetic materials[J]. Helv. Chim. Acta,**2007**,90(11),2132-2150.

[124] Wang Q., Su M. Zhang X. Electrochemical synthesis of N_2O_5 by oxidation of N_2O_4 in nitric acid with PTFE membrane[J]. Electrochim. Acta,**2007**,52(11),3667-3672.

[125] Harris A. D., Trebellas J. C., Jonassen H. B. Vanadium (V) oxide nitrate and chromium(VI) oxide nitrate[J]. Inorg. Synth.,**1967**,9,83-88.

[126] Christe K. O.,Wilson W. W.,Petrie M. A.,et al. The dinitramide anion, $N(NO_2)_2^-$ [J]. Inorg. Chem.,**1996**,35(17),5068-5071.

[127] Klapötke T. M.,Krumm B.,Mayr N.,et al. Hands on explosives: Safety testing of protective measures[J]. Saf. Sci.,**2010**,48(1),28-34.

[128] Klapötke T. M., Stierstorfer J. Triaminoguanidinium dinitramide-calculations, synthesis and characterization of a promising energetic compound[J]. Phys. Chem. Chem. Phys., **2008**,10,4340-4346.

[129] Klapötke T. M.,Stierstorfer J.,Wallek,A. U. Nitrogen-rich salts of 1-methyl-5-nitriminotetrazolate: an auspicious class of thermally stable energetic materials. Chem. Mater., **2008**,20(13),4519-4530.

[130] Chapman R. D.,Gilardi R. D.,Welker M. F.,et al. Nitrolysis of a highly deactivated amide by protonitronium. synthesis and structure of HNFX[J]. J. Org. Chem. **1999**,64(3),960-965.

[131] Fischer D.,Klapötke T. M.,Stierstorfer J. Synthesis and characterization of guanidinium difluoroiodate,$[C(NH_2)_3]^+[IF_2O_2]^-$ and its evaluation as an ingredient in agent defeat weapons[J]. Z. Anorg. Allg. Chem. **2011**,637(6),660-665.

[132] Lancaster J. F. Metallurgy of welding[M]. Cambridge,Abington Pub.,**1999**.

附 录

有机氮化学中的重要反应类型：

$R-NH_2 \xrightarrow{HNO_2 \text{溶液}} [R-N_2]^+ \xrightarrow{H_2O} R-OH$

$R-NH_2 \xrightarrow{HNO_2 \text{溶液}} [R-N_2]^+ \xrightarrow{NaN_3} R-N_3$

$R_2NH \xrightarrow{HNO_2 \text{溶液}} R_2N-N=O$

$Ph-NH_2 \xrightarrow{HNO_2 \text{溶液}} [Ph-N_2]^+ \xrightarrow{PhH, -H^+} Ph-N=N-Ph$

$Ph-NH_2 \xrightarrow{HNO_2 \text{溶液}} [Ph-N_2]^+ \xrightarrow{NaN_3} Ph-N_3$

$Ph-NH_2 \xrightarrow{HNO_2 \text{溶液}} [Ph-N_2]^+ \xrightarrow{NaBF_4} [Ph-N_2]^+[BF_4]^- \xrightarrow{NaN_3} Ph-N_5 \xrightarrow{-N_2} Ph-N_3$

$Ph-NH-NH-Ph \xrightarrow{HgO, -H_2O, -Hg} Ph-N=N-Ph$

$Ph-NH_2 \xrightarrow[\text{重氮化反应}]{HNO_2 \text{溶液}} [Ph-N_2]^+ \xrightarrow[\text{桑德迈尔反应}]{Cu^IX} Ph-Cl$

$NaN_3 + R-Br \xrightarrow{NaN_3} R-N_3 \xrightarrow{H_2/Pd-C} R-NH_2$

$Ph-CH_2-Br + NaN_3 \longrightarrow Ph-CH_2-N_3$

$Ph-CH_2-N_3 \xrightarrow{H_2/Pd-C} Ph-CH_2-NH_2 + N_2$

$Ph-\overset{O}{\underset{\|}{C}}-Cl + NaN_3 \longrightarrow Ph-\overset{O}{\underset{\|}{C}}-N_3$

$Ph-CH_2-CN \xrightarrow{H_2/\text{催化剂或} LiAlH_4} Ph-CH_2-CH_2-NH_2$

$R-CN \xrightarrow{H_2/\text{催化剂或} LiAlH_4} R-CH_2-NH_2$

$\underset{R_2}{\overset{R_1}{HC}}-NO_2 \xrightarrow{H_2/\text{催化剂或} LiAlH_4} \underset{R_2}{\overset{R_1}{HC}}-NH_2$

$$\underset{R_2}{\overset{R_1}{HC}}-CN \xrightarrow{H_2/催化剂或 LiAlH_4} \underset{R_2}{\overset{R_1}{HC}}-NH_2$$

$$R-NO_2 \xrightarrow{H_2/催化剂或 LiAlH_4} R-NH_2$$

$$R-\overset{O}{\underset{\|}{C}}-NH_2 \xrightarrow{PCl_5} R-CN$$

$$R-\overset{O}{\underset{\|}{C}}-NH_2 \xrightarrow{LiAlH_4} R-CH_2-NH_2$$

$$HTMA \xrightarrow{HNO_3} RDX(+HMX)$$

$$C(-CH_2-OH)_4 \xrightarrow{HNO_3} PETN$$

$$R-\overset{O}{\underset{\|}{C}}-R \xrightarrow{N_2H_4} R_2C=N-NH_2$$

$$R-X \xrightarrow{N_2H_4} R-NHNH_2 \ (X=Hal, OMe)$$

$$R-\overset{O}{\underset{\|}{C}}-R + H_2NR' \longrightarrow R-\overset{R}{\underset{|}{C}}=NK'$$

$$R_2NH+CH_2O \xrightarrow{H^+} [R_2N=CH_2]^+ \longleftrightarrow [R_2N-CH_2]^+ \text{与亲核试剂反应}$$

$$R_2N-C(O)H+POCl_3 \longrightarrow [R_2N=CHCl]^+ \longleftrightarrow [R_2N-CH_2Cl]^+ \text{维尔斯迈尔离子}$$

$$R-COOH+SOCl_2 \longrightarrow R-C(O)-Cl$$

$$R-\overset{O}{\underset{\|}{C}}-NH-R' \xrightarrow{N_2H_4} R-\overset{O}{\underset{\|}{C}}-NH-NH_2 + R'-NH_2$$

$$R-\overset{O}{\underset{\|}{C}}-NH-R' \xrightarrow{N_2H_4} R-\overset{O}{\underset{\|}{C}}-NH-NH_2 \xrightarrow{HNO_2} R-\overset{O}{\underset{\|}{C}}-N_3$$

$$R-X+KCN \longrightarrow R-CN \quad (X=Cl, Br, I, OTs)$$

$$Ph-\overset{O}{\underset{\|}{C}}-NH_2 \xrightarrow{PCl_5} Ph-CN$$

$$Ph-Cl \xrightarrow{N_2H_4} Ph-NH-NH_2$$

$$Ph-\overset{O}{\underset{\|}{C}}-Cl \xrightarrow{N_2H_4} Ph-\overset{O}{\underset{\|}{C}}-NH-NH_2$$

$$Ph-\overset{O}{\underset{\|}{C}}-NH-NH_2 + NO^+ \xrightarrow{-H^+} Ph-\overset{O}{\underset{\|}{C}}-NH-NH-N=O$$

$$Ph-\overset{O}{\underset{\|}{C}}-NH-N=N-OH$$

$$Ph-\overset{O}{\underset{\|}{C}}-N_3 + H_2O$$

$$R-\overset{O}{\underset{\|}{C}}-N_3 \xrightarrow{T,-N_2} R-N=C=O$$

$$R-C(O)-R \xrightarrow{N_2H_4} R_2C=N-NH_2$$

$$R_3N \xrightarrow{PhCO_3H \text{ 或 } H_2O_2/HAc} R_3N^+-O^- \text{ (也用吡啶代替 } R_3N\text{)}$$

$$R_2N-H \xrightarrow{MSH \text{ 或 } DPA, \text{碱}} R_2NH-NH_2$$

MSH: 2,4,6-trimethylbenzenesulfonyl-O-NH$_2$

DPA: diphenylphosphinyl-O-NH$_2$

TOAH: 2,6-dimethylbenzenesulfonyl-O-NH$_2$

5-nitrotetrazole $\xrightarrow{TOAH}$ 2-amino-5-nitrotetrazole

异氰酸酯与 HTPB 的固化反应

$$O=C=N-R^1-N=C=O + H-O-R^2-OH \longrightarrow O=C=N-R^1-\underset{H}{N}-\overset{O}{\underset{\|}{C}}-O-R^2-OH$$

$$\longrightarrow -\overset{O}{\underset{\|}{C}}-\underset{H}{N}-R^1-\underset{H}{N}-\overset{O}{\underset{\|}{C}}-O-R^2-O-\overset{O}{\underset{\|}{C}}-\underset{H}{N}-R^1-\underset{H}{N}-\overset{O}{\underset{\|}{C}}-O-R^2-O-$$

无机氮化学中的重要的反应类型

叠氮转移试剂：NaN_3、AgN_3、Me_3SiN_3

HN_3 的合成：

$$R-COOH + NaN_3 \xrightarrow[\text{溶解}]{\text{约}140℃} RCOONa + HN_3 \uparrow$$

$$HBF_4 + NaN_3 \xrightarrow{Et_2O} NaBF_4 \downarrow + HN_3 \uparrow$$

$$H_2SO_4 + NaN_3 \longrightarrow Na_2SO_4 + HN_3$$

NaN_3 的合成：

$$NaNO_2 + 3NaNH_2 \xrightarrow{100℃, NH_3(L)} NaN_3 + 3NaOH + NH_3$$

$$N_2O + 2NaNH_2 \xrightarrow{190℃, HC(OR)_3, NaN_3H^+} NaN_3 + NaOH + NH_3$$

$$R'-NH_2 \longrightarrow R'-N_4CH$$

肼的合成：

$$NaOCl(溶液) + NH_3(溶液) \xrightarrow{0℃} NH_2Cl(溶液) + NaOH$$

$$NH_2Cl(溶液) + NaOH + NH_3 \xrightarrow{130℃} N_2H_4 + H_2O + NaCl$$

$$NH_2Cl + H_2N(CH_3) \xrightarrow[-NaCl/-H_2O]{NaOH} \underset{MMH}{H_2N-NH(CH_3)}$$

无水肼的合成：

$$N_2H_4 \cdot H_2O \xrightarrow{BaO} N_2H_4 \xrightarrow{Na} N_2H_4(\text{无水的})$$

硝酸铵（AN）：

$$HNO_3 + NH_3 \longrightarrow NH_4NO_3$$

N 氧化反应：

Oxone
MCPBA
H_2O_2/H_2SO_4
H_2O_2/CF_3COOH
HOF/CH_3CN

对有机叠氮化合物而言，如果 N 原子的数量小于 C 原子的数量且 C 原子与 O 原子之和除以 N 原子数大于 3，则该化合物不太会容易发生爆炸。

ADN 的实验室规模合成通常以氨基磺酸钾作为原料：

$$NH_2—SO_3—K \xrightarrow{HNO_2/H_2SO_4} H^+[N(NO_2)_2]^- \textbf{ HDN}$$

$$\downarrow H_2N—\underset{\underset{NH}{\|}}{C}—N—CN \text{ (with H)}$$

$$[H_2N—C(=NH_2)—NH—CO—NH_2]^+[N(NO_2)_2]^- \textbf{ GUDN}$$

$$\downarrow 50℃\ KOH/H_2O/EtOH$$

$$NH_4^+[N(NO_2)_2]^- \xleftarrow{\text{离子交换}} K^+[N(NO_2)_2]^- + H_2N—\underset{\underset{NH}{\|}}{C}—NH—CO—NH_2$$

ADN

附表 1 缩略语

缩略语	中文名称
AA	叠氮化铵
ADN	二硝酰胺铵
ADW	反生化武器
AF	叠氮甲脒
AF-N	叠氮甲脒硝酸盐
AG	氨基胍
AG-N	氨基胍硝酸盐
ALEX	电爆炸纳米铝（20~60 nm）
AN	硝酸铵
ANFO	硝酸铵燃料油
AT, 5-AT	5-氨基四唑
BI	子弹撞击
BP	黑火药
BTA	双四唑胺
BTAT	双(三硝基乙基)-1,2,4,5-四嗪-3,6-二胺
BTH	双四唑肼
BTTD	双(三硝基乙基)-四唑-1,5-二胺
C-J point	C-J 点
CL-20	六硝基异戊兹烷
CTP	化学热推进
DADNE	1,1-二氨基-2,2-硝基-乙烯

续表

DADP	二丙酮二过氧化物
DAG	二氨基胍
DAG-Cl	二氨基胍盐酸盐
DAT	二氨基四唑
DDNP	重氮基二硝基苯酚
DDT	燃烧转爆轰
DINGU	二硝基甘脲
DNAN	2,4-二硝基茴香醚
EDD	爆药探测犬
EFP	爆炸成形弹丸
EPA	环保总署
ESD	静电感度
ESP	静电势
FAE	燃料-空气炸药
FCO	快烤
FI	破片撞击
FLOX	液氟-液氧
FOX-12	N-胍基脲二硝酰胺盐
FOX-7	1,1-二氨基-2,2-硝基-乙烯
GUDN	N-胍基脲二硝酰胺盐
GWT	反恐战争
H2BTA	双四唑胺
HA	叠氮肼盐
HAA	叠氮羟胺盐
HAN	硝酸羟胺
HAT-DN	氨基四唑二硝酰胺盐
HME	自制炸药
HMTA	六亚甲基四胺
HMTD	六亚甲基三过氧化二胺
HMX	奥克托今
HN	硝酸肼
HNFX-1	3,3,7,7-四(二氟氨基)-1,5-二硝基-1,5-二氮杂辛烷

续表

HNS	六硝基芪
HTPB	端羟基聚丁二烯
Hy-At	氨基四唑肼盐
HZT	偶氮四唑肼盐
IED	简易爆炸装置
LOVA	低易损武器
LOX	液氧
MEKP	过氧化甲乙酮
MF	雷汞
MMH	甲基肼
MOAB	大型空爆弹
MON-XX	四氧化二氮与一定比例一氧化氮混合物
MTV	镁-特氟龙-氟橡胶混合物
Na_2ZT	偶氮四唑钠盐
NC	硝化纤维素
NG	硝化甘油
NIOSH	国家职业安全和健康研究所
NQ	硝基胍
NT	硝基四唑
NTO	5-硝基-1,2,4-三唑-3-酮
NTP	核热推进
ONC	八硝基立方烷
PA	苦味酸
PBX	聚合物黏结炸药
PETN	季戊四醇四硝酸酯(太安)
RDX	黑索今
RFNA	红发烟硝酸
SC	聚能装药
SCI	聚能装药冲击
SCJ	聚能装药射流
SCO	慢烤
SCRAM-Jet	超声速燃烧冲压式喷气飞机

续表

SR		共同反应
STP		太阳能热推进
TAG		三氨基胍
TAG-Cl		三氨基胍盐酸盐
TAG-DN		二硝酰胺三氨基胍盐
TAGzT		偶氮四唑三氨基胍盐
TART		三乙酰基三嗪
TATB		三硝基三氨基苯
TATP		三过氧化三丙酮
TMD		理论密度
TNAZ		1,3,3-三硝基-氮杂丁烷
TNT		三硝基甲苯
TO		三唑-5-酮
TTD		三硝基乙基-四唑-1,5-二胺
UDMD		非对称取代二甲基肼
UXO		未爆炸武器
VOD		爆速
WFNA		白发烟硝酸
WMD		大规模杀伤性武器
ZT		偶氮四唑

附表 2 CBS-4M 计算的气相生成焓

名　称	化学式	$\Delta_f H°(g)/$ (kcal·mol^{-1})	$\Delta_f H°(g)/$ (kcal·mol^{-1})(文献值)
1-H-硝基四唑	CHN_5O_2	+87.1	—
1-甲基-氨基四唑阳离子	$C_2H_6N_5^+$	+224.0	—
1-甲基-硝胺基四唑	$C_2H_4N_6O_2$	+86.5	—
1-甲基-硝基四唑	$C_2H_3N_5O_2$	+80.7	—
2-H-硝基四唑	CHN_5O_2	+84.0	—
2-甲基-硝基四唑	$C_2H_3N_5O_2$	+74.5	—
氨基胍阳离子	$CH_7N_4^+$	+161.0	—
氨基四唑阳离子	$CH_4N_5^+$	+235.0	—

续表

名　称	化学式	$\Delta_f H°(g)/$ (kcal·mol^{-1})	$\Delta_f H°(g)/$ (kcal·mol^{-1})(文献值)
铵离子	NH_4^+	+151.9	+147.9[①]
叠氮咪唑阳离子	$(H_2N)_2CN_3^+$	+235.4	—
叠氮四唑阴离子	CN_7^-	+114.1	—
双四唑胺	$C_2H_3N_9$	+178.2	—
二氨基四唑阳离子	$CH_5N_6^+$	+252.2	—
二硝酰胺离子	$N(NO_2)_2^-$	−29.6	—
肼	$N_2H_5^+$	+185.1	+184.6[②]
硝酸根	NO_3^-	−74.9	−71.7[③④]
硝胺基四唑	$CH_2N_6O_2$	+95.0	—
硝化甘油	$C_3H_5N_3O_9$	−67.2	—
高氯酸根	ClO_4^-	−66.1	—
三氨基胍阳离子	$CH_9N_6^+$	+208.8	—

[①] D. A. Johnson, *Some thermodynamic aspects of inorganic chemistry*, Cambridge Univ. Press, 2nd edn., Cambridge, **1982**, appendix 5.
[②] P. J. Linstrom and W. G. Mallard, Eds., *NIST Chemistry WebBook*, NIST Standard Reference Data. base Number 69, June **2005**, National Institute of Standards and Technology, Gaithersburg MD, 20899 (http://webbook.nist.gov).
[③] J. A. Davidson, F. C. Fehsenfeld, C. J. Howard, *Int. J. Chem. Kinet.*, **1977**, 9, 17.
[④] D. A. Dixon, D. Feller, C.-G. Zhan, J. S. Francisco, *International Journal of Mass Spectrometry*, **2003**, 227(3), 421.

附表3　分子体积[①②③]

名　称	$V_M/\text{Å}^3$	V_M/nm^3
氨基四唑离子([HAT]$^+$)	69	0.069
NH_4^+	21	0.021
N_3^+	58	0.058
Ba^{2+}	12.3	0.0123
Cl^-	47	0.047
二氨基四唑离子([HDAT]$^+$)	93	0.093
二硝酰胺离子(DN$^-$)	89	0.089
结晶水(H_2O)	14	0.014

续表

名　　称	$V_M/$ Å^3	$V_M/$ nm^3
$N_2H_5^+$	28	0.028
Mg^{2+}	2.0	0.00199
硝酸根(NO_3^-)	64	0.064
硝胺基四唑离子([HAtNO$_2$]$^-$)	136	0.136
硝胺基四唑离子([AtNO$_2$]$^{2-}$)	136	0.136
[ClO$_4$]$^-$	89.0	0.089
Sr^{2+}	8.6	0.00858
三氨基胍离子([TAG]$^+$)	108	0.108
[1-MeHAT][NO$_3$]	208	0.208
[2-MeHAt][DN]	206.4	0.206
[2-MeHAt]$^+$	117.4	0.117
[AF][DN]	174	0.174
[AF][DN]·H$_2$O	199	0.199
[AG][CN$_7$]	201.8	0.202
[CH$_3$N$_4$][DN]	161.3	0.161
[Gz][DN]	206.6	0.206
[HAT][DN]	172	0.172
[HAT][NO$_3$]	133	0.133
[HDAT][DN]	182	0.182
[N$_2$H$_5$][CN$_7$]	151.6	0.152
[N$_2$H$_5$][CH$_2$N$_5$]	125.7	0.126
[N$_2$H$_5$]$_2$[OD]	224.4	0.224
[NH$_4$][1,5-BT]	164	0.164
[NH$_4$][CN$_7$]	132.3	0.132
[NH$_4$][DN],ADN	110	0.110
[NH$_4$][NO$_3$],AN	77	0.077
[NH$_4$]$_2$[OD]	195.0	0.195
[Sr][AtNO$_2$]·2H$_2$O	172.5	0.173
[TAG][1-Me-AtNO$_2$]	262	0.262

续表

名　　称	V_M/Å³	V_M/nm³
[TAG][Cl]	153.5	0.154
[TAG][DN]	215	0.215
[TAG][HAtNO₂]	244	0.244
[TAG][NO₃]	174.1	0.174
[TAG]₂[AtNO₂]	352	0.352

① H. D. B. Jenkins, H. K. Roobottom, J. Passmore, L. Glasser, *Inorg. Chem.*, **1999**, 38(16), 3609.
② H. D. B. Jenkins, D. Tudela, L. Glasser, *Inorg. Chem.*, **2002**, 41(9), 2364.
③ H. D. B. Jenkins, L. Glasser, *Inorg. Chem.*, **2002**, 41(17), 4378.

附表4　某些武器系统和弹头的分类

武器	描述	举例
炸弹	弹头加高爆炸药	MK 80 系列
火箭	炸弹+推进系统,固体火箭发动机	Hydra 70 (70 mm)
导弹	制导导弹,制导:传感器,红外导引头,雷达,全球定位系统	空中拦截导弹,如 AIM-9-"响尾蛇"导弹
战略导弹	大目标导弹,目标为军事基地或城市;通常是洲际的;弹头经常是核弹头;推进:AP/Al 基高比冲推进剂	"和平守卫者"导弹
战术导弹	目标:战场局部;通常用于常规的正面交锋,偶尔带有核弹头;包含3种类型推进剂:①高比冲;②少烟,仅含 AP;③低特征信号: NG/NC 或 NG/NC/NQ	巡航导弹
弹道导弹	大部分飞行段没有推进系统,自由落体到目标,液体或固体助推器	"飞毛腿"(俄罗斯)导弹
巡航导弹	在大气层中飞行,在整个飞行过程中拥有推进系统,比弹道导弹小,用于战术目的	"战斧"导弹

附表5　低爆和高爆炸药的区别

	低级炸药	高级炸药
举例	黑火药、火药	RDX、HMX
引发	火焰、火花	爆炸、冲击波
受限情况	必需的	非必需的
传播	粒子对粒子燃烧(热)	冲击波
速度	亚声速	超声速
爆炸产生效果	爆裂、变形、破裂	粉碎
爆炸后化学分析	未燃烧的粒子	残留物 (25~100 ng/g),质谱、液相/串联质谱(电喷雾)

公式集合

B_R 值：
$$B_R(\text{kJ} \cdot \text{m}^{-3}) = \rho_0^2 V_0 Q_v$$

燃烧速率：
$$r = \beta(T) p^\alpha, \quad \alpha<1 \text{ 爆燃炸药}; \quad \alpha>1 \text{ 爆轰炸药}$$

猛度：
$$B = \rho FD, \quad D = \text{VoD}$$

比能：
$$F = p_{\text{ex}}, \quad V = nRT$$

"大拇指"规则：
$$D = cw^{0.33} \approx 2 w^{0.33}$$

式中：w 为炸药质量；D 为安全距离。

弹丸速度：
$$V = \sqrt{2mQ\eta/M}$$

式中：m 为推进剂质量（g）；Q 为燃烧热（J·g^{-1}）；M 为弹丸质量（g）；η 为常数。

比冲：
$$I_{\text{sp}} = \frac{\overline{F} \cdot t_b}{m} = \frac{\int_0^{t_b} F(t) \, dt}{m}$$

$$I_{\text{sp}}^* = \frac{I_{\text{sp}}}{g}$$

$$I_{\text{sp}} = \sqrt{\frac{2yRT_c}{(y-1)M}}$$

$$y = \frac{C_p}{C_v}$$

$$I_{\text{sp}}^* = \frac{1}{g}\sqrt{\frac{2yRT_c}{(y-1)M}}$$

$$\overline{F} = I_{\text{sp}} \frac{\Delta m}{\Delta t}$$

$$I_{\text{sp}} \propto \sqrt{\frac{T_c}{M}}$$

$$F_{\text{impulse}} = \frac{dm}{dt} v_e$$

$$F = F_{\text{impulse}} + F_{\text{pressure}} = \frac{dm}{dt}\nu_e + (p_e - p_a)A_e$$

普朗克定律：

$$W_\lambda = 2\pi hc^2 \lambda^{-5} \frac{1}{e^{\frac{hc}{k\lambda T}} - 1}$$

维恩定律：

$$\lambda_{\max} = 2897.756 KT^{-1}$$

无限大直径的计算：

$$D = D_\infty \left(1 - A_L \frac{1}{d}\right)$$

室温下密度：

$$d_{298K} = d\tau / [1 + \alpha_V(298 - T_0)], \quad \alpha_V = 1.5 \times 10^{-4}\ K^{-1}$$

K-J 方程：

$$\begin{cases} p_{\text{C-J}} = K\rho_0^2 \Phi \\ D = A\ \Phi^{0.5}(1 + B\rho_0) \end{cases}$$

$$K = 15.88;\quad A = 1.01;\quad B = 1.30;$$

式中：$\Phi = NM^{0.5}Q^{0.5}$ 其中 N 为每克炸药中气体的摩尔数；M 为气体分子质量（g/mol）；Q 为爆炸热（cal/g）。

氧平衡：

$$\Omega_{CO_2} = [d - 2a - (b/2)] \times 1600/M$$
$$\Omega_{CO} = [d - 2a - (b/2)] \times 1600/M$$

功率指数：

$$PI = \frac{Q \times V_0}{Q_{PA} \times V_{PA}} \times 100 \quad (PA：苦味酸)$$

爆温：

$$T_{ex} = \frac{Q_{ex}}{\sum C_v} + T_i$$

原子化方法：

$$\Delta_f H°(g,m) = H°_{\text{分子}} - \sum H°_{\text{原子}} + \sum \Delta_f H°_{\text{原子}}$$

$H°_{\text{分子}}$：来自于 CBS-4M

$\sum H°_{\text{原子}}$：来自于 CBS-4M

$\sum \Delta_f H°_{\text{原子}}$：来自于 NIST

升华焓：

$$\Delta H_{sub}.(J\cdot mol^{-1}) = 188 T_m(K)$$

蒸发晗：

$$\Delta H_{sub}.(J\cdot mol^{-1}) = 90 T_b(K)$$

晶格能和焓：

$$U_L = |z_+||z_-|\nu\,(\alpha/V_M^{0.33} + \beta)$$

式中：V_M 单位为 nm³。

	α/(kJ·mol⁻¹)	β/(kJ·mol⁻¹)
MX	117.3	51.9
MX₂	133.5	60.9
M₂X	165.3	-29.8

$$\Delta H_L(M_pX_q) = U_L + [p(n_M/2-2) + q(n_X/2-2)]RT$$

$n_M, n_X = 3$（单原子离子）

$n_M, n_X = 5$（线性多原子离子）

$n_M, n_X = 6$（非线性多原子）

诺贝尔-阿贝尔方程：

$$p(v-b_E) = nRT$$

式中：b_E 为余容。

点火花能量：

$$E = \frac{1}{2}CU^2$$

格尼速度：

$$\sqrt{2E} = \frac{3\sqrt{3}}{16}D \approx \frac{D}{3.08}$$

圆柱形装药：$\dfrac{V}{\sqrt{2E}} = \left(\dfrac{M}{C} + \dfrac{1}{2}\right)^{-0.5}$

球形装药：$\dfrac{V}{\sqrt{2E}} = \left(\dfrac{2M}{C} + \dfrac{3}{5}\right)^{-0.5}$

三明治型：$\dfrac{V}{\sqrt{2E}} = \left(\dfrac{2M}{C} + \dfrac{1}{3}\right)^{-0.5}$

式中：M 为金属壳体的质量；C 为炸药的质量。

生成焓与生成能：

$$H_m = U_m + \Delta n\,RT$$

例:$7C+5/2H_2+3/2N_2+3O_2 \longrightarrow C_7H_5N_3O_6(s)$

$$\Delta n = -7$$

$$U_m = H_m - \Delta nRT$$

从高斯获得的电子能量到焓的转换:

$$p\Delta V = \sum \nu_i RT, \quad \Delta U^{tr} = \sum \nu_i 3/2RT$$

$$\Delta U^{rot} = \sum \nu_i F_i^{rot}/2)RT, \quad \Delta U^{vib} = \sum \nu_i z_{pe}$$

式中:z_{pe}为零点能。

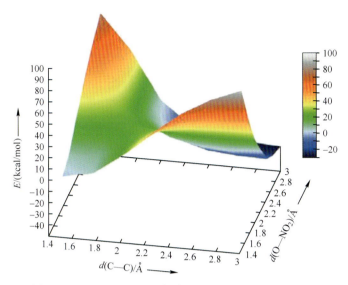

图 4.9 B3LYP/6-31G * 水平下，$O_2N—O_2C—CO_2—NO_2$ 解离为 CO_2 和 NO_2 的势能超曲面

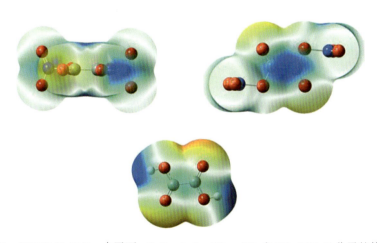

图 4.11 B3LYP/6-31G * 水平下，$O_2N—O_2C—CO_2—NO_2$ 和 HO_2CCO_2H 分子的静电势 （0.001 e · bohr^{-3} 等值面）（红色：非常负，橙色：负，黄色：略微负，绿色：中性，蓝绿色：略微正，蓝色：正，深蓝：非常正）

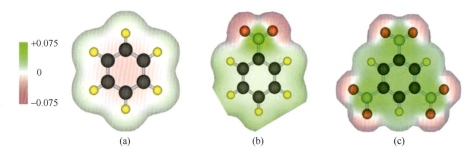

图 8.1 苯(a)、硝基苯(b)和三硝基苯(c)0.001 电子 bohr^{-1} 超表面上的静电势图；图片的色码由+0.075(绿色)到-0.075(红色)